"十二五"普通高等教育本科规划教材

全国高等院校过程装备与控制工程专业系列规划教材

过程装备机械基础(第2版)

主　编　于新奇
参　编　郭彦书　赵志广　彭培英
　　　　朱玉峰　刘庆刚　齐安宾
　　　　朱海荣　刘跃辉

北京大学出版社
PEKING UNIVERSITY PRESS

内 容 简 介

本书全面系统地介绍了化学工程与工艺类专业学生所应具备的机械基础知识，内容主要包括 5 部分：第 1 部分工程力学基础(第 1～6 章)、第 2 部分机械传动基础(第 7～9 章)、第 3 部分过程装备材料(第 10 章)、第 4 部分压力容器设计基础(第 11～13 章)和第 5 部分典型过程设备(第 14～16 章)。各章由工程实际案例引出主要内容，突出实用特色，通过实例阐明各类过程设备设计的具体步骤和方法，各章后附有习题，可供读者进一步复习和巩固相关知识使用。

本书可作为高等学校本科或专科化学工程与工艺类专业及相近专业(石化、生化、制药、环保、安全、冶金、能源等)的教材，也可供有关科研、设计部门和生产单位的工程技术人员参考使用。

图书在版编目(CIP)数据

过程装备机械基础/于新奇主编. —2 版. —北京：北京大学出版社，2013.7
(全国高等院校过程装备与控制工程专业系列规划教材)
ISBN 978-7-301-22627-8

Ⅰ. ①过… Ⅱ. ①于… Ⅲ. ①化工过程—化工装备—高等学校—教材 Ⅳ. ①TQ051

中国版本图书馆 CIP 数据核字(2013)第 124156 号

书　　　　名：	过程装备机械基础(第 2 版)	
著作责任者：	于新奇　主编	
策 划 编 辑：	童君鑫　黄红珍	
责 任 编 辑：	黄红珍	
标 准 书 号：	ISBN 978-7-301-22627-8/TH · 0352	
出 版 发 行：	北京大学出版社	
地　　　　址：	北京市海淀区成府路 205 号　　100871	
网　　　　址：	http://www.pup.cn　新浪官方微博：@北京大学出版社	
电 子 信 箱：	pup_6@163.com	
电　　　　话：	邮购部 62752015　发行部 62750672　编辑部 62750667　出版部 62754962	
印 刷 者：	北京世知印务有限公司	
经 销 者：	新华书店	
	787 毫米×1092 毫米　16 开本　19.25 印张　441 千字	
	2009 年 8 月第 1 版	
	2013 年 7 月第 2 版　　2013 年 7 月第 1 次印刷	
定　　　　价：	38.00 元	

第2版前言

《过程装备机械基础》自2009年出版以来，深受高校师生和工程技术人员的欢迎。近年来随着科学技术的发展，过程装备向大型化发展，新材料、新结构、新工艺、新方法不断出现，设计方法也进行了更新。为此，根据最新国家标准规范，对第1版《过程装备机械基础》进行了修订。

编写第2版时仍保留第1版的基础性、系统性、工程性和实用性特色，结合过程工业的特点，重点介绍了拉伸、剪切、扭转和弯曲的基本概念与计算，系统地阐述了常用机械传动装置和过程设备的结构特点、基本原理、设计方法和工程应用，以满足读者拓宽专业知识领域、加强基本技能训练，培养工程与应用能力的教学参考需要。编者在编写本版时，努力反映新的技术进展，如对压力容器、换热设备的设计及所用材料等内容均按照最新国家标准进行修订；另外本书对章节进行了调整和删减，将平面汇交力系和平面一般力系合并为平面力系，对压力容器的监察管理和定期检验内容进行适当删减，不再单独成章，而是与其他章节相关的内容安排在相应章节；本版还对例题和习题进行了优化调整，以更好地培养学生分析和解决工程实际问题的能力。

本次修订全书由于新奇担任主编，并编写了第3章和第16章。第1章、第4章由齐安宾、刘跃辉编写；第2章由朱玉峰、朱海荣编写；第5章和第6章由朱玉峰编写；第7～9章由赵志广编写；第10章由刘庆刚、于新奇编写；第13章由郭彦书、刘庆刚编写；第11章和第12章由彭培英编写；第14章和第15章由郭彦书编写。

限于编者的学识和水平，书中难免存在缺陷和不足之处，恳请广大读者对本书提出宝贵意见。

编　者
2013年2月

目　　录

第1章　静力学基础 1

1.1　静力学的基本概念 1

1.2　静力学公理 3

1.3　约束与约束反力 5

　　1.3.1　基本概念 5

　　1.3.2　约束类型 5

1.4　受力分析和受力图 7

本章小结 8

习题 9

第2章　平面力系 11

2.1　平面汇交力系的合成 12

　　2.1.1　平面汇交力系 12

　　2.1.2　平面汇交力系的合成方法 ... 12

2.2　平面汇交力系的平衡条件 14

　　2.2.1　平面汇交力系平衡的

　　　　　几何条件 14

　　2.2.2　平面汇交力系平衡的

　　　　　解析条件 14

2.3　力矩与力偶 16

　　2.3.1　力矩 16

　　2.3.2　力偶与力偶矩 16

2.4　平面一般力系及其简化 18

　　2.4.1　力的平移定理 18

　　2.4.2　平面一般力系的简化 18

　　2.4.3　固定端约束 19

2.5　平面一般力系的平衡条件和

　　　平衡方程 20

本章小结 22

习题 23

第3章　直杆的拉伸与压缩 27

3.1　构件变形的基本形式 28

3.2　直杆拉伸与压缩的力与变形 ... 28

3.2.1　工程实例 28

3.2.2　直杆拉伸与压缩时

　　　　横截面上的内力 29

3.2.3　直杆拉伸与压缩时

　　　　横截面上的应力 30

3.2.4　直杆拉伸与压缩时的变形 ... 32

3.3　材料拉伸与压缩的力学性能 ... 34

　　3.3.1　拉伸试验及材料的力学性能 ... 34

　　3.3.2　材料压缩时的力学性能 36

3.4　直杆拉伸与压缩时的强度 37

　　3.4.1　许用应力与安全系数 37

　　3.4.2　直杆拉伸与压缩时的

　　　　　强度条件 38

3.5　热应力 40

本章小结 41

习题 42

第4章　剪切及扭转 44

4.1　剪切与挤压 44

　　4.1.1　剪切变形 44

　　4.1.2　剪切及其强度计算 45

　　4.1.3　剪切胡克定律 46

　　4.1.4　挤压及其强度计算 46

4.2　圆轴扭转时的外力和内力 48

　　4.2.1　扭转实例 48

　　4.2.2　外力偶矩 48

　　4.2.3　扭转时的内力——扭矩 ... 48

4.3　圆轴扭转时的应力 51

4.4　圆轴扭转时的强度计算和刚度计算 ... 52

　　4.4.1　强度计算 52

　　4.4.2　圆轴的变形及刚度计算 53

本章小结 54

习题 55

第5章　梁的弯曲 57

5.1　梁的弯曲实例与梁的类型 57
　　5.1.1　梁的弯曲变形实例 57
　　5.1.2　受弯杆件受力及变形的特点 ... 58
　　5.1.3　梁的分类及梁上的载荷 58
5.2　梁弯曲时的内力 59
　　5.2.1　横截面内的内力 60
　　5.2.2　剪力与弯矩的求取 60
　　5.2.3　剪力图和弯矩图 61
5.3　梁弯曲时的正应力 64
　　5.3.1　实验观察和假设推论 64
　　5.3.2　弯曲正应力计算公式 65
　　5.3.3　轴惯性矩和抗弯截面模量的
　　　　　　计算 67
5.4　梁的强度计算 68
5.5　提高梁强度的措施 70
　　5.5.1　梁的合理截面形状 70
　　5.5.2　梁的合理工作位置 71
　　5.5.3　梁的合理支座位置 71
5.6　梁的变形 72
　　5.6.1　梁的挠度和转角 72
　　5.6.2　梁的挠度和转角的求取 72
　　5.6.3　梁的刚度校核及提高
　　　　　　梁弯曲刚度的措施 74
本章小结 75
习题 76

第6章　复杂应力状态与强度理论 79

6.1　应力状态的概念 79
　　6.1.1　直杆受轴向拉伸或压缩
　　　　　　载荷时斜截面上的应力 ... 80
　　6.1.2　一点的应力状态与单元体 ... 81
　　6.1.3　主平面与主应力 81
　　6.1.4　应力状态分类 82
6.2　二向应力状态分析 83
　　6.2.1　二向应力状态下斜截面上
　　　　　　应力的计算 83
　　6.2.2　二向应力状态下主应力和
　　　　　　最大剪应力的计算 83

6.3　三向应力状态与广义胡克定律 84
　　6.3.1　三向应力状态下的应力计算 ... 84
　　6.3.2　广义胡克定律 85
6.4　强度理论 85
　　6.4.1　强度理论的概念 85
　　6.4.2　常用强度理论 86
6.5　组合变形时的强度计算 87
　　6.5.1　组合变形实例 87
　　6.5.2　弯曲与拉伸(压缩)的
　　　　　　组合变形 88
　　6.5.3　弯曲与扭转的组合变形 91
本章小结 93
习题 94

第7章　带传动及链传动 97

7.1　带传动类型、特性和应用 97
　　7.1.1　带传动的组成和传动原理 ... 98
　　7.1.2　带传动的特点和设计参数 ... 98
　　7.1.3　带传动的应用 99
　　7.1.4　V带及带轮的结构 99
　　7.1.5　带传动的使用和维护 101
7.2　带传动的工作特性 102
　　7.2.1　带传动的受力 102
　　7.2.2　带的弹性滑动 103
7.3　V带传动的设计 104
7.4　链传动简介 104
　　7.4.1　链传动的基本构成和
　　　　　　几何参数 104
　　7.4.2　滚子链条和链轮的结构 105
本章小结 106
习题 106

第8章　齿轮传动 108

8.1　概述 109
　　8.1.1　齿轮传动的分类 109
　　8.1.2　齿轮传动的特点 110
8.2　齿轮传动基本定律与渐开线齿廓 ... 110
　　8.2.1　齿廓啮合基本定律 110
　　8.2.2　渐开线及渐开线齿廓 111
　　8.2.3　渐开线齿轮的啮合特点 112

8.3　标准直齿圆柱齿轮各部分名称与
　　　尺寸 113
　　8.3.1　齿轮各部分的名称 113
　　8.3.2　标准直齿圆柱齿轮
　　　　　　基本参数与几何尺寸 ... 114
8.4　渐开线直齿圆柱齿轮的啮合
　　　传动特性 115
　　8.4.1　渐开线齿轮正确啮合的
　　　　　　条件 115
　　8.4.2　渐开线齿轮连续转动的
　　　　　　条件 116
　　8.4.3　渐开线齿轮转动的中心距 117
8.5　齿轮的失效形式与齿轮材料 117
　　8.5.1　齿轮的失效形式 117
　　8.5.2　设计准则 118
　　8.5.3　齿轮的材料 118
8.6　其他齿轮传动简介 119
　　8.6.1　平行轴斜齿圆柱齿轮传动 ... 119
　　8.6.2　直齿锥齿轮传动 120
　　8.6.3　蜗杆传动 120
本章小结 121
习题 122

第9章　轴、轴承和联轴器 123
9.1　轴 124
　　9.1.1　轴的分类 124
　　9.1.2　轴的材料 125
　　9.1.3　轴的结构设计 125
　　9.1.4　轴的强度校核 127
9.2　轴承 127
　　9.2.1　轴承的功用和分类 127
　　9.2.2　滑动轴承 128
　　9.2.3　滚动轴承 130
9.3　联轴器 133
　　9.3.1　联轴器的类型 133
　　9.3.2　联轴器的选择 136
本章小结 136
习题 137

第10章　过程装备材料 138
10.1　材料的性能 139

10.1.1　力学性能 139
10.1.2　物理性能 139
10.1.3　化学性能 140
10.1.4　加工工艺性能 140
10.2　碳钢和铸铁 140
　　10.2.1　碳钢 140
　　10.2.2　铸铁 144
10.3　低合金钢与合金钢 145
　　10.3.1　合金元素对钢材性能的
　　　　　　影响 145
　　10.3.2　低合金钢、合金钢的分类与
　　　　　　牌号 146
　　10.3.3　普通低合金结构钢 147
　　10.3.4　不锈钢 148
10.4　有色金属 150
　　10.4.1　铝及铝合金 150
　　10.4.2　铜及铜合金 151
　　10.4.3　钛及钛合金 152
10.5　非金属材料 152
　　10.5.1　无机非金属材料 152
　　10.5.2　有机非金属材料 153
　　10.5.3　复合材料 154
10.6　过程装备的腐蚀与防腐措施 ... 154
　　10.6.1　金属腐蚀的原理 154
　　10.6.2　金属腐蚀破坏的形式 ... 157
　　10.6.3　金属设备的防腐措施 ... 158
本章小结 160
习题 160

第11章　内压容器设计基础 162
11.1　概述 163
　　11.1.1　压力容器基本结构 163
　　11.1.2　压力容器分类 164
11.2　内压容器设计理论基础 167
　　11.2.1　回转壳体的几何概念 ... 167
　　11.2.2　无力矩理论的基本方程 ... 168
　　11.2.3　无力矩理论的应用 170
11.3　边缘应力 174
　　11.3.1　边缘应力的概念 174
　　11.3.2　边缘应力的特性 175

11.3.3　边缘应力的处理 175

11.4　内压容器设计 176

11.4.1　弹性失效设计准则 176

11.4.2　内压圆筒和内压球壳的

设计 177

11.4.3　设计参数 179

11.4.4　内压封头 186

11.5　容器的压力试验 190

11.5.1　压力试验的目的与对象 190

11.5.2　试验方法 190

11.5.3　试验压力及应力校核 190

本章小结 193

习题 194

第12章　外压容器设计 196

12.1　概述 197

12.1.1　外压容器失稳 197

12.1.2　临界压力 198

12.2　外压圆筒的稳定性计算 199

12.2.1　长圆筒的临界压力 199

12.2.2　短圆筒的临界压力 200

12.2.3　临界长度 200

12.2.4　加强圈 200

12.3　外压圆筒的设计计算 201

12.3.1　解析法 201

12.3.2　图算法 202

12.4　外压封头的设计计算 207

本章小结 209

习题 210

第13章　压力容器零部件 212

13.1　法兰 212

13.1.1　法兰连接的结构及密封

原理 213

13.1.2　法兰类型 213

13.1.3　影响法兰密封的因素 214

13.1.4　压力容器法兰与管法兰

标准 216

13.2　容器支座 217

13.2.1　卧式容器支座 217

13.2.2　立式容器支座 220

13.3　容器开孔与补强 221

13.3.1　容器的开孔与接管 221

13.3.2　开孔补强 223

13.4　容器的焊接结构 225

13.4.1　焊接接头的形式 225

13.4.2　坡口形式 225

13.4.3　压力容器焊接结构设计的

基本原则 226

本章小结 227

习题 228

第14章　管壳式换热设备 229

14.1　概述 229

14.2　管壳式换热器的形式 230

14.2.1　固定管板式换热器 230

14.2.2　浮头式换热器 231

14.2.3　填料函式换热器 231

14.2.4　U形管式换热器 232

14.3　管壳式换热器的结构设计 232

14.3.1　换热管的选用 232

14.3.2　换热管在管板上的排列 233

14.3.3　换热管与管板的连接 233

14.3.4　管板与壳体的连接 235

14.3.5　管箱与管束分程 236

14.3.6　折流板 238

14.3.7　导流筒与防冲挡板 239

14.3.8　膨胀节 239

14.4　管壳式换热器的强化传热 240

14.4.1　强化传热的原理 240

14.4.2　管内放置强化传热元件 241

14.4.3　异型管强化传热 242

14.4.4　壳程强化传热 245

本章小结 246

习题 247

第15章　塔设备 248

15.1　概述 249

15.1.1　塔设备的应用 249

15.1.2　对塔设备的要求 249

15.1.3　塔设备的分类及总体结构 ... 249

15.2　板式塔 251

15.2.1　整块式塔盘的板式塔 251

15.2.2　分块式塔盘的板式塔 256

15.3　填料塔 257

15.3.1　填料的支承装置 257

15.3.2　液体分布装置 258

15.3.3　液体再分布装置 262

15.4　塔设备的附件 262

15.4.1　除沫器 262

15.4.2　裙座 263

本章小结 265

习题 265

第 16 章　搅拌反应设备 267

16.1　概述 268

16.1.1　搅拌的目的 268

16.1.2　搅拌反应釜的基本结构 268

16.2　釜体与传热装置 269

16.2.1　釜体几何尺寸的确定 269

16.2.2　夹套的结构与尺寸 271

16.2.3　蛇管的结构与尺寸 274

16.2.4　工艺接管 275

16.3　搅拌装置 277

16.3.1　搅拌器的形式与选用 277

16.3.2　流型 279

16.3.3　搅拌附件 280

16.3.4　搅拌轴 281

16.4　传动装置 283

16.5　轴封装置 286

16.5.1　填料密封 286

16.5.2　机械密封 289

16.5.3　机械密封与填料密封的

比较 290

本章小结 291

习题 291

参考文献 293

第1章 静力学基础

教学目标

通过本章的学习，掌握静力学中的基本概念、公理；熟练掌握工程上常见典型约束的类型、约束反力及其特点；学会对构件进行受力分析，掌握构件受力图的绘制方法。

教学要求

能力目标	知识要点	权重	自测分数
了解力、刚体的基本概念，掌握静力学公理及推论	力的概念、静力学公理	40%	
了解常见的约束类型和约束性质，能够熟练画出各类约束的约束反力	约束的概念、约束反力	30%	
掌握物体受力分析的方法，能够正确画出受力分析图	物体的受力分析步骤及受力图	30%	

引例

当一个刚体受两个力作用而处于平衡状态时，其充分与必要条件是：这两个力大小相等，方向相反，作用在同一直线上，这就是二力平衡公理。它在日常生活中有着广泛的应用。

案例：杂技演员的"顶缸"表演就是二力平衡的一个例子。演员随着缸的不断晃动，不时变换身体的位置，其目的就是始终使缸的重力作用线与头顶缸的力的作用线重合，以保持缸体的相对平衡。

1.1 静力学的基本概念

静力学是研究物体平衡的科学。所谓平衡，是指物体相对于地球保持静止状态或者作匀速直线运动状态。处于平衡状态下的物体所受若干力的作用效果相互抵消，因此物体的运动状态保持不变。

静力学中研究物体平衡时通常会把物体简化为刚体。所谓刚体，是指在力作用下不变形的物体，即刚体内部任意两点之间的距离保持不变。这是一个理想化的力学模型，在实际生产中，物体受力时其内部各点间的相对距离都要发生改变，这些微小的改变累积起来可使物体的形状和尺寸发生改变。如果物体的变形很小，变形对物体的运动和平衡的影响甚微，则在研究力的作用效应时，变形可以忽略不计，此时该物体可抽象为刚体。

力的概念产生于人类从事的生产劳动过程中。当人们用手握、拉、掷及举起物体时，由于肌肉紧张而感受到力的作用，这种作用广泛存在于人与物及物与物之间。例如，奔腾的水流能推动水轮机旋转，锤子的敲打会使烧红的铁块变形等。

1. 力的定义

力是物体之间相互的机械作用，这种作用将使物体的机械运动状态发生变化，或者使物体产生变形。前者称为力的外效应，后者称为力的内效应。

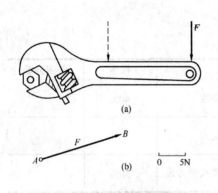

图 1.1　力的三要素

2. 力的三要素

实践证明，力对物体的作用效应，取决于力的大小、方向(包括方位和指向)和作用点的位置，这 3 个因素就称为力的三要素。在这三个要素中，如果改变其中任何一个，也就改变了力对物体的作用效应。例如，用扳手拧螺母时，作用在扳手上的力，因大小不同，或方向不同，或作用点不同，它们产生的效果就不同，如图 1.1(a)所示。

注意：

(1) 力是矢量。力是一个既有大小又有方向的量，满足矢量的运算法则。力常用一个带箭头的有向线段来表示，如图 1.1(b)所示。线段长度 AB 按一定比例代表力的大小，线段的方位和箭头表示力的方向，其起点或终点表示力的作用点。此线段的延伸称为力的作用线。用 F 代表力矢量，并以同一字母的非黑体字 F 代表力的大小。

(2) 力的单位。力的国际制单位是牛顿或千牛顿，其符号为 N 或 kN。

3. 集中力、均布力(均布载荷)

(1) 集中力。当力的作用面积很小，可以看作力作用在一点上，这种力称为集中力，如图 1.2(a)所示。

(2) 分布力。当力的作用范围比较大时称为分布力，如图 1.2(b)所示。其大小用分布力集度 $q(x)$，即单位长度力的大小来表示，单位为 N/m。当 $q(x)$ 为常数时又称为均布力或均布载荷，如图 1.2(c)所示。

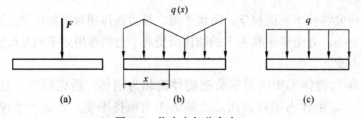

图 1.2　集中力与分布力

1.2　静力学公理

1.　二力平衡公理

当一个刚体受两个力作用而处于平衡状态时，其充分与必要条件是：这两个力大小相等，方向相反，作用在同一直线上，简称等值、反向、共线，如图 1.3 所示。

这个公理揭示了作用于物体上的最简单的力系在平衡时所必须满足的条件，它是静力学中最基本的平衡条件，是推证各种力系平衡条件的基础。

只受两个力作用而平衡的物体称为二力构件，如图 1.4(a)中的 AB 为二力构件。此二力构件所受的两个力必然沿两个作用点的连线，且等值、反向，AB 的受力如图 1.4(b)所示。

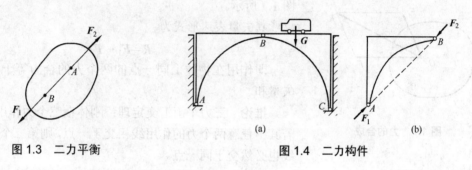

图 1.3　二力平衡　　　　　　　　　　图 1.4　二力构件

2.　加减平衡力系公理

在刚体力系中，加上或减去任一平衡力系，不会改变原力系对刚体的作用效应。这个公理是力系简化的依据，因为一个平衡力系不会改变物体的原有状态。依据这一公理，可以得出一个重要推论，即力的可传性。

推论　力的可传性原理：作用于刚体上的力可以沿其作用线移至刚体内任一点，而不改变原力对刚体的作用效应。例如，图 1.5 中在车后 A 点加一水平力推车，与在车前 B 点加一水平力拉车，其效果是一样的。

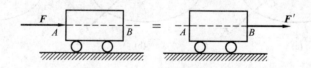

图 1.5　力的可传性(1)

证明：

(1) 如图 1.6(a)所示，刚体上有一力 F 作用于 A 点。

(2) 在力的作用线上任取一点 B，并在 B 点加一平衡力系(F_1, F_2)，使 $F_1 = -F_2 = -F$；由加减平衡力系公理知，这并不影响原力 F 对刚体的作用效应，如图 1.6(b)所示。

(3) 再从该力系中去掉平衡力系(F, F_1)，则剩下的 F_2 与原力 F 等效，如图 1.6(c)所示。这样就把原来作用在 A 点的力 F 沿其作用线移到了 B 点。

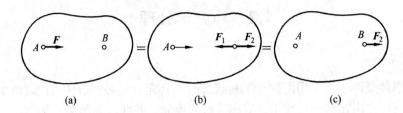

图 1.6　力的可传性(2)

3. 力的平行四边形公理

作用在刚体上同一点的两个力，可以合成为作用于该点的一个合力，它的大小和方向由这两个力为边所构成的平行四边形的对角线来表示，如图 1.7 所示。

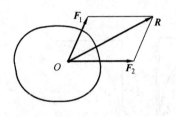

图 1.7　力的合成

其矢量表达形式为

$$R = F_1 + F_2$$

即作用在物体上同一点的两个力的合力等于两分力的矢量和。

推论　三力平衡汇交定理：刚体在三个力作用下平衡，若其中任意两个力的作用线相交于一点，则第三个力的作用线也必然交于同一点。

证明：设在刚体上的 A、B、C 三点分别作用有力 F_1、F_2、F_3，F_2 和 F_3 的作用线交于 O 点，如图 1.8 所示。根据力的可传性原理，将 F_1 和 F_2 分别移动到 O 点，然后用平行四边形公理求合力 R。用 R 代替 F_2 和 F_3 的作用，显然刚体在 R 和 F_1 作用下平衡。由二力平衡公理知，R 和 F_1 必然大小相等、方向相反，且作用在同一直线上。可见，F_1 的作用线必与 R 的作用线重合，而且通过 O 点。

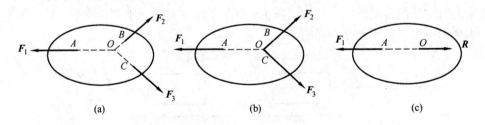

图 1.8　三力汇交定理证明

4. 作用与反作用公理

两物体间的作用力和反作用力，总是大小相等、方向相反，沿同一直线分别作用在这两个物体上。这个公理概括了自然界的物体相互作用的关系，表明了作用力和反作用力总是成对出现的。必须强调指出，作用力和反作用力分别作用于两个不同的物体上，因此不能认为这两个力相互平衡，这与二力平衡公理中的两个力有着本质上的区别。

1.3　约束与约束反力

1.3.1　基本概念

1. 自由体和非自由体

凡是可以在空间任意运动的物体都称为自由体，例如在空中飞行的飞机、炮弹等。凡是受到周围物体的限制，不能在某些方向上运动的物体，称为非自由体。例如在轨道上行驶的火车，受到钢轨的限制，只能沿轨道方向运动；电机转子受轴承的限制，只能绕轴线转动。工程实际中大多数物体都是非自由体。

2. 约束与约束反力

对非自由体的某些方向的位移起到限制作用的周围物体称为约束。上述例子中，钢轨是火车的约束；轴承是电机转子的约束。

约束作用于被约束物体上的力称为约束反力。约束反力总是作用在被约束体与约束体的接触处，其方向也总是与该约束所能限制的运动或运动趋势的方向相反。据此，即可确定约束反力的位置和方向。

1.3.2　约束类型

从工程实际出发，可将常见的约束归纳为以下几种基本类型。

1. 柔性约束

由绳索、胶带和链条等形成的约束称为柔性约束。这类约束只能限制物体沿柔性物体伸长方向的运动，因此这类物体的特点是柔软易变形，不能抵抗压力，只能承受拉力。约束反力的作用点在柔性物体与被约束物体的连接点上，力的作用线沿柔性物体，指向背离物体。约束反力通常用字母 T 来表示，如图 1.9(b)所示。

在带传动中，当带绕过轮子时，常假想在带的直线部分处截开，与轮接触的带和带轮一起作为考察对象，这样就可不考虑带与带轮间的内力，那么作用于轮子的拉力就沿轮缘的切线方向，如图 1.10(b)所示。

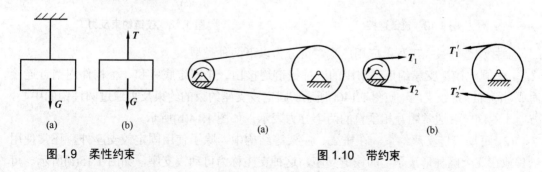

图 1.9　柔性约束　　　　　　　　　　图 1.10　带约束

2. 理想光滑面约束

当两物体直接接触，且忽略接触处的摩擦时，该约束称为理想光滑面约束。这种约束只能限制物体在接触点沿接触面的公法线方向的运动，不能限制物体沿接触面切线方向的运动，故约束反力必过接触点，沿接触面法向并指向被约束体。约束反力通常用字母 N 表示，如图 1.11(a)所示。

图 1.11(b)中，直杆与方槽在 A、B、C 3 点接触，3 处的约束反力沿二者接触点的公法线方向作用。

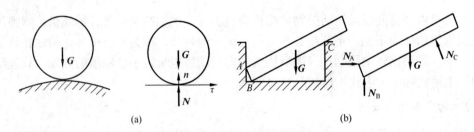

(a)　　　　　　　　　　　　　(b)

图 1.11　理想光滑面约束

3. 圆柱铰链约束

圆柱铰链是工程上常见的一种约束。它是在两个钻有圆孔的构件之间采用圆柱定位销所形成的连接，如图 1.12 所示。门窗所用的活页、铡刀与刀架、起重机的动臂与机座的连接等，都是常见的铰链连接。

圆柱铰链连接的约束反力通过接触点 K 沿公法线方向指向构件，如图 1.13(a)所示。这种约束反力通常是用两个通过铰链中心的大小和方向未知的正交分力 X_K、Y_K 来表示，两分力的指向可以任意设定，如图 1.13(b)所示。

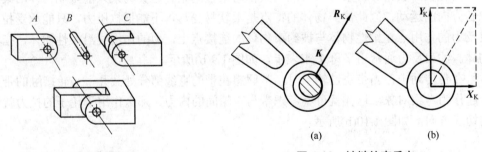

(a)　　　　　　　(b)

图 1.12　铰链连接　　　　　　**图 1.13　铰链约束反力**

圆柱铰链约束在工程上应用广泛，可分为以下两种类型。

(1) 固定铰链支座约束。常用的圆柱铰链连接由一个固定底座和一个构件用销钉连接而成，简称固定铰支座，如图 1.14(a)所示。固定铰支座约束的约束反力通过圆柱销的中心，方向不能确定，通常用互相垂直的两个分力表示，如图 1.14(b)所示。

(2) 可动铰链支座约束。在桥梁、屋架等结构中，除了使用固定铰支座外，还常使用一种放在几个圆柱形滚子上的铰链支座，这种支座称为可动铰支座，如图 1.15(a)所示。可动铰链支座只能限制构件沿支撑面垂直方向的移动，因此其约束反力方向垂直于支撑面，且通过铰链中心，如图 1.15(b)所示。

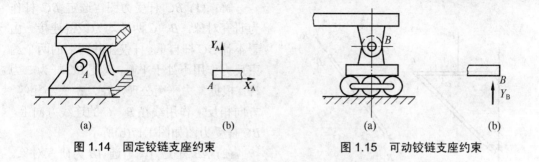

图 1.14　固定铰链支座约束　　　　　　图 1.15　可动铰链支座约束

1.4　受力分析和受力图

研究构件的平衡问题时,首先要明确研究对象,然后分析研究对象上受哪些力的作用,这就是构件的受力分析。

对研究对象进行受力分析时,必须将所确定的研究对象从周围物体中分离出来,分离出来的物体称为分离体。单独画出分离体简图,然后将其他物体对它作用的主动力和约束反力全部表示出来,这样的图称为分离体的受力图,简称受力图。绘制构件受力图的步骤如下。

(1) 选定研究对象,将研究对象作为分离体单独画出。

(2) 在分离体上标出主动力(一般已知)。

(3) 将分离体原来的约束用相应的约束反力代替。

【例 1.1】如图 1.16(a)所示,一重力为 G 的球体 A,用绳子 BC 系在光滑的铅垂墙壁上,试画出球体 A 的受力图。

解:(1) 取球体 A 作为研究对象,取分离体并画简图。

(2) 画主动力 G。

(3) 画约束力。绳索的约束反力为 T_B,T_B 沿绳索且背离物体;墙壁的约束反力为 N_D,N_D 沿墙壁和球体接触点的公法线方向并指向球体。

(4) 由三力汇交定理可知,T_B、N_D、G 的作用线交于 A 点,如图 1.16(b)所示。

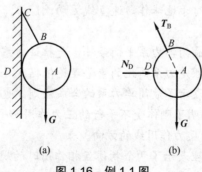

图 1.16　例 1.1 图

【例 1.2】如图 1.17 所示为三角形支架 ABC,AB 上作用铅垂力 F,杆的自重不计,试分别画出杆 BC 和 AB 的受力图。

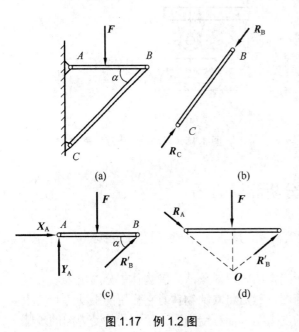

图 1.17　例 1.2 图

解：(1) BC 杆受力图。选定 BC 杆作为研究对象，B、C 两端均为铰链连接。由于不计 BC 杆自重，杆仅在其两端的两个约束反力作用下处于平衡，因此 BC 杆为二力杆。根据二力平衡公理，R_B、R_C 大小相等，方向相反，作用线在 B、C 的连线方向上，BC 杆受力图如图 1.17(b)所示。

(2) AB 杆受力图。选 AB 为研究对象。它受主动力 F 的作用，在 B 处有约束反力 R_B'，该力与 R_B 互为作用力与反作用力；A 点为固定铰链支座，约束反力的大小和方向未知，用 X_A、Y_A 表示，AB 杆受力图如图 1.17(c)所示。

AB 杆在 F、R_A、R_B' 3 个力的作用下处于平衡状态，由三力平衡汇交定理可确定铰链 A 处所受约束反力 R_A 的方向，如图 1.17(d)所示。

本 章 小 结

　　本章介绍了静力学的基本概念、公理，引入了约束与约束反力的概念，介绍了几种常见的基本约束及对物体受力分析与画受力图的方法步骤。

1. 基本概念

力、刚体、平衡是静力学的基本概念。

(1) 力对物体有两种效应：外效应和内效应。静力学只研究力的外效应。

(2) 刚体是不变形的物体，是实际物体的一种抽象化模型。

(3) 平衡是指物体相对于地球作匀速直线运动或静止。

2. 静力学公理

(1) 二力平衡公理是最简单力系平衡条件，是推证力系平衡条件的理论依据。

(2) 加减平衡力系公理是力系简化的重要理论依据。

(3) 平衡四边形公理表示了最简单力系的合成法则，也是力的分解法则。

三力平衡汇交定理阐明了刚体受不平行的三力作用而平衡时，三力作用线之间的关系，常用来确定未知反力作用线的方向。

(4) 作用与反作用公理表示了两个物体互相作用时的规律。作用力与反作用力虽然等值、反向、共线，但是分别作用在两个物体上。它不是二力平衡公理中所指的两个作用在同一个刚体上的力，因此，不能认为作用力与反作用力互相平衡。

3. 物体的受力分析

(1) 约束与约束反力：限制物体运动的条件称为约束；约束对被约束物体的作用为约束反力。

(2) 常见类型约束的约束反力：柔性约束反力沿柔索本身且背离被约束物体；光滑接触面的约束反力通过接触点沿接触面公法线方向，指向被约束物体；固定铰链约束反力通过铰链中心，方向待定，常用两个正交分力来表示；可动铰链约束反力通过铰链中心，垂直于支撑面。

4. 画受力图的步骤

(1) 首先根据问题的要求确定研究对象，并将确定的研究对象，从周围物体的约束中分离出来，即画出分离体。

(2) 画出已知力，例如重力、载荷等。

(3) 画出约束反力，先分析研究对象和周围物体的连接属于哪种类型的约束，再根据约束性质画约束反力，其中要注意二力构件、三力平衡汇交定理的应用。

推荐阅读资料

1. 潘永亮. 化工设备机械基础. 北京：科学出版社，2007.
2. 刘英卫. 工程力学. 大连：大连工业出版社，2005.
3. 谭蔚. 化工设备设计基础. 天津：天津大学出版社，2007.

习　　题

一、简答题

1-1　什么是刚体？

1-2　说明下列格式的意义和区别：① $F_1 = F_2$；② $\boldsymbol{F}_1 = \boldsymbol{F}_2$。

1-3　什么是力的三要素？

1-4　讨论静力学公理。

1-5　约束有几种基本类型？其约束反力如何表示？

1-6　什么是二力构件？分析二力构件受力时与构件的形状有无关系。

1-7　下面几种说法是否正确？为什么？

(1) 合力一定大于分力。

(2) 同一平面内作用线不汇交于同一点的 3 个力一定不平衡。

(3) 同一平面内作用线汇交于一点的 3 个力一定平衡。

1-8　二力平衡条件和作用力与反作用力公理都是说二力等值、反向、共线，试分析二者有什么区别。

二、计算题

1-1　画出图 1.18 所示物体的受力图。

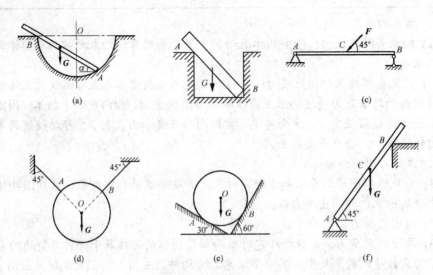

图 1.18　计算题 1-1 图

1-2　画出图 1.19 所示机构中各物体的受力图(未标重力的杆件不计重力)。

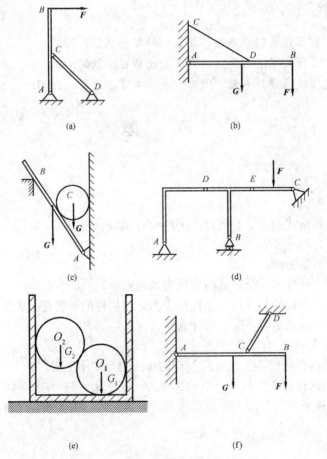

图 1.19　计算题 1-2 图

第 2 章 平 面 力 系

通过本章的学习，了解平面汇交力系和平面一般力系的概念，掌握力矩与力偶的概念和性质，理解力的平移定理，学会对平面一般力系进行简化，熟练掌握并应用平面汇交力系和平面一般力系的平衡条件和平衡方程求解工程问题。

教学要求

能力目标	知识要点	权重	自测分数
了解平面汇交力系的概念和合成的方法	平面汇交力系合成的方法	10%	
掌握平面汇交力系合成的解析法	平面汇交力系合成的几何法和解析法	10%	
熟练掌握应用平面汇交力系平衡的解析条件求解未知力	平面汇交力系的平衡条件	20%	
掌握力矩与力偶的概念和性质	力矩与力偶的概念和性质	15%	
理解力的平移定理	力的平移定理	5%	
掌握平面一般力系简化的方法	平面一般力系的简化方法及简化结果	15%	
熟练掌握并应用平面一般力系的平衡条件和平衡方程	平面一般力系的平衡条件和平衡方程及其应用	25%	

 引例

在工程实际中，经常需要用绳索捆绑重物后，再用起重机起吊。如果操作不当，就会发生事故，造成人身伤害或经济损失。

案例：1981 年 11 月 11 日，某市石油加工厂装卸队工人在装卸站台吊运 4 吨机床，当时用两条 3 分的钢丝绳吊索起吊。起吊开始后，两条钢丝绳吊索突然全部断开，机床掉下，机床底座和主轴摔坏，损失价值 36 万元。对事故进行分析，发现事故主要原因是钢丝绳吊索选择不当，超负荷吊装。按规定，吊运 4 吨件，应选用 6 分的钢丝绳吊索。这起事故的发生，说明准备工作很重要。若在起重前，有关人员充分计算每根吊索所受的拉力，采取符合规定直径的钢丝绳吊索，就会避免事故的发生。

实际生活中人们用扳手拆装螺母时，往往在扳手的一端套装一段管子，以达到节省力气的目的。

在工业生产检修安装现场，紧固和拆卸大直径螺栓螺母相当困难，尤其在操作人员难以施工的环境中(如设备周围空间较小，无法使用加力杆及各类特种扳手等)，操作人员使用加力扳手(力矩放大器)，只需施加很小的力，即可得到数倍的输出力矩，从而轻捷地完成螺栓螺母的紧固拆卸工作。

请问这是什么道理？

2.1　平面汇交力系的合成

2.1.1　平面汇交力系

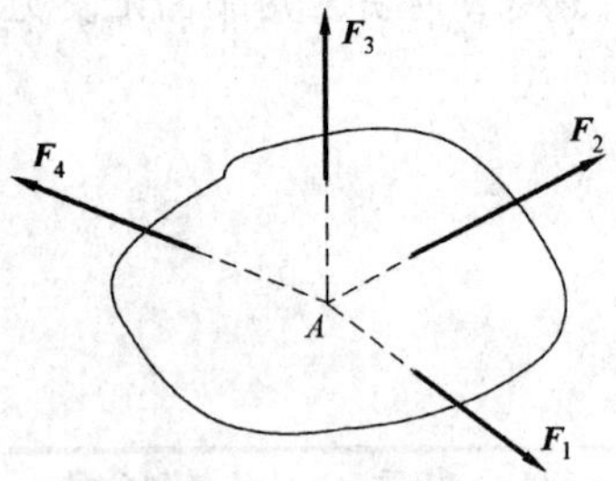

力系的分类方法很多，按照作用线是否位于同一平面来分类，可将力系分为平面力系和空间力系。作用线在同一平面内的力系，称为平面力系。如果将力系按作用线是否汇交或者平行分，又可分为汇交力系、力偶系、平行力系和一般力系。

平面汇交力系是指各力的作用线位于同一平面内且汇交于同一点的力系，如图 2.1 所示。平面汇交力系在工程上最为常见，如图 2.2 所示。

图 2.1　平面汇交力系

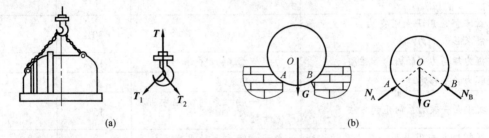

图 2.2　平面汇交力系的工程实例

2.1.2　平面汇交力系的合成方法

平面汇交力系的合成方法有两种：几何法和解析法。

1. 几何法

(1) 三角形法。作用于刚体上的两个力 F_1 和 F_2 汇交于一点 O，如图 2.3(a)所示。可用三角形法求合力 R：以 F_1 的终点作为 F_2 的起点，保持 F_2 的大小和方向不变画出 F_2，连接 F_1 的起点和 F_2 的终点，即得合力 R，如图 2.3(b)所示。

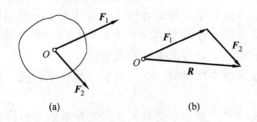

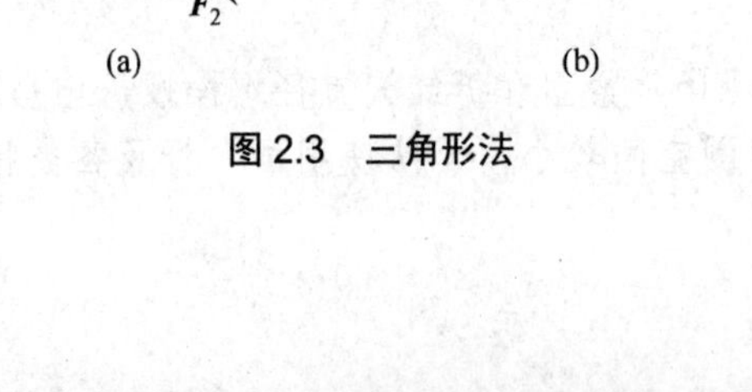

图 2.3　三角形法

(2) 多边形法。如图 2.4(a)所示，作用在刚体上的力系 F_1、F_2、F_3 和 F_4，汇交于 O 点。利用三角形法求得 F_1 和 F_2 的合力 R_1；同理再求 R_1 和 F_3 的合力 R_2，最后求出 R_2 和 F_4 的合力 R，即为整个力系的合力，如图 2.4(b)所示。可见，只要依次将构成力系的各力 F_1、F_2、F_3 和 F_4 首尾相接，最后将 F_1 的起点和 F_4 的终点连接起来，就可得到力系的合力 R，所得图形 $ABCDO$ 为一多边形，其封闭边表示的力即为所求的合力 R，这就是平面汇交力系求解合力的多边形法，如图 2.4(c)所示。

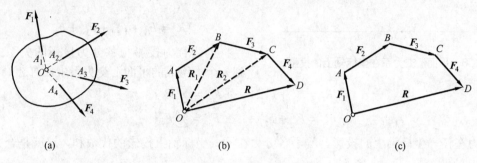

(a)　　　　　　　　　　　(b)　　　　　　　　　　　(c)

图 2.4　多边形法

将此方法应用到由 n 个力 F_1、F_2、$\cdots$、F_n 组成的平面汇交力系，可以得到如下结论：平面汇交力系合成的结果是一个合力，合力的作用线通过力系的汇交点，合力等于原力系中所有力的矢量和，用力多边形的封闭边表示。其表达式为

$$R = F_1 + F_2 + \cdots + F_n = \sum_{i=1}^{n} F_i \tag{2-1}$$

2. 解析法

用几何法求平面汇交力系的合力虽然简便直观、易于操作，但是由于依赖于作图精度，所求合力的精度难以控制。平面汇交力系合成的另一种方法是解析法，它以力在坐标轴上的投影为基础进行计算。

(1) 力在坐标轴上的投影。已知力 F 的正交分力为 F_x、F_y，与平面内正交坐标轴 x、y 的夹角为 α、β，如图 2.5 所示，则力 F 在 x、y 轴上的投影 F_x、F_y 分别为

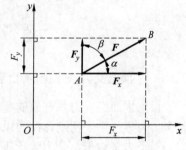

图 2.5　力在坐标轴上的投影

$$\left. \begin{array}{l} F_x = F\cos\alpha \\ F_y = F\cos\beta = F\sin\alpha \end{array} \right\} \tag{2-2}$$

力在坐标轴上的投影等于力的大小乘以力与坐标轴正向间夹角的余弦，其为代数量。规定：当正交分力指向与坐标轴正向一致时，力的投影取正值，反之取负值。

力 F 的大小和方向由以下两式确定：

$$F = \sqrt{F_x^2 + F_y^2} \tag{2-3}$$

$$\cos\alpha = \frac{F_x}{F}, \quad \cos\beta = \frac{F_y}{F} \tag{2-4}$$

(2) 合力投影定理。设有一平面汇交力系由 F_1、F_2、F_3 和 F_4 组成，作力多边形 $abcde$，

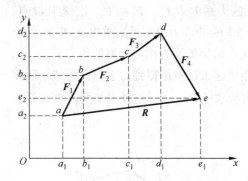

图 2.6　平面汇交力系在坐标轴上的投影

封闭边 ae 表示该力系的合力矢量 R。取坐标系 xOy，将所有力均投影到 x 轴和 y 轴上，如图 2.6 所示，则

$$a_1e_1 = a_1b_1 + b_1c_1 + c_1d_1 + d_1e_1$$
$$a_2e_2 = a_2b_2 + b_2c_2 + c_2d_2 - d_2e_2$$

即

$$R_x = F_{1x} + F_{2x} + F_{3x} + F_{4x}$$
$$R_y = F_{1y} + F_{2y} + F_{3y} + F_{4y}$$

将上述合力投影与各分力投影的关系式推广到 n 个力组成的平面汇交力系中，有

$$\left. \begin{aligned} R_x &= F_{1x} + F_{2x} + \cdots + F_{nx} = \sum F_x \\ R_y &= F_{1y} + F_{2y} + \cdots + F_{ny} = \sum F_y \end{aligned} \right\} \tag{2-5}$$

即合力在任一坐标轴上的投影，等于各分力在同一坐标轴上投影的代数和，这就是合力投影定理。

(3) 平面汇交力系合成的解析法。平面汇交力系合成时根据合力投影定理，计算出合力 R 在直角坐标轴上的投影 R_x 和 R_y，然后由式(2-6)确定合力的大小和方向

$$\left. \begin{aligned} R &= \sqrt{R_x^2 + R_y^2} = \sqrt{\left(\sum F_x\right)^2 + \left(\sum F_y\right)^2} \\ \cos\alpha &= \frac{R_x}{R}, \cos\beta = \frac{R_y}{R} \end{aligned} \right\} \tag{2-6}$$

式中，α、β 分别为合力 R 与 x 轴和 y 轴正向的夹角。

2.2　平面汇交力系的平衡条件

2.2.1　平面汇交力系平衡的几何条件

根据平面汇交力系合成的几何法可知，力系合成的结果只能是一个力，即力系的合力。若合力为零，则表明刚体在力系作用下处于平衡状态，即力系为一个平衡力系。

对于力多边形，合力等于零意味着代表合力的封闭边成为一个点，即第一个力的起点与最后一个力的终点恰好重合，力多边形自行封闭。所以，平面汇交力系平衡的充分与必要的几何条件是：力多边形自行封闭，或力系中各力的矢量和等于零，即

$$R = \sum_{i=1}^{n} F_i = 0 \tag{2-7}$$

2.2.2　平面汇交力系平衡的解析条件

由于平面汇交力系平衡的必要和充分条件是该力系的合力 R 等于零，则由式(2-6)得

$$R = \sqrt{\left(\sum F_x\right)^2 + \left(\sum F_y\right)^2} = 0$$

即

$$\left. \begin{aligned} \sum F_x &= 0 \\ \sum F_y &= 0 \end{aligned} \right\} \tag{2-8}$$

由式(2-8)可得平面汇交力系平衡的解析条件：力系中所有各力在作用面内两个坐标轴上投影的代数和分别等于零。式(2-8)又称为平面汇交力系的平衡方程。

【**例 2.1**】某梁 AB 承受力 F=20kN，如图 2.7(a)所示。试求 A 和 B 处的约束反力。

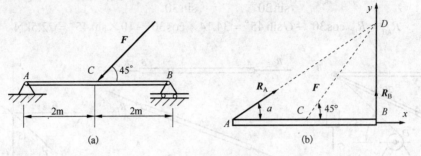

图 2.7 例 2.1 图

解：取梁 AB 为研究对象，画出受力图，如图 2.7(b)所示。根据三力平衡汇交定理知：R_A、F 和 R_B 3 个力汇交于 D 点。

由 $\sum F_x = 0$，即

$$R_A \cos \alpha - F \cos 45° = 0$$

得

$$R_A = \frac{F \cos 45°}{\cos \alpha} = \frac{20 \cos 45°}{l_{AB}/l_{AD}} = \frac{20 \cos 45°}{4 / \sqrt{4^2 + 2^2}} = 15.81\text{kN}$$

由 $\sum F_y = 0$，即

$$R_B + R_A \sin \alpha - F \sin 45° = 0$$

得

$$R_B = F \sin 45° - R_A \sin \alpha = 20 \sin 45° - \frac{15.81 \times 2}{\sqrt{4^2 + 2^2}} = 7.07\text{kN}$$

【**例 2.2**】 一简易起重装置，如图 2.8(a)所示。支架的 AB 和 CB 两杆在 A、B、C 3 处用铰链连接。在 B 处的销钉上装有一个光滑滑轮。绕过滑轮的绳索一端悬挂 G =10kN 的重物，另一端绕在卷扬机绞盘 D 上。不计 AB 和 CB 两杆和滑轮自重，并忽略滑轮的尺寸，当重物匀速上升时，求 AB 和 CB 两杆所受的力。

解：由于重物匀速上升，所以整个装置处于平衡状态。

(1) AB 杆和 CB 杆受力分析。

对于 AB 杆和 CB 杆，它们只在两端受到力的作用，故 AB 杆和 CB 杆均为二力杆，受力图如图 2.8(b)所示。

(2) 滑轮受力分析。

不计滑轮尺寸，可将其看作质点 B。滑轮除受到 AB 杆和 CB 杆对其的反作用力 R_{AB} 和 R_{BC} 之外，还受到绳索 BD 拉力 T_1 和重物向下的拉力 T_2，这 4 个力均通过 B 点，且在同一平面内，是平面汇交力系，受力图如图 2.8(c)所示。以 B 点为坐标原点建立坐标系，列平衡方程。由 $\sum F_x = 0$，$\sum F_y = 0$，即

$$R_{AB} + T_1 \sin 45° - R_{BC} \cos 30° = 0$$

$$R_{BC}\sin30° - T_1\cos45° - T_2 = 0$$

将 $T_1 = T_2 = G = 10$kN 代入，得

$$R_{BC} = \frac{G + G\cos45°}{\sin30°} = \frac{10 + 10\cos45°}{\sin30°} = 34.14\text{kN}$$

$$R_{AB} = R_{BC}\cos30° - G\sin45° = 34.14 \times \cos30° - 10 \times \sin45° = 22.5\text{kN}$$

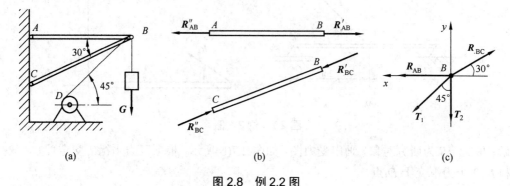

图2.8　例2.2图

2.3　力矩与力偶

2.3.1　力矩

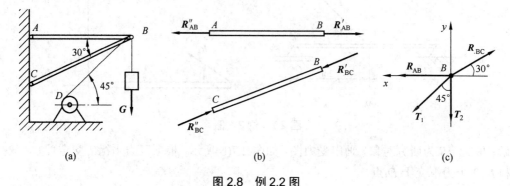

　　力对刚体除了产生移动效应外，在一些条件下还可以产生转动效应。如人们用扳手拆装螺母时，在扳手上施加一个力的作用，扳手就和螺母一起绕螺母和螺栓的中心转动。刚体上 A 点作用一力 $\boldsymbol{F}$，如图2.9所示，在 $\boldsymbol{F}$ 的作用面内任取一点 O，点 O 称为矩心，点 O 到力的作用线的垂直距离 h 称为力臂，则力 $\boldsymbol{F}$ 使物体产生的绕 O 点转动效应可用力对点之矩 $m_O(\boldsymbol{F})$ 来描述，简称力矩，按式(2-9)计算：

图2.9　力对点之矩

$$m_O(\boldsymbol{F}) = \pm Fh \tag{2-9}$$

　　在平面问题中，力对点之矩是代数量，其绝对值等于力的大小与力臂的乘积，其正负号规定：当力使物体绕矩心作逆时针方向转动时为正值，反之为负值。力矩的常用单位是牛顿·米($N·m$)或千牛顿·米($kN·m$)。

　　显然，平面内点不同，则力 $\boldsymbol{F}$ 对该点之矩可能不同，即力矩与所取点有关。

　　当力的作用线通过矩心时，力臂等于零，它对矩心的力矩等于零，无转动效应。若 $m_O(\boldsymbol{F})$ 为常数，力臂 h 增大，力 $\boldsymbol{F}$ 减小，在扳手的一端套装一截管子来拆装螺母，会节省力气，就是这个道理。

2.3.2　力偶与力偶矩

1．力偶、力偶矩的概念

　　(1) 力偶。在实际中，人们经常会遇到物体上同时受到两个大小相等、方向相反而作用线不重合的平行力的作用。例如驾驶员用双手转动转向盘，如图2.10(a)所示；钳工用丝锥攻螺纹，如图2.10(b)所示。作用在转向盘和丝锥扳手上的就是这样的一对平行力。在这样两个力作用下，物体产生转动。这种由大小相等、方向相反、作用线不重合的两个平行

力组成的力系称为力偶。若组成力偶的两个力分别为 F 和 F'，则用 (F, F') 表示该二力所组成的力偶。力偶所在的平面称为力偶作用面，力偶中两力之间的垂直距离称为力偶臂。

(2) 力偶矩。实践证明，力偶对物体只产生转动效应，而无移动效应。力偶对物体的转动效应，用组成力偶的两个力对其作用面内一点力矩的代数和来度量，称为力偶矩，用 $m(F, F')$ 表示，简写为 m。物体上作用着一个力偶臂为 d 的力偶，如图 2.11 所示，则该力偶的两个力对其作用面内任意一点 O 的力矩的代数和为

$$m_O(F) + m_O(F') = F(d+x) - Fx = Fd$$

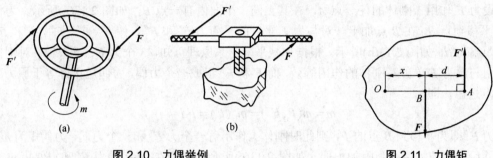

图 2.10　力偶举例　　　　　　　　　　　　图 2.11　力偶矩

可见，力偶的两个力对其作用面内任意一点之矩的代数和为一定值，其大小只与力 F 的大小和力偶臂 d 的大小有关，而与矩心无关。

力偶对物体的转动效应，不仅与力偶矩 Fd 的大小有关，还与其转向有关。用正负号表示其转向，规定：力偶使物体逆时针转动时为正值，反之为负值。则力偶矩可表示为

$$m = m(F, F') = \pm Fd \tag{2-10}$$

2. 力偶的性质

(1) 力偶是基本物理量。力偶不能合成为一个力，也不能用一个力来平衡，力偶只能用力偶平衡，所以力偶是基本物理量。

(2) 力偶的等效性。如果两个力偶的力偶矩大小相等且方向相同，则这两个力偶对物体的转动效应相同，即两力偶等效。

(3) 力偶矩是定值。当力偶确定时，力偶矩是定值，与所取点无关。

(4) 力偶的可移性。在保持力偶矩不变的情况下，可以将其移到作用平面内任意一点，而不改变它对刚体的作用，即力偶对物体的作用与其在作用面内的位置无关。

(5) 力大小和力偶臂的可变性。只要力偶矩的大小和转向不变，可以同时改变力偶中力的大小和力偶臂的长度，而不会改变力偶对刚体的作用。所以力偶常用带箭头的旋转符号表示，箭头表示力偶的转向，符号旁边注明力偶矩的大小，如图 2.12 所示。

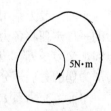

图 2.12　力偶的效应

(6) 力偶的可合性。作用在物体同一平面内的两个或两个以上的力偶，称为平面力偶系。该力偶系可用一合力偶代替，其力偶矩为原力偶系中各力偶矩的代数和，即

$$m = m_1 + m_2 + \cdots + m_n = \sum_{i=1}^{n} m_i \tag{2-11}$$

2.4　平面一般力系及其简化

若作用在物体上各力的作用线在同一平面内，既不全部相互平行，也不汇交于同一点，而是呈任意分布，这样的力系称为平面一般力系。

2.4.1　力的平移定理

设力 F 作用于刚体的任一点 A，在其上同一平面内有一点 B，如图 2.13(a)所示。为将力 F 平移到点 B，在 B 点加上一对与力 F 平行的平衡力 F' 和 F''，使 $F=F'=F''$，F 和 F' 之间距离为 d，如图 2.13(b)所示。根据加减平衡力系原理可知，3 个力 F、F'、F'' 对刚体的作用与原力 F 单独对刚体的作用等效，而 F 和 F'' 组成一个力偶，力偶矩正好等于原力 F 对 B 点之矩，即

$$m = m(F, F'') = m_B(F) = Fd$$

力 F' 即为平移到 B 点的 F，则此时刚体上作用着一个力 F' 和一个力偶，力偶矩为 m，把平移后产生的力偶称为附加力偶，如图 2.13(c)所示。作用在点 B 的力 F' 和力偶矩 m 对刚体的共同作用与在点 A 的力 F 对刚体的作用等效。

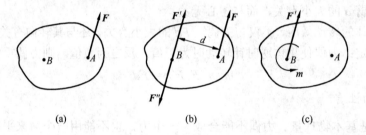

图 2.13　力的平移

由以上分析可得出如下结论：作用在刚体上的力可以平移到刚体内的任一点，为保持运动效应不变，必须同时附加一个力偶，附加力偶的力偶矩等于原力对平移点的力矩。这就是力的平移定理。

2.4.2　平面一般力系的简化

平面一般力系由 F_1，F_2，$\cdots$，F_n 组成，如图 2.14(a)所示。在平面内任取一点 O，应用力的平移定理将各力分别平移到点 O，点 O 称为简化中心。平移后得到作用在点 O 的一个平面汇交力系 F_1'，F_2'，$\cdots$，F_n' 和一个平面力偶系(F_1, F_1')，(F_2, F_2')，$\cdots$，(F_n, F_n')，各附加力偶的力偶矩分别为 $m_1 = m_O(F_1)$，$m_2 = m_O(F_2)$，$\cdots$，$m_n = m_O(F_n)$，如图 2.14(b)所示。

平面汇交力系 F_1'，F_2'，$\cdots$，F_n' 可合成一个作用线通过点 O 的力 R'，如图 2.14(c)所示。由于 $F_1' = F_1$，$F_2' = F_2$，$\cdots$，$F_n' = F_n$，则力 R' 等于原力系中各力的矢量和，称为原力系的主矢，即

$$R' = F_1' + F_2' + \cdots + F_n' = F_1 + F_2 + \cdots + F_n = \sum_{i=1}^{n} F_i \qquad (2\text{-}12)$$

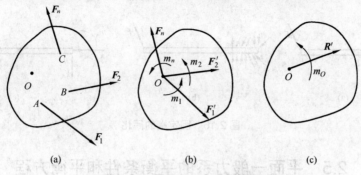

图 2.14　平面一般力系的简化

平面力偶系(F_1,F_1')，(F_2,F_2')，$\cdots$，(F_n,F_n')可以合成一个合力偶，如图 2.14(c)所示，其合力偶矩m_O等于原力系中各力对简化中心 O 取矩的代数和，称为原力系对简化中心的主矩，即

$$m_O = m_1 + m_2 + \cdots + m_n = m_O(F_1) + m_O(F_2) + \cdots + m_O(F_n) = \sum_{i=1}^{n} m_i \qquad (2\text{-}13)$$

综上所述，可得出如下结论：平面一般力系向其平面内任意一点简化，可以得到一个主矢和一个主矩，主矢等于原力系中各力的矢量和，主矩等于原力系中各力对简化中心取矩的代数和。

2.4.3　固定端约束

固定端约束是指物体的一端固嵌于另一个物体中所形成的约束。如图 2.15(a)所示输电线的电线杆、图 2.15(b)所示嵌入墙内的管架和图 2.15(c)所示固定在车床卡盘上的被加工件等所受的约束均属于固定端约束。固定端约束的特点是：它使被约束的物体端部完全固定，既不能转动，也不能移动。计算时，固定端约束可以简化为图 2.16(a)所示的简图。在外力 F 的作用下，物体在固嵌部分所受的力比较复杂，如图 2.16(b)所示。可将这些力向点 A 简化，得到一个在 A 点的约束反力和一个力偶矩为 m_A 的约束反力偶。为便于计算，约束反力可用其水平分力 X_A 和垂直分力 Y_A 来代替。则固定端约束的反力有 3 个：限制移动的反力 X_A、Y_A 和限制绕嵌入点转动的反力偶 m_A，如图 2.16(c)所示。

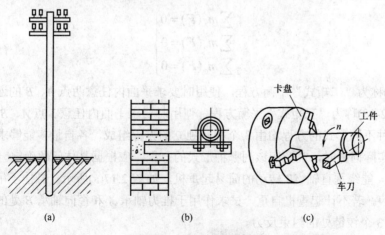

图 2.15　固定端实例图

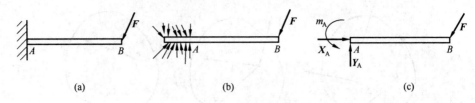

(a) (b) (c)

图 2.16　固定端的简化

2.5　平面一般力系的平衡条件和平衡方程

平面一般力系简化后得到一个主矢 R' 和一个主矩 m_O。若使物体保持平衡，则必有 R'=0，m_O=0。因此，平面一般力系的平衡条件是：力系的主矢和力系中各力对任一点的主矩都为零，即

$$R' = \sqrt{\left(\sum F_x\right)^2 + \left(\sum F_y\right)^2} = 0 \tag{2-14}$$

$$m_O = 0 \tag{2-15}$$

相当于

$$\left.\begin{array}{l} \sum F_x = 0 \\ \sum F_y = 0 \\ \sum m_o(F) = 0 \end{array}\right\} \tag{2-16}$$

式(2-16)称为平面一般力系的平衡方程，说明平面一般力系平衡的解析条件为：力系中各力在任选的两个坐标轴上投影的代数和为零；各力对平面上任一点之矩的代数和为零。平面一般力系平衡方程还可以写成如下两种形式，即

$$\left.\begin{array}{l} \sum F_x = 0 \\ \sum m_A(F) = 0 \\ \sum m_B(F) = 0 \end{array}\right\} \tag{2-17}$$

和

$$\left.\begin{array}{l} \sum m_A(F) = 0 \\ \sum m_B(F) = 0 \\ \sum m_C(F) = 0 \end{array}\right\} \tag{2-18}$$

式(2-17)称为"二矩式"平衡方程，使用时要求平面内任意两点 A、B 的连线不能垂直于 x 轴。式(2-18)称为"三矩式"平衡方程，使用时要求平面内任意 3 点 A、B、C 不共线。

上述 3 种不同形式的方程均由 3 个相互独立的方程组成，各自最多能够求解 3 个未知数。在求解实际问题时，究竟应该列哪种形式的方程，应根据具体问题确定。

【例 2.3】有一能绕垂直轴 AB 转动的简易起重机，如图 2.17(a)所示。悬挂于吊钩上的物体重量 G=50kN。若不计起重机自重，试求作用于推力轴承 A 和径向轴承 B 处的约束反力以及 C、D、E 3 个铰链处的约束反力。

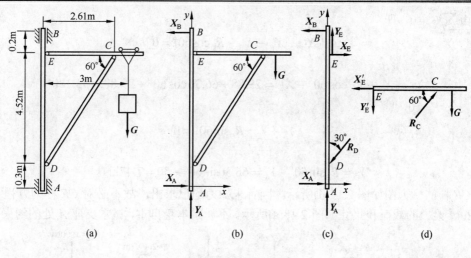

图 2.17 例 2.3 图

解：(1) 起重机受力分析。

以整个起重机为研究对象，作受力分析。推力轴承 A 可简化为固定铰链约束，有两个反力 X_A 和 Y_A。径向轴承 B 可简化为可动铰链约束，有一个反力 X_B。整个起重机的受力图如图 2.17(b)所示。

由 $\sum F_y = 0$，即

$$Y_A - G = 0$$

得

$$Y_A = G = 50\text{kN}$$

由 $\sum m_A(\boldsymbol{F}) = 0$，即

$$5.02 X_B - 3G = 0$$

得

$$X_B = \frac{3G}{5.02} = \frac{3 \times 50}{5.02} = 29.88\text{kN}$$

由 $\sum F_x = 0$，即

$$X_A - X_B = 0$$

得

$$X_A = X_B = 29.88\text{kN}$$

(2) 垂直轴 AB 受力分析。

由于 CD 杆为二力杆，则有 $R_C = R_D$，可确定垂直轴 AB 上 D 处的约束反力 $\boldsymbol{R}_D$ 的方向。垂直轴 AB 的受力图如图 2.17(c)所示。

由 $\sum m_E(\boldsymbol{F}) = 0$，即

$$0.2 X_B + 4.82 X_A - 4.52 R_D \cos 60° = 0$$

得

$$R_D = R_C = \frac{0.2 X_B + 4.82 X_A}{4.52 \cos 60°} = \frac{0.2 \times 29.88 + 4.82 \times 29.88}{4.52 \cos 60°} = 66.36\text{kN}$$

由 $\sum F_x = 0$，即

$$X_A + X_E - X_B - R_D \cos 60° = 0$$

得

$$X_E = X_B + R_D \cos 60° - X_A = 29.88 + 66.36 \cos 60° - 29.88 = 33.18 \text{kN}$$

由 $\sum F_y = 0$，即

$$Y_A + Y_E - R_D \sin 60° = 0$$

得

$$Y_E = R_D \sin 60° - Y_A = 66.36 \sin 60° - 50 = 7.47 \text{kN}$$

CE 杆的受力图如图 2.17(d)所示。因各未知力均已求出，故不必对 CE 杆列方程求解。

【例 2.4】梁上的载荷和尺寸如图 2.18(a)所示。不计梁本身自重，试求支座 A 处的约束反力。

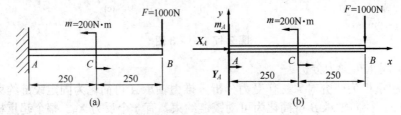

图 2.18　例 2.4 图

解：取梁 AB 为研究对象，作受力图如图 2.18(b)所示。以 A 为原点建立坐标系，列平衡方程。

由 $\sum F_x = 0$，即

$$X_A - 0 = 0$$

得　$X_A = 0$。

由 $\sum F_y = 0$，即

$$Y_A - 1000 = 0$$

得　$Y_A = 1000 \text{N}$。

由 $\sum m_A(\boldsymbol{F}) = 0$，即

$$200 + m_A - 1000 \times 0.5 = 0$$

得　$m_A = 300 \text{N} \cdot \text{m}$。

本 章 小 结

　　　本章对平面力系进行了阐述，包括平面汇交力系和平面一般力系的概念，力矩与力偶的概念、力的平移定理、平面一般力系的简化，平面汇交力系和平面一般力系的合成、平衡条件与平衡方程等内容。

　　　平面汇交力系是指各力的作用线位于同一平面内且汇交于同一点的力系。

　　　平面汇交力系合成的方法有几何法和解析法。几何法采用力的多边形法；解析法是合力在任一坐标轴上的投影等于各分力在同一坐标轴上投影的代数和。

　　平面汇交力系平衡必要与充分的几何条件是：力多边形自行封闭，或力系中各力的矢量和等于零，即 $R=0$。

　　平面汇交力系平衡的解析条件是：力系中所有各力在作用面内两个坐标轴上投影的代数和分别等于零，即 $\sum F_x=0$，$\sum F_y=0$。

　　力矩是度量力对刚体转动效应的物理量。力矩与所取点有关。在平面问题中，力矩是代数量，规定：当力使物体绕矩心作逆时针方向转动时为正值，反之为负值。

　　由大小相等、方向相反、作用线不重合的两个平行力组成的力系称为力偶。

　　力偶矩是组成力偶的两个力对其作用面内一点取矩的代数和，用 m 表示。力偶对物体只产生转动效应，而无移动效应，力偶是基本物理量。力偶矩是定值，与所取点无关。

　　力偶系可用一合力偶代替，其力偶矩为原力偶系中各力偶矩的代数和。

　　力的平移定理：作用在刚体上的力可以平移到刚体内的任一点，为保持运动效应不变，必须同时附加一个力偶，附加力偶的力偶矩等于原力对平移点的力矩。

　　平面一般力系是指力系中所有力的作用线在同一平面内且任意分布的力系。

　　平面一般力系向其平面内任意一点简化，可以得到一个主矢和一个主矩，主矢等于原力系中各力的矢量和，主矩等于原力系中各力对简化中心取矩的代数和。

　　固定端约束是指物体的一端固嵌于另一个物体中所形成的约束。固定端约束的反力有两个限制移动的反力和一个限制绕嵌入点转动的反力偶。

　　平面一般力系的平衡方程：$\sum F_x=0$，$\sum F_y=0$，$\sum m_0(F)=0$。

　　本章的教学目标是使学生掌握力矩与力偶的概念和性质，以及平面汇交力系和平面一般力系的相关计算，重点在于应用平面汇交力系和平面一般力系平衡的解析条件求解未知力。

推荐阅读资料

1. 范钦珊. 工程力学. 北京：机械工业出版社，2007.
2. 范本隽，陈安军. 工程力学简明教材. 北京：科学出版社，2005.

习　　题

一、简答题

2-1　什么叫做平面汇交力系和平面一般力系？

2-2　平面汇交力系的合成有哪几种方法？如何合成？

2-3　合力是否一定比分力大？

2-4　什么叫力的投影？力的投影是代数量还是矢量？

2-5　共面的 3 个力汇交于一点，一定能使构件平衡吗？

2-6　用解析法求平面汇交力系的合力时，建立不同的坐标系是否影响所求合力的结果？

2-7　平面汇交力系平衡的几何条件和解析条件各是什么？

2-8　什么叫力矩？如何计算？其正负号如何确定？

2-9　什么叫力偶和力偶矩？力偶有哪些性质？

2-10　力矩和力偶矩都与矩心位置有关，对吗？

2-11　力偶能否合成为一个力？能否用一个力来平衡？

2-12　为什么用手拔钉子拔不动时，而用羊角锤就可轻易地将其拔起？

2-13　什么叫做力的平移定理？

2-14　平面一般力系向其平面内任意一点简化的简化结果是什么？

2-15　什么叫固定端约束？其反力有哪几个？

2-16　如何用文字描述平面一般力系的平衡条件？

2-17　平面一般力系平衡的解析条件是什么？

2-18　平面一般力系平衡方程可写成哪几种形式？

二、计算题

2-1　用拉力 **F** 起吊一个重量 G=10kN 的构件，钢丝绳与水平线夹角 α=45°，如图 2.19 所示。求构件匀速上升时，绳的拉力是多少？

2-2　起重机横梁 AB 与拉杆 BC 夹角为 30°，如图 2.20 所示，作用于横梁 AB 中点 D 处的物体重量 G=10kN。试计算 A、B 和 C 处的约束反力。

2-3　一圆筒形容器自重 G，放置于托轮 A 和 B 上，如图 2.21 所示。求托轮对容器的约束反力。

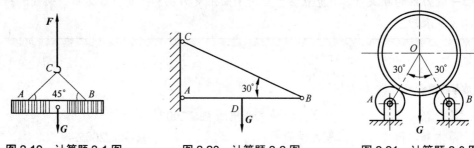

图 2.19　计算题 2-1 图　　　图 2.20　计算题 2-2 图　　　图 2.21　计算题 2-3 图

2-4　一个简易起重机由 AB 杆、BC 杆和光滑滑轮等组成，起吊 G=8kN 的重物，如图 2.22 所示。不计 AB 和 BC 两杆和滑轮自重，并忽略滑轮的尺寸。试求平衡时 AB 杆和 BC 杆所受的力。

2-5　自重 G=2kN 的均质圆球搁在光滑的斜面上，用一绳索 AB 将其拉住，如图 2.23 所示。已知绳索与垂直壁面的交角为 30°，斜面与水平面的交角为 15°。求绳索 AB 的拉力和斜面对球的约束反力。

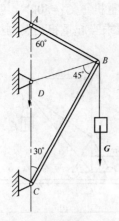

图 2.22　计算题 2-4 图

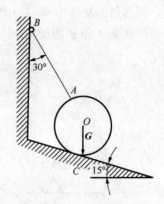

图 2.23　计算题 2-5 图

2-6　梁上的载荷和尺寸如图 2.24(a)、(b)所示。不计梁本身自重，试求支座 A 处的约束反力。

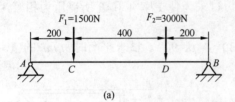

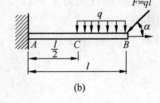

图 2.24　计算题 2-6 图

2-7　有一管道支架 ABC，如图 2.25 所示。A、B、C 处均为理想的圆柱形铰链约束。已知该支架承受的两管道的重量均为 G=4.5kN。试求管道支架中 AB 和 BC 所受的力。

2-8　有一绕垂直轴 AB 转动的起重机 ABC，如图 2.26 所示，起重机重量 G_1=3kN，重心位于 D 处，所起吊的物体重量 G_2=12kN。试求作用于径向轴承 A 和推力轴承 B 处的约束反力。

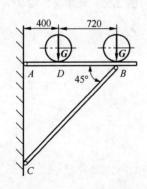

图 2.25　计算题 2-7 图

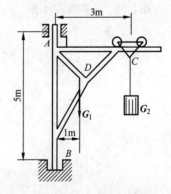

图 2.26　计算题 2-8 图

2-9　活动梯子放在光滑的水平地面上，如图 2.27 所示。梯子由 AB 和 AC 两部分组成，长度均为 l，彼此用铰链 A 及水平绳 EF 连接。今有一体重为 G 的人站在 D 处，尺寸如图所示。不计梯子自重与接触面间的摩擦，试求绳子 EF 的张力 T 及 B、C 两处的约束反力。

2-10 梁 *AB* 上铺设有起重轨道，如图 2.28 所示。起重机重 G_1=50kN，其重心在铅垂线 *DC* 上，所起吊的物体重量 G_2=10kN。梁自重不计，试求当起重机吊臂与梁 *AB* 在同一铅垂面内时，支座 *A* 和 *B* 的反力。

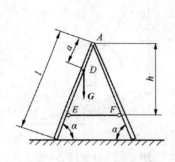

图 2.27   计算题 2-9 图

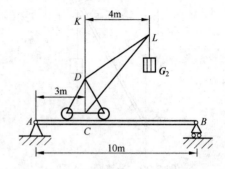

图 2.28   计算题 2-10 图

2-11 如图 2.29 所示，汽车停在长度为 30m 的水平桥上。设汽车前后两轴间的距离为 2.5m，前后轴的载荷分别为 15kN、25kN。试求为使支座 *A* 和 *B* 所受压力相等，汽车后轮到支座 *A* 的距离 *x* 应为多少？

2-12 四杆机构如图 2.30 所示，α =30°，β =90°。试求平衡时 m_1/m_2 的值。

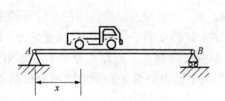

图 2.29   计算题 2-11 图

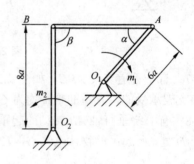

图 2.30   计算题 2-12 图

第 3 章　直杆的拉伸与压缩

教学目标

通过本章的学习，了解构件的基本变形形式，能够计算受拉直杆的内力、应变和应力，掌握材料拉伸与压缩时的力学性能和强度计算方法，理解热应力产生的原因与缓解措施。

教学要求

能力目标	知识要点	权重	自测分数
了解构件的基本变形形式	构件的 4 种基本变形形式及实例	5%	
能够计算受拉直杆的内力、应变和应力	受拉伸杆件的内力、应力与变形	20%	
掌握材料拉伸与压缩时的力学性能	材料拉伸与压缩 $\sigma - \varepsilon$ 曲线及性能指标	30%	
掌握材料拉伸与压缩时的强度计算方法	材料拉伸与压缩时的强度条件	30%	
理解热应力产生的原因与缓解措施	热应力	15%	

引例

工程实际中，受拉构件必须满足强度要求，否则将危及人们的生命安全。

案例：1992 年，某县交通运输管理站在木材公司仓库货场用吊车吊运原木。当吊到第 15 根长 6.5m、大头直径 400mm、小头直径 260mm 的桦木时，工人绑好钢丝绳吊索，吊车驾驶员驾驶吊车将原木从北端吊到 5m 左右南端的场地。为了将原木放整齐，原木落地后，驾驶员又进行第二次起吊，当吊物离地面 700mm 左右时，起重臂突然坠落，将在起重臂下扶钢丝绳吊索的工人头部打伤，虽及时送往医院，但因伤势严重抢救无效死亡。

通过调查发现，起重机钢丝绳断裂造成起重臂坠落是事故发生的直接原因。检查发现断裂的钢丝绳已有多处过度锈蚀、磨损，并且有多处严重断丝现象，已经达到报废的标准，在吊装过程中，因承受不住吊物重量，断裂坠落。

请思考：为了保证吊车安全，钢丝绳应满足什么要求？

3.1　构件变形的基本形式

在前两章研究构件的受力分析和平衡条件时，只考虑力的外效应，忽略了力的内效应，把构件看作刚体来处理。从本章开始，将讨论构件受力后的变形效应，即内效应，把构件视为变形体，研究构件在外力作用下发生变形和破坏的规律，使设计的零件既满足强度、刚度等方面的要求，又尺寸小、质量轻，且结构形状合理，并可最经济地使用材料。

工程实际中，构件的形状多种多样，按其几何形状特征，可分为杆件、板和壳体等基本形式。一般来说，板和壳体的几何形体比杆件复杂得多，其变形也比较复杂。杆件的变形及分析方法虽然较简单，但它是最基本的，也是分析板和壳体问题的基础。因此从本章至第6章主要讨论杆件的变形与强度。

杆件是指长度方向(纵向)尺寸远大于垂直于长度方向(横向)尺寸的构件，如螺栓、轴、梁等。轴线为直线的杆称为直杆；横截面大小、形状不变的直杆称为等直杆；轴线为曲线的杆称为曲杆。

杆件在不同外力作用下将产生不同的变形，这些变形可以用某种基本变形形式或几种基本变形形式的组合来表示。杆件变形的基本形式有拉伸或压缩、弯曲、扭转和剪切4种，见表3-1。

表 3-1　杆件的基本变形形式

基本变形形式	变形简图	实例
拉伸	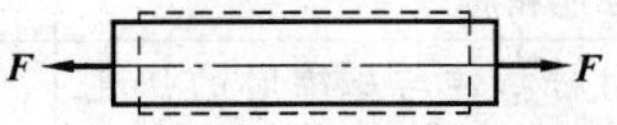	连接容器法兰用的螺栓
压缩	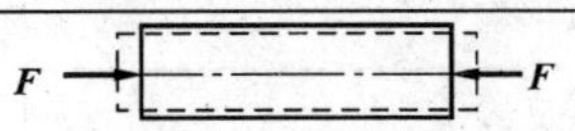	容器的立式支腿
弯曲		建筑物的横梁、受水平风载荷的塔体
剪切	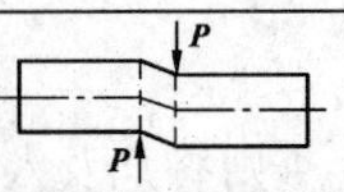	剪床上受剪切的钢板
扭转	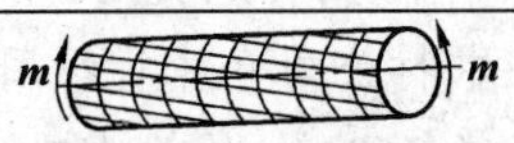	搅拌器的轴

3.2　直杆拉伸与压缩的力与变形

3.2.1　工程实例

工程上杆件在承受外力作用下，产生拉伸和压缩变形的实例很多，例如图 3.1 中起重装置的 *AB* 杆和图 3.2(b)中化工设备的联接螺栓，就是受拉伸的杆件；而图 3.1 中起重装置的 *AC* 杆和图 3.2(c)中化工设备的支脚则是受压缩的杆件。

从上述实例可知，当杆件受到作用线与杆轴线重合的轴向拉力或压力作用时，杆件将产生沿轴线方向的伸长或缩短。这种变形称为拉伸或压缩变形。

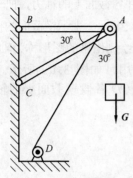

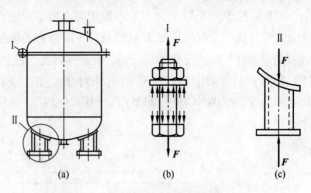

图 3.1　简易起重装置　　　　　　图 3.2　受拉伸的螺栓和受压缩的支脚

3.2.2　直杆拉伸与压缩时横截面上的内力

物体在未受到外力作用时，组成物体的原子之间存在着相互作用力。当受到外力作用后，物体内部相互作用力的情况要发生变化，同时物体要产生变形，这种由外力引起的物体内部相互作用力的变化量称为附加内力，简称内力。

内力的大小可应用截面法求取。沿横截面 $m—m$ 假想将直杆截开，分成两部分，如图 3.3(a)所示。任取其中一部分作为研究对象，根据静力平衡条件，考虑沿杆轴线方向的平衡，得 $N = N' = F$。因为外力 F 和内力 N 的作用线与杆轴线重合，所以将内力 N 称为轴力。

内力的符号：产生拉伸变形时的轴力取正值；产生压缩变形时的轴力取负值。

图 3.3(b)为一个受到 4 个轴向力作用而处于平衡的杆，现求 $m—m$ 截面上的内力。首先，假想用一平面将杆从 $m—m$ 处截开，然后取其中的任何一段作为研究对象，列出其平衡方程，求取内力。

取左半段时，可得 $\qquad\qquad\qquad N = F - Q_1$

若取右半段为研究对象，则有 $\qquad N' = Q_2 + Q_3$

因为 $\qquad\qquad\qquad\qquad\qquad F = Q_1 + Q_2 + Q_3$

所以 $\qquad\qquad\qquad\qquad\qquad F - Q_1 = Q_2 + Q_3$

不难看出，不论取左半段还是取右半段来建立平衡方程，得到的结果相同。

根据以上计算结果，可得出轴力的计算法则：某横截面上的轴力等于其一侧所有外力的代数和。外力符号规定：背离该截面的外力取正，反之为负。

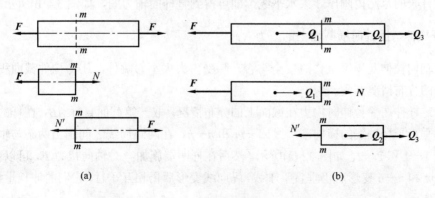

图 3.3　截面法求内力

当杆件受到两个以上轴向外力作用时，为了清晰地表示杆件各截面上的轴力，把轴力随截面位置变化的情况用图线表示出来。一般以杆的轴线方向为横坐标，表示横截面的位置，而以垂直于杆轴线的方向为纵坐标，表示横截面上的轴力，这样绘制出来的图形称为轴力图。

【例 3.1】　一等截面直杆，受轴向外力 F_1、F_2、F_3 和 F_4 作用，如图 3.4(a)所示。已知 $F_1 = 5\text{kN}$，$F_2 = 20\text{kN}$，$F_3 = 25\text{kN}$，$F_4 = 10\text{kN}$，试求出 AB、BC、CD 各段横截面上的轴力，并画出轴力图。

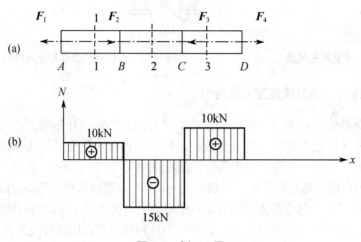

图 3.4　例 3.1 图

解：为计算方便，在 AB、BC、CD 各段任取一截面 1—1、2—2、3—3，它们的轴力则代表了各段的轴力。

(1) 求各段的内力。

AB 段(取左半段)：$N_1 = F_1 = 5\text{kN}$。

BC 段(取左半段)：$N_2 = F_1 - F_2 = 5 - 20 = -15\text{kN}$。

CD 段(取左半段)：$N_3 = F_1 - F_2 + F_3 = 5 - 20 + 25 = 10\text{kN}$。

　　或取右半段：$N_3 = F_4 = 10\text{kN}$。

(2) 画轴力图。

建立 $N - x$ 坐标系，将 3 个轴力 N_1、N_2、N_3 按照适当的比例，并考虑各段轴力的正负号，在各段杆长的范围内画出 3 条水平线，即可得到直杆的轴力图，如图 3.4(b)所示。

3.2.3　直杆拉伸与压缩时横截面上的应力

直杆在轴向拉伸及压缩工作时安全与否，除受内力大小影响外，还与构件截面积及内力在截面上的分布情况有关。

为了确定杆件在受拉伸时内力在截面上的分布情况，取一等截面直杆 AB，在杆的外表面画出两条垂直于杆轴线的横向圆周线 m—m 和 n—n，在两圆周线之间画出两条与轴线平行的纵向线 1—1 和 2—2，如图 3.5(a)所示。然后在杆两端施加一对轴向拉力 F，可以看到，圆周线 m—m 和 n—n 变形后仍垂直于轴线，纵向线变形后仍相互平行，它们的伸长量相等，如图 3.5(b)所示。

　　根据以上现象，作如下假设：杆在受轴向力作用时，横截面在变形后仍为垂直于轴线的平面。这个假设称为平面假设。

　　根据平面假设可以推断：杆件受拉伸时，内力在横截面上均匀分布，其方向与横截面垂直，如图 3.5(c)所示。

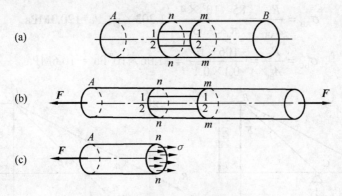

图 3.5　直杆截面上的应力分析

　　单位面积上的内力称为应力。受拉伸与压缩杆件的横截面上与轴力对应的应力称为正应力。如果杆件内力为 N，横截面积为 A，那么截面上的正应力为

$$\sigma = \frac{N}{A} \tag{3-1}$$

　　轴向拉伸时，横截面的正应力为拉应力；轴向压缩时，则为压应力。规定正应力与轴力具有同样的符号，即受拉为正，受压为负。

　　应力单位为 N/m^2(牛顿/米^2)，即 Pa(帕斯卡，简称帕)，工程上常用 N/mm^2，即 MPa(兆帕)。$1MPa = 10^6 Pa$。

【例 3.2】一起重机架由 100mm×100mm 木杆 BC 和直径为 30mm 的圆钢 AB 构成，如图 3.6(a)所示。当起吊重量 $F=35kN$ 时，试求 AB、BC 杆横截面上的应力。

　　解：(1) 求 AB 和 BC 杆的外力。

　　分析可知 AB、BC 二力杆，以 AB 和 BC 组合为研究对象，画受力图，建立坐标系，如图 3.6(b)所示。

$$l_{AB} = \sqrt{l_{BE}^2 + l_{AE}^2} = \sqrt{2^2 + 3.75^2} = 4.25\text{m}$$

由

$$\sum m_C(F) = 0$$

即

$$-F \cdot l_{CE} + R_A \cdot l_{AC} \sin\alpha = -2F + 1.75 R_A \sin\alpha = 0$$

得

$$R_A = \frac{2 \times 35 \times 4.25}{1.75 \times 2} = 85\text{kN}$$

由

$$\sum F_x = 0$$

即

$$R_C \cos\beta - R_A \cos\alpha = 0$$

得

$$R_C = \frac{R_A \cos\alpha}{\cos\beta} = \frac{85 \times 3.75}{\cos 45° \times 4.25} = 106 \text{ kN}$$

(2) 求 AB、BC 杆横截面上的应力。

$$\sigma_{AB} = \frac{R_A}{A_{AB}} = \frac{85 \times 10^3 \times 4}{\pi \times 0.03^2} = 1.203 \times 10^8 \text{ Pa} = 120.3 \text{MPa}$$

$$\sigma_{BC} = \frac{R_C}{A_{BC}} = \frac{-106 \times 10^3}{0.1 \times 0.1} = -1.06 \times 10^7 \text{ Pa} = -10.6 \text{MPa}$$

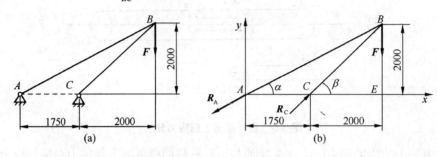

图 3.6　例 3.2 图

3.2.4　直杆拉伸与压缩时的变形

杆件在拉伸或压缩时，其长度将发生变化，如图 3.7 所示。杆件受轴向拉伸后，由原长 l 增长到 l'，而横向尺寸由原来的 b 减小到 b'。杆件的纵向尺寸和横向尺寸的绝对变化量分别为

纵向：$\Delta l = l' - l$。

横向：$\Delta b = b' - b$。

由于受杆件原始尺寸影响，绝对变形量相同而原始尺寸不同的杆，其变形程度并不相同。为了真实反应变形程度，用构件的相对变形即应变来表示。

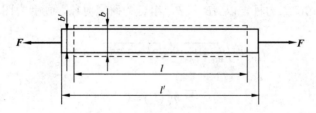

图 3.7　直杆轴向拉伸变形

应变是指构件单位长度的伸长量或缩短量。杆件拉伸或压缩时的纵向应变为

$$\varepsilon = \frac{l' - l}{l} = \frac{\Delta l}{l} \tag{3-2}$$

横向应变为

$$\varepsilon' = \frac{b' - b}{b} = \frac{\Delta b}{b} \tag{3-3}$$

材料试验表明，当杆的拉伸或压缩变形在弹性范围时，横向应变 ε' 与纵向应变 ε 之比的绝对值为常数 μ，即

$$\mu = \left| \frac{\varepsilon'}{\varepsilon} \right| \tag{3-4}$$

μ 被称为材料的横向应变系数或泊松比，其值随材料不同而异，由试验测定。

材料发生弹性变形时，应力与应变成正比，这一规律由英国科学家胡克发现，因此被称为胡克定律，即

$$\sigma = E\varepsilon \tag{3-5}$$

式中，E 为比例常数，称为材料的弹性模量(MPa)，为材料常数，表示材料抵抗弹性变形的能力。

常用材料的弹性模量及泊松比见表 3-2。

表 3-2　常用材料的弹性模量及泊松比

材料	弹性模量 $E \times 10^5$/MPa	泊松比 μ
碳素钢	1.96~2.06	0.25~0.30
合金钢	1.86~2.16	0.24~0.30
灰口铸铁	1.13~1.57	0.23~0.27
铜及其合金	0.73~1.28	0.31~0.42
铝及其合金	0.7~0.73	0.25~0.33
混凝土	0.14~0.35	0.16~0.1
橡胶	0.00078	0.47

将式(3-1)和式(3-2)代入式(3-5)，则有

$$\frac{N}{A} = E\frac{\Delta l}{l}$$

由此可以得到胡克定律的另一种形式：

$$\Delta l = \frac{Nl}{EA} \tag{3-6}$$

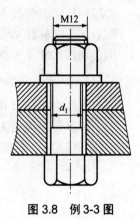

图 3.8　例 3-3 图

式中，EA 称为杆的抗拉(压)刚度。对于长度相同、受力相同的杆，其 EA 越大，杆的变形就越小。

【例 3.3】M12 螺栓如图 3.8 所示，内径 d_1=10.1mm，拧紧时在计算长度 l=80mm 上产生的总伸长为 Δl=0.03mm。螺栓材料弹性模量 E=2.1×10^5MPa，试计算螺栓内的应力和螺栓的预紧力。

解：拧紧后螺栓的应变为

$$\varepsilon = \frac{\Delta l}{l} = \frac{0.03}{80} = 0.000375$$

由胡克定律，得螺栓内的拉应力为

$$\sigma = E\varepsilon = 2.1 \times 10^5 \times 0.000375 = 78.8 \text{MPa}$$

螺栓的预紧力为

$$F = \sigma A = 78.8 \times \frac{\pi}{4} \times 10.1^2 = 6313\text{N} = 6.313\text{kN}$$

求解此问题时，也可先由胡克定律的另一表达式 $\Delta l = \dfrac{Nl}{EA}$ 求出预紧力 F，然后再由 F 计算应力 σ。

3.3　材料拉伸与压缩的力学性能

材料在外力作用下表现出来的抵抗变形与破坏等方面的性能，称为材料的力学性能，或称机械性能。不同材料具有不同的力学性能，力学性能通过各种试验测定。测定材料性能的试验种类很多，最常用的几项性能指标通过拉伸和压缩试验测出。

3.3.1　拉伸试验及材料的力学性能

拉伸试验所用试件按标准尺寸制作，常采用圆形和矩形截面，如图 3.9 所示。对于圆形截面标准试件，标距 l 与直径 d 之间有如下关系：长试件 $l=10d$，短试件 $l=5d$，$d=10\text{mm}$。

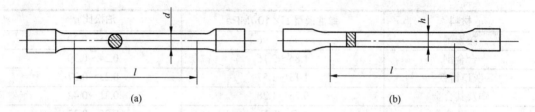

图 3.9　拉伸试件

试验时，将试件装夹在材料试验机上，缓慢增加拉力，直至试件断裂。在加力过程中记录载荷 F 与相应的变形量 Δl 的数值。根据试验数据，画出 F 与 Δl 的关系曲线，这条曲线称为拉伸曲线。

试件的拉伸曲线不仅与试件材料有关，而且与试件几何尺寸有关。用同一种材料做成直径不同的试件，试验所得的拉伸曲线差别很大。所以，不宜用试件的拉伸曲线表征材料的拉伸性能。将拉力 F 除以试件横截面面积 A，得到试件横截面上的应力 σ；将伸长量 Δl 除以试件的标距 l，得到试件的应变 ε。以 ε 和 σ 分别为横坐标与纵坐标，这样得到的曲线则与试件尺寸无关，此曲线称为应力–应变曲线或 $\sigma - \varepsilon$ 曲线。

1. 低碳钢在拉伸时的力学性能

含碳量不超过 0.25% 的碳素钢称为低碳钢。低碳钢为塑性材料，在工程中广泛应用。压力容器常采用低碳钢或含碳量较低的合金钢。图 3.10 和图 3.11 所示分别为低碳钢的拉伸曲线和应力–应变曲线。显然，应力–应变曲线与拉伸曲线相似，可以分成 4 个阶段。

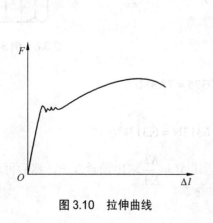

图 3.10　拉伸曲线

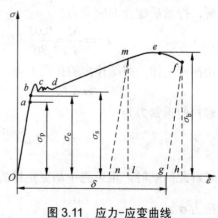

图 3.11　应力-应变曲线

1) 弹性阶段(*Ob* 段)

Ob 段由 *Oa* 倾斜直线段和 *ab* 微弯曲段构成。在该段内，当外力消除后，由外力引起的变形 Δl 可以完全恢复，这种变形叫做弹性变形，故 *Ob* 段称为弹性阶段。

在 *Oa* 直线段部分，应变 ε 与应力 σ 成正比例关系，符合胡克定律，即 $\sigma = E\varepsilon$ 。直线 *Oa* 的最高点 *a* 所对应的应力值称为材料的比例极限，用 σ_p 表示。*ab* 微弯曲段表示应力与应变不再保持正比关系，但在此阶段内所产生的变形仍为弹性变形。弹性阶段的最高点 *b* 所对应的应力值称为弹性极限，用 σ_e 表示。对于 Q235-A 钢，$\sigma_e = 200\text{MPa}$ 。

材料的比例极限 σ_p 和弹性极限 σ_e 意义不同，但两者的数值非常接近，工程上常不予区别。因此，只要应力不超过弹性极限 σ_e 时，都可以认为材料遵循胡克定律。

在弹性变形阶段，若直线 *Oa* 的倾角为 α ，则其斜率为

$$\tan\alpha = \frac{\sigma}{\varepsilon} = E \tag{3-7}$$

$\sigma - \varepsilon$ 曲线中直线段 *Oa* 的斜率代表材料的弹性模量 *E*，表示材料抵抗弹性变形能力，是衡量材料刚度的指标。

2) 屈服阶段(*cd* 段)

超过弹性极限后，图线的弯曲明显，直至 *c* 点，出现一段接近水平的锯齿形线段 *cd*。此阶段内，应力仅在很小的范围内波动，而应变急剧增加，这时好像材料失去了对变形的抵抗能力，说明材料对外力"屈服"了，这种现象称为材料的屈服现象，并把出现屈服现象的最低应力值称为材料的屈服极限，或屈服强度，用 σ_s 表示。Q235-A 钢的屈服极限 $\sigma_s = 235\text{MPa}$ 。发生屈服时产生较大的变形，此时即使卸掉外力，试件也不会完全恢复原来的形状，通常把不能恢复原状的变形称为塑性变形，或称永久变形。

材料出现屈服现象时，会产生较大的塑性变形，这对一般零件是不允许的。因此一般零件的实际工作应力都必须低于屈服极限 σ_s 。

3) 强化阶段(*de* 段)

de 段为一上升的曲线，这表明，经过屈服后，材料又恢复了对变形的抵抗能力，要使其继续变形，必须增加应力，这种现象称为材料的强化，*de* 段则称为强化阶段。强化阶段的最高点 *e* 所对应的应力值称为材料的强度极限，或抗拉强度，用 σ_b 表示。对于 Q235-A 钢，$\sigma_b = 375 \sim 500\text{MPa}$ 。强度极限代表材料所能承受的最大应力值，当试件中的应力达到强度极限 σ_b 时，就意味着试件即将破坏。

4) 颈缩阶段(*ef* 段)

当应力达到强度极限 σ_b 时，试件某个部位的直径会突然变细，出现所谓的"颈缩"现象，如图 3.12 所示。由于颈缩处横截面面积显著减小，抵抗外力的能力明显降低，导致试件继续变形所需的拉力反而减小，所以应力应变曲线(*ef* 段)下降，达到 *f* 点时，试件被拉断。

5) 材料受拉伸时的冷作硬化和塑性指标

(1) 冷作硬化。如果在强化阶段的某一点 *m* 停止加载(图 3.11)，并将外力卸除，$\sigma - \varepsilon$ 关系将沿近似平行于弹性阶段内的 *Oa* 直线到 *n*。图中 *nl* 代表卸载后恢复的弹性变形，*On* 为残留下来的塑性变形。如果卸载后再加载，则 $\sigma - \varepsilon$ 曲线将基本上沿着卸载时的同一直线 *nm* 上

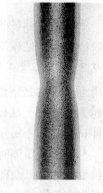

图 3.12　试件的颈缩

升到 m 点，之后将沿着曲线 mef 变化。这说明再次加载时，材料的弹性阶段增大，比例极限得到提高，超过 m 点后才出现塑性变形。但是可以看出，材料的塑性变形能力有所降低。这种材料被预拉到强化阶段，然后卸载，当再次加载时，比例极限提高但是塑性降低的现象称为冷作硬化，或加工硬化。

冷作硬化现象常被用来提高某些构件的弹性承载能力。如起重用的钢丝绳、建筑用钢筋等，常用冷拉工艺提高其强度。

(2) 塑性指标。材料的塑性指标有断后伸长率和断面收缩率。试件断裂后，载荷完全消除，弹性变形恢复，仅保留塑性变形。将试样在断裂处紧密对接在一起，断后标距为 l_1，颈缩部分最小横截面积为 A_1，则

$$\delta = \frac{l_1 - l}{l} \times 100\% \tag{3-8}$$

$$\psi = \frac{A - A_1}{A} \times 100\% \tag{3-9}$$

式中，l 为未变形时试件标距；A 为未变形时试件横截面面积。

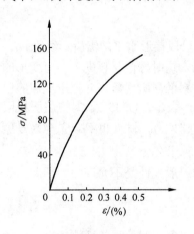

图 3.13　灰口铸铁拉伸时的 $\sigma - \varepsilon$ 曲线

通常把 δ 称为材料的断后伸长率，或伸长率；ψ 称为材料的断面收缩率。断后伸长率 δ 和断面收缩率 ψ 是衡量材料塑性的基本参数。工程中把断后伸长率 δ 大于 5% 的材料称为塑性材料，断后伸长率 δ 小于 5% 的材料称为脆性材料。低碳钢是典型的塑性材料，其断后伸长率 δ =20%～30%。

2. 铸铁拉伸时的力学性能

灰口铸铁是常用的脆性材料，其拉伸试验得到的 $\sigma - \varepsilon$ 曲线如图 3.13 所示。由图可见，$\sigma - \varepsilon$ 曲线微弯，没有明显的直线部分，在较小的应力下即被拉断，σ_b =120～180MPa，并且没有屈服现象和颈缩现象，断后伸长率很小，δ =0.5%～0.6%。对于脆性材料，强度极限是唯一的强度指标。由于灰口铸铁抗拉强度极低，一般不作为受拉构件。

3.3.2　材料压缩时的力学性能

低碳钢压缩试验时的 $\sigma - \varepsilon$ 曲线如图 3.14 所示，图中虚线为拉伸时的 $\sigma - \varepsilon$ 曲线。在屈服阶段之前，低碳钢压缩时的力学性能与拉伸时的力学性能相同，即弹性模量 E、比例极限 σ_p 和屈服强度 σ_s 等相同。进入强化阶段后，两条曲线逐渐分离，压缩曲线一直上升。这是由于低碳钢是塑性材料，随着应力的增加，变形较大，试件被越压越扁，横截面面积越来越大，始终无法使其破坏，无法测出低碳钢压缩时的强度极限。因此，通常低碳钢只做拉伸试验，而不做压缩试验。

灰口铸铁压缩时的 $\sigma - \varepsilon$ 曲线如图 3.15 所示，图中虚线为拉伸时的 $\sigma - \varepsilon$ 曲线。由图可知，试件受压缩时，没有明显的直线部分，也没有屈服阶段，在较小的变形下突然发生破坏，断裂发生在与轴线成 45°～55° 夹角的斜截面。相对来讲，铸铁压缩时的变形比拉伸时要大许多，抗压强度比拉伸时高 3～6 倍。因此，灰口铸铁多用于制造机床床身、机座等承压构件。

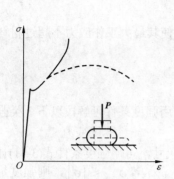

图 3.14　低碳钢压缩试验时的 σ-ε 曲线

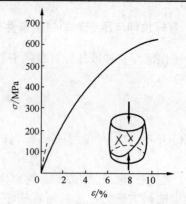

图 3.15　灰口铸铁压缩时的 σ-ε 曲线

3.4　直杆拉伸与压缩时的强度

3.4.1　许用应力与安全系数

为了保证机器和工程构件都能安全可靠地工作，必须保证其每一个构件在工作时不产生过大的塑性变形或断裂。构件产生过大的塑性变形或断裂不能正常工作时的应力称为极限应力，用 σ_{lim} 表示。

对于塑性材料，在屈服时就产生过大的塑性变形，因此以屈服极限 σ_{s} 作为极限应力；对于脆性材料，截面上的正应力达到材料的强度极限时，构件将迅速断裂，不能正常工作，因此以强度极限 σ_{b} 作为极限应力。

为确保构件安全，必须使构件的最大工作应力小于材料的极限应力。同时，考虑到构件足够安全并有一定的安全储备，一般将极限应力 σ_{lim} 除以一个大于 1 的系数 n，所得值作为构件工作时允许的最大应力。这个最大的允许应力称为许用应力，以 $[\sigma]$ 表示；系数 n 称为安全系数。许用应力和极限应力之间的关系为

$$[\sigma] = \frac{\sigma_{\text{lim}}}{n} \tag{3-10}$$

对于塑性材料，$[\sigma] = \dfrac{\sigma_{\text{s}}}{n_{\text{s}}}$。

对于脆性材料，$[\sigma] = \dfrac{\sigma_{\text{b}}}{n_{\text{b}}}$。

式中，n_{s} 和 n_{b} 分别为 σ_{s} 和 σ_{b} 所对应的安全系数。

安全系数的选取要考虑影响构件强度各方面的因素，如材料的性能和质量、计算载荷的精确性、构件的加工质量和重要程度、计算公式的可靠性及构件工作条件等。对于一般的机械设计，在静载荷情况下，常取 n_{s}=1.5～2.5，n_{b}=2.0～4.5。

安全系数是一个兼顾先进性和可靠性的参数，因此安全系数的选取具有重要意义。安全系数过大，会造成材料浪费，成本增加；安全系数过小，很可能造成安全事故。为此，必须根据生产实际情况、行业特点，从国家标准或有关设计规范中合理选取安全系数，从而求得材料的许用应力。常用材料的许用应力可从材料手册中直接查得。

3.4.2　直杆拉伸与压缩时的强度条件

为了保证受拉伸或压缩杆件具有足够强度，必须使其最大工作应力不超过材料的许用应力，即

$$\sigma_{max} = \frac{N}{A} \leqslant [\sigma] \tag{3-11}$$

式(3-11)称为轴向拉伸及压缩杆件的强度条件。利用强度条件可解决以下 3 类强度计算问题。

(1) 强度校核。已知载荷、材料许用应力及截面尺寸，可用强度条件式(3-11)计算杆件横截面上的最大应力 σ_{max}，判断杆件工作是否安全可靠。若 $\sigma_{max} \leqslant [\sigma]$，则强度足够，否则强度不足。

(2) 设计截面尺寸。已知载荷及所用材料的许用应力，将强度条件改写为式(3-12)，求取杆件的横截面面积，然后确定截面尺寸。

$$A \geqslant \frac{N}{[\sigma]} \tag{3-12}$$

(3) 确定许可载荷。已知杆件材料及截面尺寸，可用式(3-13)计算出杆件所能承受的最大轴力，然后根据杆件的受力情况，确定杆件所能承受的载荷，即许用载荷。

$$N \leqslant [\sigma]A \tag{3-13}$$

【例 3.4】图 3.16(a)所示为一刚性梁，ACB 由圆杆 CD 在 C 点悬挂连接，B 端作用有集中载荷 F=25kN。已知 CD 杆的直径 d=20mm，许用应力$[\sigma]$=160MPa。

(1) 校核 CD 杆的强度。

(2) 试求结构的许可载荷$[F]$。

(3) 若 F=50kN，试设计 CD 杆的直径 d。

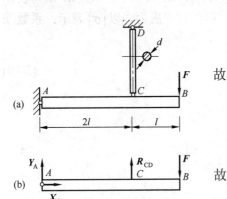

图 3.16　例 3.4 图

解：作 AB 杆的受力图，如图 3.16(b)所示。

由平衡条件 $\sum m_A(F) = 0$，得

$$2R_{CD} \cdot l - 3F \cdot l = 0$$

故

$$R_{CD} = \frac{3}{2}F$$

(1) 校核 CD 杆强度。

求 CD 杆的应力，杆上的轴力 $N = R_{CD}$

故

$$\sigma_{CD} = \frac{N}{A} = \frac{6F}{\pi d^2} = \frac{6 \times 25 \times 10^3}{\pi \times 20^2} = 119.4\text{MPa} < [\sigma]$$

所以 CD 杆安全。

(2) 求结构的许可载荷$[F]$。

由

$$\sigma_{CD} = \frac{N}{A} = \frac{6F}{\pi d^2} \leqslant [\sigma]$$

故

$$F \leqslant \frac{\pi d^2 [\sigma]}{6} = \frac{\pi \times 20^2 \times 160}{6} = 33.5 \times 10^3 \, \text{N} = 33.5 \, \text{kN}$$

由此得结构的许可载荷$[F]$=33.5kN。

(3) 当 F=50 kN 时，设计 CD 杆直径 d。

由

$$\sigma_{CD} = \frac{N}{A} = \frac{6F}{\pi d^2} \leqslant [\sigma]$$

故

$$d \geqslant \sqrt{\frac{6F}{\pi [\sigma]}} = \sqrt{\frac{6 \times 50 \times 10^3}{\pi \times 160}} = 24.4 \, \text{mm}$$

取 d=25mm。

【例 3.5】 图 3.17(a)所示简易悬臂式吊车由三角架构成。斜杆由两根 5 号等边角钢组成，每根角钢的横截面积 A_1=480mm^2；水平横杆由两根 10 号槽钢组成，每根槽钢的横截面面积 A_2=1274mm^2。材料均为 Q235-A，许用应力$[\sigma]$=120MPa。整个三角架可绕 O_1-O_1 轴转动，电动葫芦能沿水平横杆移动，求吊车的最大允许起吊重量。设备自身重量不计。

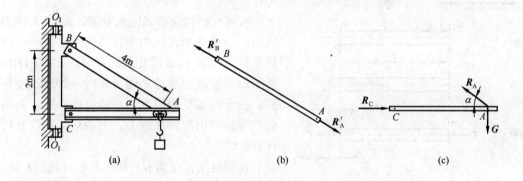

图 3.17　例 3.5 图

解：(1) 受力分析。

由图可知，A、B、C 处均为铰链连接，则 AB 杆为二力杆，AC 杆受 3 个力作用，如图 3.17(b)、(c)所示。

(2) 根据平衡条件，求约束反力。

由 $\begin{cases} \sum F_x = 0 & R_C - R_A \cos\alpha = 0 \\ \sum F_y = 0 & R_A \sin\alpha - G = 0 \end{cases}$，且三角形 ABC 边长关系 $\sin\alpha = 2/4 = 1/2$，$\alpha = 30°$

得

$$R_A = \frac{G}{\sin\alpha} = \frac{G}{1/2} = 2G$$

$$R_C = 2G\cos\alpha = 1.73G$$

(3) 求最大允许起吊重量。

由强度条件 $\sigma_{max} = N/A \leqslant [\sigma]$，知杆最大允许轴力 $N \leqslant [\sigma]A$，故 AB 杆和 AC 杆所允许

承受的最大轴力分别为

$$N_{AB} = [\sigma]A_{AB} = [\sigma] \cdot 2A_1 = 120 \times 2 \times 480 = 115200N = 115.2kN$$

$$N_{AC} = [\sigma]A_{AC} = [\sigma] \cdot 2A_2 = 120 \times 2 \times 1274 = 305800N = 305.8kN$$

由 $N_{AB} = R_A$ 和 $N_{AC} = R_C$，分别按 AB 和 AC 杆内产生的轴力计算 G。

对于 AB 杆，$G = \dfrac{R_A}{2} = \dfrac{115.2}{2} = 57.6kN$

对于 AC 杆，$G = \dfrac{R_C}{1.73} = \dfrac{305.8}{1.73} = 176.8kN$

因此从保证吊车安全考虑，允许的最大起吊重量为 57.6kN。

3.5 热 应 力

在工程实际中，温度发生变化时，构件将产生变形。对于长度可以自由伸缩的构件，温度的变化只会使构件产生变形而不会引起应力。如果构件受到某些约束而不能自由伸缩时，一旦温度变化，必然会在构件内引起附加应力。这种由于温度变化而在构件内引起的应力称为热应力，或温差应力。

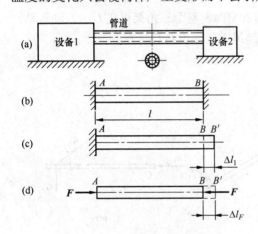

图 3.18　两端固定管道的变形

安装在两台设备之间的管道，如图 3.18(a)所示。与设备相比，由于管道的刚度很小，故可把管道两端 A、B 简化成固定端，如图 3.18(b)所示。当管道中通过高温介质时，管道温度升高，由于两端受到约束，不能自由膨胀，势必会在管道内引起附加应力。下面对其进行分析计算。

设管道的长度为 l，当温度从 t_0 升高到 t_1 时，管道的热膨胀量为 Δl_t，如图 3.18(c)所示，即

$$\Delta l_t = BB' = \alpha l(t_1 - t_0) = \alpha l \Delta t \tag{3-14}$$

式中，α 为管道材料的线膨胀系数($℃^{-1}$)，如材料为碳钢，$\alpha = 1.25 \times 10^{-5}℃^{-1}$；$\Delta t$ 为温度变化量($℃$)。

事实上管道两端被固定，并没有伸长，即相当于在管道两端各施加相应的压力 $\boldsymbol{F}$，把这段热膨胀量压缩了回去，如图 3.18(d)所示，使杆端 B' 回复到 B，其弹性变形量为

$$\Delta l_F = \frac{Fl}{EA} \tag{3-15}$$

显然，管道在轴向力 F 作用下所产生的缩短量等于温度变化引起的膨胀量，即

$$\Delta l_F = \Delta l_t \qquad \text{或} \qquad \Delta l_F - \Delta l_t = 0 \tag{3-16}$$

式(3-16)是求解热应力所必需的补充方程，称为变形协调方程。

将式(3-14)和式(3-15)代入式(3-16)，得

$$\frac{Fl}{EA} = \alpha l \Delta t，即 F = \alpha EA \Delta t$$

管道横截面上的轴力 $N=F$，由此得到热应力 σ_t 为

$$\sigma_t = \frac{N}{A} = \alpha E \Delta t \tag{3-17}$$

由式(3-17)可知，构件热应力的大小与材料种类及温差有关，而与构件断面尺寸无关。在温度应力较大时，若不采取措施减小温差应力，将会造成管道的破坏，因此必须引起高度重视。为此，工程上为了避免产生过大的温差应力，通常采取一些措施，如在换热器和管道中常设置温度补偿装置，如图 3.19 所示，使构件在温度变化时有自由伸缩的余地，从而有效减小温差应力。

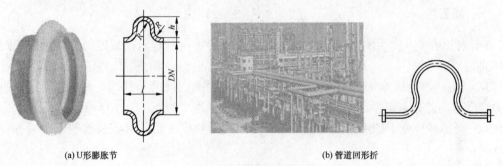

　　(a) U形膨胀节　　　　　　　　　　　　　　　　　(b) 管道回形折

图 3.19　温度补偿装置

本 章 小 结

　　本章对直杆的拉伸与压缩作了较详细的阐述，主要包括直杆拉伸与压缩时横截面的力与变形、机械性能、强度条件和热应力。

　　轴向拉伸与压缩时，杆截面上的内力采用截面法求取，大小为其一侧所有外力的代数和。

　　单位面积上的内力称为应力。直杆拉伸时横截面上的正应力沿截面均匀分布，$\sigma = N / A$。

　　衡量杆变形量大小的指标有 3 个：绝对伸长量 Δl、相对伸长量 $\Delta l / l$ 和杆轴线上某点的应变 ε。

　　直杆受拉伸与压缩时的机械性能由拉伸试验测定。反映材料强度高低的指标有屈服极限 σ_s 和强度极限 σ_b；反映材料塑性好坏的指标有断后伸长率 δ 和断面收缩率 ψ；反映材料抵抗弹性变形能力强弱的指标是弹性模量 E；胡克定律应用的条件是构件横截面上的应力小于比例极限 σ_p 或弹性极限 σ_e；直杆受拉至强化阶段后卸载，材料产生冷作硬化现象。

　　直杆受拉伸或压缩的强度条件：横截面上的最大应力不大于材料的许用应力，即 $\sigma_{max} \leqslant [\sigma]$。运用强度条件可解决 3 方面的问题。

　　构件温度变化时，若变形受到约束，将会在构件内产生热应力。

　　本章的教学目标是使学生能够利用强度条件，对受拉压直杆进行相应的强度计算。

推荐阅读资料

1. 韩瑞功. 工程力学. 北京: 清华大学出版社, 2004.
2. 宋本超, 卞西文. 工程力学. 北京: 国防工业出版社, 2010.
3. 谭蔚. 化工设备设计基础. 2版. 天津: 天津大学出版社, 2007.

习　题

一、简答题

3-1 什么是内力？用什么方法求取内力？内力的正负号是怎样规定的？其计算法则是怎样的？

3-2 轴向拉伸(压缩)的变形特点是什么？横截面上的应力是什么？受拉(压)直杆的正应力沿横截面的分布规律是怎样的？这个规律是怎样得到的？

3-3 受拉杆件变形的主要现象是纵向伸长，度量纵向变形的参数有哪些？它们各有什么意义？

3-4 将 F-Δl 曲线转化为 $\sigma - \varepsilon$ 曲线的目的是什么？

3-5 低碳钢拉伸试验经历哪几个阶段？

3-6 胡克定律的表达形式是什么？其应用条件是什么？

3-7 什么是比例极限、弹性极限、屈服极限和强度极限？

3-8 拉伸试验得到材料的强度、刚度和塑性指标各有哪些？

3-9 材料的拉伸试验和压缩试验有什么不同？为什么说压缩试验对脆性材料更为重要？

3-10 什么是材料的冷作硬化现象？什么情况下运用材料的这种性能？

3-11 材料的许用应力是如何得到的？安全系数有什么意义？影响安全系数的因素有哪些？

3-12 直杆拉伸与压缩时的强度条件是什么？利用强度条件可以解决哪几方面的问题？

3-13 什么是热应力？它有什么危害？如何减小设备或管道中的热应力？

二、计算题

3-1 一等截面钢杆，受力情况如图 3.20 所示，横截面面积 A=100mm^2，弹性模量 E=2.0×10^{5}MPa，试画出钢杆的轴力图，并计算钢杆各段的应力和钢杆的总变形。

3-2 一根钢杆，其弹性模量 E=2.1×10^{5}MPa，比例极限 σ_p=210MPa，在轴向拉力 **F** 作用下，纵向应变 ε=8.0×10^{-4}，求杆横截面上的正应力。如果加大拉力 **F**，使杆的纵向应变增大到 0.005，问此时杆横截面上的正应力能否由胡克定律确定？为什么？

3-3 某设备的油缸，如图 3.21 所示。缸盖与缸体由 6 个螺栓连接。已知油缸内径 D=350mm，油压 p=1MPa，螺栓材料的许用应力[σ]=120MPa。试确定螺栓的直径。

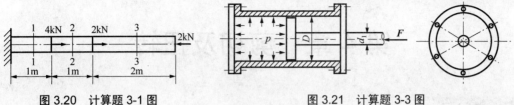

图 3.20　计算题 3-1 图　　　　　　　　图 3.21　计算题 3-3 图

3-4　简易支架如图 3.22 所示。AB 为圆钢杆，许用应力 $[\sigma]_钢$=140MPa；BC 为方木杆，许用应力 $[\sigma]_木$=10MPa。若载荷 G=40kN，试确定两杆的截面尺寸。

3-5　如图 3.23 所示，AC 杆为钢杆，直径 d_1=20mm，BD 为铜杆，直径 d_2=25mm，钢和铜的弹性模量分别为 E_1=2.0×10⁵MPa，E_2=1.0×10⁵MPa，F=30kN。当 AB 杆处于水平位置时，求 F 的位置及 AC、BD 杆横截面的正应力。

3-6　简易吊车如图 3.24 所示，BC 为钢杆，AB 为木杆。木杆 AB 的横截面积 A_1=10000mm²，许用应力 $[\sigma]_1$=7MPa；钢杆 BC 的横截面积 A_2=600mm²，许用应力 $[\sigma]_2$=160MPa。试求许可吊重 F。

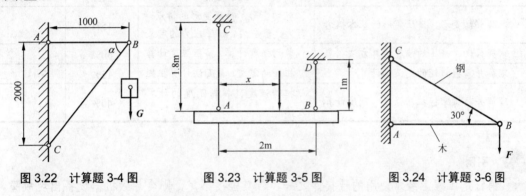

图 3.22　计算题 3-4 图　　　　图 3.23　计算题 3-5 图　　　　图 3.24　计算题 3-6 图

3-7　由钢和铜两种材料做成的等截面直杆，将其两端固定，如图 3.25 所示。若温度升高 60℃，试求各段横截面上的热应力。已知：钢的线膨胀系数 α_1=1.25×10⁻⁵℃⁻¹，弹性模量 E_1=2.0×10⁵MPa；铜的线膨胀系数 α_2=1.65×10⁻⁵℃⁻¹，弹性模量 E_2=1.0×10⁵MPa。

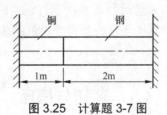

图 3.25　计算题 3-7 图

第 4 章 剪切及扭转

通过本章的学习，理解剪切变形、挤压变形的基本概念；掌握剪切、挤压的强度计算方法；理解并掌握扭矩的定义和计算；理解并熟练掌握扭转强度、扭转刚度的计算方法。

能力目标	知识要点	权重	自测分数
理解剪切变形、挤压变形的基本概念	剪切变形、挤压变形的特点；剪力、剪应力、挤压应力的定义	15%	
掌握剪切、挤压的强度计算方法	剪切强度计算、挤压强度计算	30%	
理解并掌握扭矩的定义和计算	扭矩的定义、截面法计算扭矩	15%	
理解并熟练掌握扭转强度、刚度计算	扭转强度、扭转刚度的计算方法	40%	

引例

销钉是工程上经常使用的连接件之一，若其强度不足，则会导致机器设备出现故障，影响正常的生产生活。

案例：某电厂汽轮机在运行过程中，部分叶片突然脱落造成汽轮机剧烈振动，不能正常工作。在停机检查后发现连接叶轮和叶片的一部分销钉已经断裂，断口为斜断口，与轴呈 45°夹角。经分析发现，销钉未经过规范热处理，强度达不到要求，在汽轮机工作时断裂，最终导致汽轮机叶片损坏。更换合格的销钉后，汽轮机恢复正常工作。

4.1 剪切与挤压

4.1.1 剪切变形

剪切是工程实际中一种常见的变形形式，当构件受大小相等、方向相反、作用线相距很近的一对横向力作用时，杆件将发生剪切变形，如图 4.1(a)所示。此时，截面 *cd* 相对于截面 *ab* 将发生错动，如图 4.1(b)所示。若变形过大，杆件将在 *cd* 面和 *ab* 面之间的某一截面 *m—m* 处被剪断，*m—m* 截面称为剪切面。剪切面的内力称为剪力，与之相对应的应力为剪应力。剪切变形大多发生在工程中的连接构件中，如螺栓、销钉、铆钉和键等。键的连接图如图 4.2(a)所示，当带轮带动轴一起转动时，键受到由带轮传递的主动力和由轴产生的约束反力，形成等值、反向、错开的平行力的作用，中间连接面发生剪切变形，如图 4.2(b)所示。

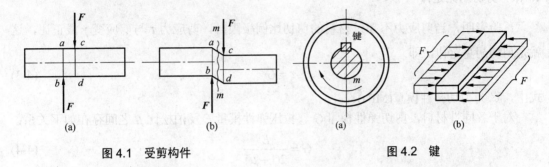

图 4.1　受剪构件　　　　　　　　　　图 4.2　键

4.1.2　剪切及其强度计算

两块钢板用螺栓连接后承受拉力 F，如图 4.3(a)所示，螺栓在两侧面分别受到大小相等、方向相反、垂直于轴线且作用线很近的两个力 F 的作用，产生剪切变形，剪切面为两板接触面处的横截面。对螺栓进行受力分析，如图 4.3(b)所示。现用截面将螺栓沿 $m—m$ 面切开，如图 4.3(d)所示，截面上的剪力 Q 可以根据静力平衡条件求得，即

$$\sum F_x = Q - F = 0$$

$$Q = F$$

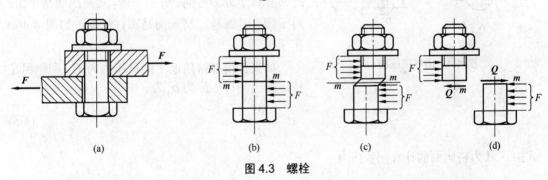

图 4.3　螺栓

剪切面上的应力一般不是均匀分布的，为了简化计算，通常假设剪力 Q 在剪切面上是均匀分布的，则剪切面上的剪应力 τ 为

$$\tau = \frac{Q}{A} \tag{4-1}$$

式中，Q 为剪切面上的剪力(N)；A 为剪切面面积(m^2)。

为了保证连接件在工作时不发生剪切破坏，剪切面上的最大剪应力不得超过连接件材料的许用剪应力 $[\tau]$，则剪切强度条件为

$$\tau_{\max} = \frac{Q}{A} \leqslant [\tau] \tag{4-2}$$

式中，$[\tau]$ 为材料的许用剪应力(MPa)，可从有关设计规范中查取。许用剪应力 $[\tau]$ 与许用正应力 $[\sigma]$ 之间有下列关系：

塑性材料：$[\tau]=(0.6\sim0.8)[\sigma]$。

脆性材料：$[\tau]=(0.8\sim1.0)[\sigma]$。

4.1.3　剪切胡克定律

试验表明，当剪应力不超过材料的剪切比例极限时，剪应力 τ 与剪应变 γ 成正比，这就是剪切胡克定律，即

$$\tau = G\gamma \tag{4-3}$$

式中，G 为剪切弹性模量(MPa)。

对于各同性材料，剪切弹性模量 G、拉压弹性模量 E 及泊松比 μ 之间存在如下关系：

$$G = \frac{E}{2(1+\mu)} \tag{4-4}$$

4.1.4　挤压及其强度计算

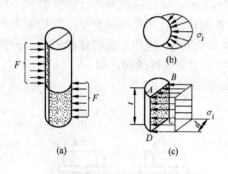

图 4.4　圆柱挤压面

通过对工程中连接构件进行分析发现，构件在发生剪切变形时，常常伴随着挤压变形。被连接的两物体接触面互相压紧，这种使构件表面局部受力的现象称为挤压变形。发生挤压变形构件的接触面，称作挤压面。挤压只发生在挤压面上，挤压面通常垂直于外力方向。对于平键，其挤压面是平面；对于铆钉、螺栓，挤压面是圆柱侧面，如图 4.4(a)所示。

如果作用在挤压面上的挤压力为 $\boldsymbol{F}$，则作用在挤压面上的挤压应力 σ_j 为

$$\sigma_j = \frac{F}{A_j} \tag{4-5}$$

式中，A_j 为挤压面的计算面积(m^2)。

当挤压面为平面时，A_j 为接触面的实际面积；当挤压面为圆柱面时，A_j 为圆柱面在挤压力方向的投影面积，如图 4.4(c)所示。

挤压强度条件为

$$\sigma_j = \frac{F}{A_j} \leqslant [\sigma_j] \tag{4-6}$$

式中，$[\sigma_j]$ 为材料的许用挤压应力(MPa)。

一般情况下，$[\sigma_j]$ 与 $[\sigma]$ 有如下关系

塑性材料：$[\sigma_j]=(1.5\sim2.5)[\sigma]$

脆性材料：$[\sigma_j]=(0.9\sim1.5)[\sigma]$

【例 4.1】电动机车挂钩的销钉连接如图 4.5 所示，已知挂钩厚度 t=8mm，销钉材料的许用

剪应力$[\tau]$=60MPa，许用挤压应力$[\sigma_j]$＝200MPa，电动机车的牵引力 F=15kN，试确定销钉的直径。

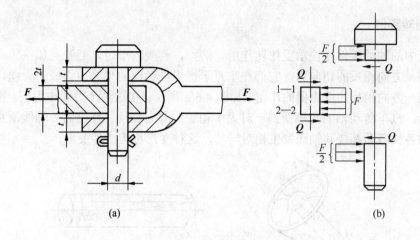

(a)   (b)

图 4.5　例题 4.1 图

解：销钉受力情况如图 4.5(b)所示，因销钉有两个面承受剪切，故每个剪切面上的剪力 Q=F/2，剪切面积 $A = \dfrac{\pi d^2}{4}$。

(1) 根据剪切强度条件设计销钉直径。

剪切强度条件
$$\tau_{max} = \frac{Q}{A} \leqslant [\tau]$$

$$A = \frac{\pi d^2}{4} \geqslant \frac{F/2}{[\tau]}$$

则

$$d \geqslant \sqrt{\frac{2F}{\pi\,[\tau]}} = \sqrt{\frac{2\times15\times10^3}{\pi\times60}} = 12.6\text{mm}$$

(2) 根据挤压强度条件设计销钉直径。

由图 4.5(b)可知，销钉上、下部挤压面上的挤压力为 F / 2，挤压面积 A_j=$d\cdot t$。

挤压强度条件
$$\sigma_j = \frac{F}{A_j} \leqslant [\sigma_j]$$

$$A_j = d\cdot t \geqslant \frac{F/2}{[\sigma_j]}$$

则

$$d \geqslant \frac{F}{2\delta[\sigma_j]} = \frac{15\times10^3}{2\times8\times200} \approx 5\ \text{mm}$$

选 d≥12.6mm，可同时满足挤压和剪切强度的要求。

4.2 圆轴扭转时的外力和内力

4.2.1 扭转实例

机械中的轴类零件往往承受扭转作用。例如，驾驶汽车时，驾驶员加在转向盘上两个大小相等、方向相反的切向力，它们在垂直于操纵杆轴线的平面内组成一力偶，操纵杆下端则受到一方向相反的反力偶的作用，如图4.6(a)所示。在这两个力偶作用下，操纵杆产生扭转变形。汽车传动轴的两端受到一对大小相等、方向相反、作用面与轴线垂直的力偶作用，轴的各横截面都绕其轴线发生相对转动，这种变形称为扭转变形。

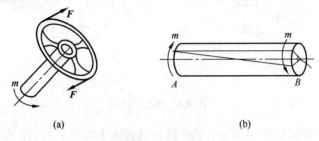

(a)   (b)

图4.6 扭转轴

4.2.2 外力偶矩

工程中作用在轴上的外载荷，通常用功率表示，单位为 kW(千瓦)。为了进行轴的强度和刚度计算，必须将功率换算成外力偶矩。换算关系如下：

$$m = 9550\frac{P}{n} \tag{4-7}$$

式中，P 为功率(kW)；n 为轴的转速(r/min)；m 为外力偶矩($\text{N} \cdot \text{m}$)。

4.2.3 扭转时的内力——扭矩

要研究受扭杆件的应力和变形，首先要计算内力。设有一圆轴，受外力偶矩 m 作用，如图4.7(a)所示。由截面法可知，圆轴任一横截面 $k—k$ 上必然形成为一力偶，如图4.7(b)、(c)所示，该内力偶矩称为扭矩，用 M_n 表示。为使从两段杆所求得的同一截面上的扭矩在正负号上一致，将扭矩按右手螺旋法则表示，右手四指沿扭矩的转动方向，若大拇指所指的方向与截面的外法线 n 一致，则扭矩为正，反之为负。

作用在传动轴上的外力偶往往有多个，不同轴段上的扭矩也各不相同，可用截面法来计算轴横截面上的扭矩。

以图4.8为例，假想用一个垂直于杆轴的平面沿1—1截面截开，取左段为研究对象，如图4.8(b)所示。由平衡方程 $\sum m_i = 0$，即

$$M_{n1} - m_1 = 0$$

得 $M_{n1} = m_1$。

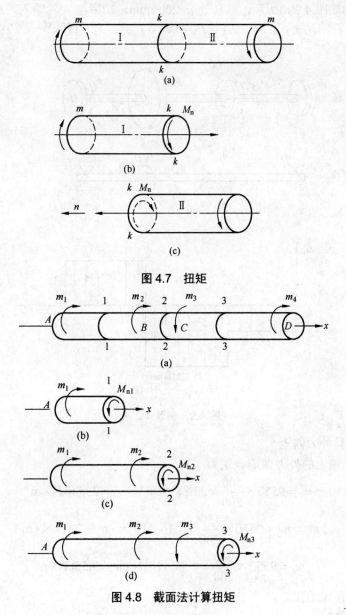

图 4.7　扭矩

图 4.8　截面法计算扭矩

采用上述相同的方法，取左段为研究对象，可分别求出 2—2、3—3 截面上的扭矩，即

$$M_{n2} = m_1 + m_2$$

$$M_{n3} = m_1 + m_2 - m_3$$

上面的计算式表明，轴任一横截面上的扭矩，等于该截面任一侧所有外力偶矩的代数和，外力偶矩的符号规定按右手螺旋法则，拇指背离该截面为正，反之为负，则

$$M_n = \sum m_i \tag{4-8}$$

为了表明沿杆轴线各横截面上扭矩的变化情况，从而确定最大扭矩及其所在截面的位置，常需画出扭矩随截面位置变化的函数图像，这种图像称为扭矩图。扭矩图可仿照轴力图的作法绘制。

【**例** 4.2】传动轴如图 4.9(a)所示，其转速 n=200r/min，功率由 A 轮输入，B、C 两轮输出。不计轴承摩擦所耗的功率，已知：功率 P_1=500kW，$P_2 = P_3 = 150kW$ 及 P_4=200kW。试画出轴的扭矩图。

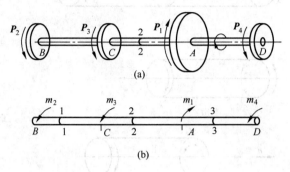

(a)

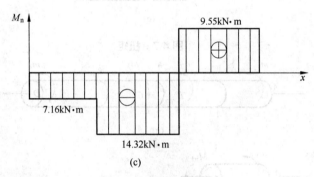

(b)

M_n
9.55kN·m

7.16kN·m

14.32kN·m

(c)

图 4.9　例题 4.2 图

解：(1) 计算外力偶矩。

各轮作用于轴上的外力偶矩分别为

$$m_1 = 9550 \times \frac{500}{200} = 23.88 \times 10^3 \,\text{N} \cdot \text{m} = 23.88 \text{kN} \cdot \text{m}$$

$$m_2 = m_3 = 9550 \times \frac{150}{200} = 7.16 \times 10^3 \,\text{N} \cdot \text{m} = 7.16 \text{kN} \cdot \text{m}$$

$$m_4 = 9550 \times \frac{200}{200} = 9.55 \times 10^3 \,\text{N} \cdot \text{m} = 9.55 \text{kN} \cdot \text{m}$$

(2) 计算各段轴的扭矩。

BC 段(取左侧)

$$M_{n1} = -m_2 = -7.16 \text{kN} \cdot \text{m}$$

CA 段(取左侧)

$$M_{n2} = -m_2 - m_3 = -14.32 \text{kN} \cdot \text{m}$$

AD 段(取右侧)

$$M_{n3} = m_4 = 9.55 \text{kN} \cdot \text{m}$$

(3) 画扭矩图。

扭矩图如图 4.9(d)所示。可知，M_{nmax} 发生在 CA 段内，其值为 14.32kN·m。

4.3　圆轴扭转时的应力

取一等截面圆轴，在其表面等间距画上纵线和圆周线，然后在轴的两端施加一对大小相等、方向相反的外力偶。通过观察圆轴的扭转变形可作下述平面假设：圆轴的横截面扭转变形前后都保持为平面，形状和大小不变，半径保持为直线；且相邻截面间的距离不变，如图 4.10 所示。

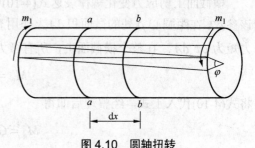

由此可得如下推论：横截面上只有剪应力而无正应力；横截面上任一点处的剪应力均沿其相对错动的方向，即与半径垂直。

下面将从几何、物理与静力学 3 个方面来研究剪应力的大小、分布规律及计算。

图 4.10　圆轴扭转

1. 变形几何关系

为了确定横截面上各点处的应力，从圆杆内截取长为 dx 的微段进行分析，如图 4.11 所示。根据变形现象，右截面相对于左截面转了一个微扭转角 $\mathrm{d}\varphi$，因此其上的任意半径

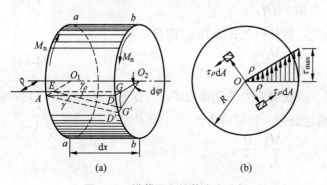

图 4.11　横截面上的剪应力分析

O_2D 也转动了同一角度 $\mathrm{d}\varphi$。由于截面转动，杆表面上的纵向线 AD 倾斜了一个角度 γ。由剪应变的定义可知，γ 就是横截面周边上任一点 A 处的剪应变。同时，经过半径 O_2D 上任意点 G 的纵向线 EG 在杆变形后也倾斜了一个角度 γ_ρ，即为横截面半径上任一点 E 处的剪应变。设 G 点至横截面圆心点的距离为 ρ，由如图 4.11(a)所示的几何关系可得

$$\gamma_\rho \approx \tan \gamma_\rho = \frac{\overline{GG'}}{\overline{EG}} = \frac{\rho \mathrm{d}\varphi}{\mathrm{d}x}$$

即

$$\gamma_\rho = \rho \frac{\mathrm{d}\varphi}{\mathrm{d}x} \tag{4-9}$$

式中，$\dfrac{\mathrm{d}\varphi}{\mathrm{d}x}$ 为扭转角沿杆长的变化率，对于给定的横截面，该值是个常量，剪应变 γ_ρ 与 ρ 成正比，即沿半径按直线规律变化。

2. 物理关系

由剪切胡克定律可知，在剪切比例极限范围内，剪应力与剪应变成正比，所以，横截面上距圆心距离为 ρ 处的剪应力为

$$\tau_\rho = G\gamma_\rho = G\rho\frac{\mathrm{d}\varphi}{\mathrm{d}x} \tag{4-10}$$

由式(4-10)可知，在同一半径 ρ 的圆周上各点处的剪应力 τ_ρ 值均相等，其值与 ρ 成正比，圆心处 τ 为零，轴外表面处 τ 最大。剪应力沿半径的变化规律如图 4.11(b)所示。

3. 静力学关系

横截面上剪应力变化规律表达式(4-10)中的 $\mathrm{d}\varphi/\mathrm{d}x$ 是个待定参数，通过静力学关系确定该参数。在距圆心 ρ 处的微面积 $\mathrm{d}A$ 上作用有微剪力 $\tau_\rho\mathrm{d}A$，如图 4.11(b)所示，它对圆心 O 的力矩为 $\rho\tau_\rho\mathrm{d}A$。在整个横截面上，所有微力矩之和等于该截面的扭矩，即

$$M_\mathrm{n} = \int_A \rho\tau_\rho\mathrm{d}A$$

将式(4-10)代入上式，经整理后即得

$$M_\mathrm{n} = G\frac{\mathrm{d}\varphi}{\mathrm{d}x}\int_A \rho^2\mathrm{d}A \tag{4-11}$$

$$I_\rho = \int_A \rho^2\mathrm{d}A \tag{4-12}$$

式中，I_ρ 称为横截面对圆心的极惯性矩(m^4)，将其带入式(4-11)，得

$$\frac{\mathrm{d}\varphi}{\mathrm{d}x} = \frac{M_\mathrm{n}}{GI_\rho} \tag{4-13}$$

式(4-13)为圆轴扭转变形的基本公式，将其代入式(4-10)，即得

$$\tau_\rho = \frac{M_\mathrm{n}}{I_\rho}\rho \tag{4-14}$$

式(4-14)为圆轴扭转时横截面上任一点处剪应力的计算公式，当 ρ 等于最大值 $D/2$ 时，即在横截面周边上的各点处，剪应力将达到最大，其值为

$$\tau_\mathrm{max} = \frac{M_\mathrm{n}}{I_\rho}\cdot\frac{D}{2}$$

式中，极惯性矩 I_ρ 与直径均为横截面的几何量，令 $W_\mathrm{n} = \dfrac{I_\rho}{D/2}$，则最大剪应力为

$$\tau_\mathrm{max} = \frac{M_\mathrm{nmax}}{W_\mathrm{n}} \tag{4-15}$$

式中，W_n 称为抗扭截面模量(m^3)；M_nmax 为等截面直轴上的最大扭矩($\mathrm{N\cdot m}$)。

4.4　圆轴扭转时的强度计算和刚度计算

4.4.1　强度计算

为了保证轴在扭转时能正常工作，必须将轴的最大剪应力 τ_max 控制在材料的允许范围内，则轴的扭转剪切强度条件为

$$\tau_\mathrm{max} = \frac{M_\mathrm{nmax}}{W_\mathrm{n}} \leqslant [\tau] \tag{4-16}$$

式中，$[\tau]$ 为材料的许用剪应力(MPa)，对于塑性变形，一般取 $[\tau]=(0.5\sim0.6)[\sigma]$。

工程上，扭转轴的截面形状常为圆形或圆环形，这两种截面的极惯性矩 I_ρ 和抗扭截面模量 W_n 可按下述方法计算。

对于实心圆轴，设直径为 D，则极惯性矩 I_ρ 为

$$I_\rho = \int_A \rho^2 \mathrm{d}A = \int_0^{\frac{D}{2}} 2\pi\rho^3 \mathrm{d}\rho = \frac{\pi D^4}{32} \tag{4-17}$$

抗扭截面模量 W_n 为

$$W_n = \frac{I_\rho}{D/2} = \frac{\pi D^3}{16} \tag{4-18}$$

对于空心圆轴，设轴的内外径分别为 d、D，则极惯性矩 I_ρ 为

$$I_\rho = \int_A \rho^2 \mathrm{d}A = \int_{\frac{d}{2}}^{\frac{D}{2}} 2\pi\rho^3 \mathrm{d}\rho = \frac{\pi(D^4 - d^4)}{32} \tag{4-19}$$

抗扭截面模量为

$$W_n = \frac{I_\rho}{D/2} = \frac{\pi(D^4 - d^4)}{16D} = \frac{\pi D^3(1 - K^4)}{16} \tag{4-20}$$

式中，$K = \dfrac{d}{D}$。

4.4.2 圆轴的变形及刚度计算

圆轴的扭转变形可用扭转角 φ 表示，工程上通常用单位长度扭转角 θ 表示扭转变形的程度。

由式(4-13)可知，微段 $\mathrm{d}x$ 的扭转角变形为

$$\mathrm{d}\varphi = \frac{M_n}{GI_\rho}\mathrm{d}x$$

则相距 l 的两横截面间的扭转角为

$$\varphi = \int \mathrm{d}\varphi = \int_0^l \frac{M_n}{GI_\rho}\mathrm{d}x = \frac{M_n l}{GI_\rho} \tag{4-21}$$

式中，φ 为扭转角(rad)；GI_ρ 称为圆轴的扭转刚度，表征轴抵抗扭转变形的能力。

单位长度的扭转角为

$$\theta = \frac{\varphi}{l} = \frac{M_n}{GI_\rho}$$

圆轴扭转时的刚度条件为

$$\theta_{max} = \frac{M_n}{GI_\rho} \leqslant [\theta] \quad (\mathrm{rad/m}) \tag{4-22}$$

或

$$\theta_{max} = \frac{M_n}{GI_\rho} \cdot \frac{180}{\pi} \leqslant [\theta] \quad (°/\mathrm{m}) \tag{4-23}$$

式中，$[\theta]$ 为许用扭转角($°/\mathrm{m}$)，对于一般传动轴，$[\theta]=(0.5°\sim1.0°)/\mathrm{m}$。

【例 4.3】 一传动轴如图 4.12 所示，电动机将功率输入 C 轮，再由 A 轮及 B 轮输出，已知功率 $P_C=7$kW，$P_A=4.5$kW，$P_B=2.5$kW，轴直径 $d=40$mm，以转速 $n=50$r/min 匀速回转，轴材料许用应力 $[\tau]=80$MPa，许用扭转角 $[\theta]=0.5°/$m，剪切弹性模量 $G=8×10^4$MPa，试校核轴的刚度及强度。

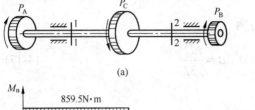

图 4.12　例 4.3 图

解：(1) 计算外力偶矩。

$$m_A = 9550\frac{P_A}{n} = 859.5 \text{ N·m}$$

$$m_B = 9550\frac{P_B}{n} = 477.5 \text{ N·m}$$

$$m_C = 9550\frac{P_C}{n} = 1337 \text{ N·m}$$

(2) 画扭矩图。

$$M_{n1} = m_A = 859.5 \text{ N·m}$$

$$M_{n2} = m_B = 477.5 \text{ N·m}$$

最大扭矩发生在 AC 段，如图 4.12(b)所示。因该轴是等截面轴，故该段是危险截面。

(3) 强度校核。

$$\tau_{max} = \frac{M_{nmax}}{W_n} = \frac{859.5×10^{-6}}{\dfrac{3.14×0.04^3}{16}} = 68.4 \text{ MPa} \leqslant [\tau]$$

故该轴的强度足够。

(4) 刚度校核。

$$\theta_{max} = \frac{M_{nmax}}{GI_\rho}·\frac{180}{\pi} = \frac{859.5}{8×10^4×10^6×\dfrac{3.14×0.04^4}{32}}·\frac{180}{3.14} = 2.45°/\text{m} > [\theta]$$

故该轴的刚度不够。

本 章 小 结

　　本章对剪切、扭转进行了详细的阐述，包括剪切与扭转的概念，剪切与挤压的强度计算，扭转的强度计算和刚度计算等内容。

　　产生剪切变形物体的受力特点：外力作用线平行、反向、相隔距离很小。这样，在剪切面上产生沿截面的剪力 Q，从而使得剪切面上的点受剪应力的作用。

　　剪切、挤压的强度计算公式为

剪切：$\tau_{max} = \dfrac{Q}{A} \leqslant [\tau]$。

挤压：$\sigma_j = \dfrac{F}{A_j} \leqslant [\sigma_j]$。

　　扭转轴的受力特点：受到一对等值、反向、作用面垂直于轴线的外力偶矩的作用；变形特点：截面间相对转动。

圆轴扭转时，其截面上的内力为扭矩，其值为扭矩截面一侧所有外力偶矩的代数和，外力偶矩的正负采用右手螺旋定则判定。

圆轴扭转的强度条件：$\tau_{max} = \dfrac{M_{nmax}}{W_n} \leqslant [\tau]$。

圆轴扭转的刚度条件：$\theta_{max} = \dfrac{M_{nmax}}{GI_{\rho}} \cdot \dfrac{180}{\pi} \leqslant [\theta]$。

推荐阅读资料

1. 赵军，张有忱，段成红. 化工设备机械基础. 北京：化学工业出版社，2007.
2. 刘英卫. 工程力学. 大连：大连工业出版社，2005.

习 题

一、简答题

4-1 什么是剪切？剪切变形的特征是什么？

4-2 什么是挤压？挤压与压缩是否相同？为什么？

4-3 如果将剪切中两个横向力的距离加大，变形会有什么变化？

4-4 什么是扭矩？扭矩的正负号是如何规定的？如何计算扭矩与绘制扭矩图？

4-5 圆轴扭转时，截面上的应力是如何分布的？

4-6 从提高强度的角度说明传动轴上的主动轮和从动轮如何分布更加合理？

4-7 如何计算圆轴的扭转角？其单位是什么？什么是扭转刚度？

二、计算题

4-1 有一螺栓连接头，如图 4.13 所示。已知：$F = 40\text{kN}$，螺栓的许用剪应力 $[\tau] = 130\text{MPa}$，许用挤压应力 $[\sigma_j] = 300\text{MPa}$。试按强度条件计算该螺栓所需要的直径。

4-2 已知轴的直径 $d=500\text{mm}$、传递的力矩 $M = 300\text{N} \cdot \text{m}$，键的尺寸 $b=14\text{mm}$，$l=80\text{mm}$，$h=10\text{mm}$，如图 4.14 所示。键为钢材所制，许用剪应力 $[\tau] = 60\text{MPa}$、许用挤压应力 $[\sigma_j] = 200\text{MPa}$，试校核键的强度。

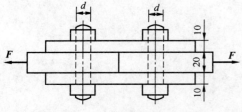

图 4.13 计算题 4-1 图

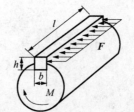

图 4.14 计算题 4-2 图

4-3　一传动轴作匀速转动，如图4.15所示，转速$n=200\text{r/min}$，轴上装有5个轮子，主动轮2输入的功率$P_2=60\text{kW}$，从动轮1、3、4、5输出的功率依次为$P_1=18\text{kW}$，$P_3=12\text{kW}$，$P_4=22\text{kW}$，$P_5=8\text{kW}$，试求最大扭矩并画出扭矩图。

4-4　如图4.16所示，汽车转向盘外径$\phi=500\text{mm}$，驾驶员每只手加在转向盘上的力$F=300\text{N}$，转向盘轴为空心圆轴，其内、外径之比$k=d/D=0.8$，材料的许用应力$[\tau]=60\text{MPa}$。试求转向盘轴的内外直径。

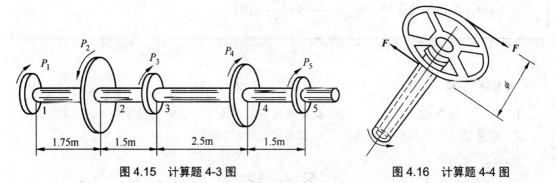

图4.15　计算题4-3图　　　　　　　　　图4.16　计算题4-4图

4-5　如图4.17所示的阶梯轴，直径分别为$d_1=40\text{mm}$，$d_2=55\text{mm}$。已知C轮输入力偶矩$m_C=1432.5\text{N}\cdot\text{m}$，$A$轮输出力偶矩$m_A=620.8\text{N}\cdot\text{m}$，$B$轮输出力偶矩$m_B=811.7\text{N}\cdot\text{m}$。轴材料的许用剪应力$[\tau]=60\text{MPa}$，许用扭转角$[\theta]=2°/\text{m}$，$G=8\times10^4\text{MPa}$，试校核该轴的强度和刚度。

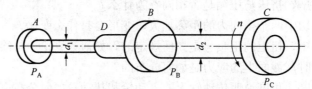

图4.17　计算题4-5图

第5章　梁 的 弯 曲

教学目标

通过本章的学习，掌握梁弯曲的概念，熟练掌握弯矩的计算和弯矩图的绘制，掌握纯弯曲梁的强度条件和正应力的计算，学会合理选择梁的截面，了解梁的弯曲变形。

教学要求

能力目标	知识要点	权重	自测分数
掌握梁弯曲的概念	直梁弯曲的概念	10%	
熟练掌握弯矩的计算和弯矩图的绘制	弯矩的计算和弯矩图的绘制	35%	
掌握纯弯曲梁的强度条件和正应力的计算	纯弯曲梁的强度条件和正应力的计算	30%	
掌握梁截面的合理选择	梁截面的合理形状和工作位置	15%	
了解梁的弯曲变形	梁的弯曲变形——挠度和转角	10%	

引例

梁在建筑、桥梁等建筑物上应用非常广泛。通过仔细观察发现，梁的截面形状多种多样，如矩形、T形、工字型、方形和圆形等。在对梁进行设计时，选用不同的截面形状会对梁的承载能力和经济性等产生影响。

在对某建筑物的某一横梁进行设计时，可供选择的梁的横截面形状有正方形和矩形，要求保证该横梁的跨度和所用的材料及其用量均不变。试从力学角度进行分析，此横梁应选用哪一种截面形状更加经济、合理？而实际应用中又为什么有如此多种截面形状呢？

5.1　梁的弯曲实例与梁的类型

5.1.1　梁的弯曲变形实例

弯曲变形是杆件的基本变形形式之一，也是工程实际中最为常见的一种变形。例如起重机的横梁受到自重和被起吊物体重量的作用，发生弯曲变形，如图5.1所示。支承在两个鞍座上的卧式容器，受到自重和内部物料重量的作用，发生弯曲变形，如图5.2所示。室外的塔器在水平方向风载荷的作用下而发生弯曲变形，如图5.3所示。建筑物上的梁受到所支承物体的重力的作用而发生弯曲变形等。

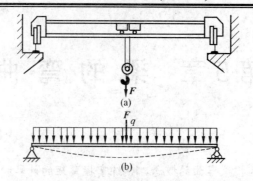

图 5.1　起重机横梁

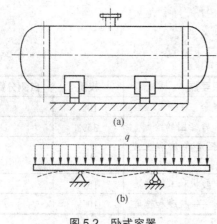

图 5.2　卧式容器

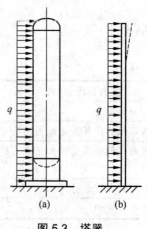

图 5.3　塔器

5.1.2　受弯杆件受力及变形的特点

1. 受弯杆件受力的特点

由几个实例可以看出，受弯杆件的受力具有如下特点。

在通过杆轴线的一个纵向平面内，受到横向力(垂直于轴线的外力)或力偶的作用。如上述实例中的重力、风载荷等即为横向力。

2. 受弯杆件变形的特点

任意两横截面绕垂直于杆轴线的轴作相对转动，杆件的轴线由原来的直线弯成曲线，故称弯曲变形。

5.1.3　梁的分类及梁上的载荷

1. 梁与平面弯曲

以弯曲为主要变形的杆件统称为梁。梁是工程结构中最为常用的一类构件，在工程上尤其是建筑上占有极其重要的地位。

工程上常见梁的横截面往往都是对称形状，若梁上的所有外载荷均作用在由横截面对称轴和梁的轴线构成的纵向对称面内，则梁弯曲变形时其轴线在该平面内弯成一条平面曲线，如图 5.4 所示，这种弯曲变形称为平面弯曲。平面弯曲是弯曲构件中最基本、最常见的情况，因而本章只研究直梁的平面弯曲问题。

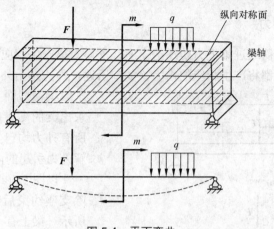

图 5.4　平面弯曲

2. 梁的分类

为了便于对梁进行受力分析和强度计算，常需对梁进行简化，用梁的轴线表示原梁，再根据梁上支座的支承情况把梁简化成 3 种基本力学模型。

(1) 简支梁。一端为固定铰链支座，另一端为可动铰链支座组成的梁，称为简支梁。图 5.1 所示的起重机的横梁即可简化为简支梁。

(2) 外伸梁。一端或两端伸出支座以外的梁，称为外伸梁。对于图 5.2 所示的支承在两个鞍座上的卧式容器，两个鞍座分别简化为固定铰链支座和可动铰链支座，即简化为两端均外伸的外伸梁。

(3) 悬臂梁。一端刚性固定(固定端)，另一端处于自由状态的梁，称为悬臂梁。图 5.3 所示的塔器即可简化为悬臂梁。

3. 梁上的载荷

作用于梁上的载荷可分为以下 3 种。

(1) 集中力。集中作用于梁上一点或分布在梁的一块很小面积上的力，称为集中力。单位为 N 或 kN。如图 5.4 中的载荷 F 即为集中力。

(2) 集中力偶。集中作用于梁上一点的力偶，称为集中力偶。单位为 N·m 或 kN·m。如图 5.4 中的载荷 m 即为集中力偶。

(3) 分布载荷。沿梁的轴线分布在一段较长的范围内的载荷，称为分布载荷。若均匀分布，则称为均布载荷。分布载荷通常以每单位轴线长度上所受的力表示，单位为 N/m 或 kN/m。如图 5.3 中的风载荷 q 以及图 5.4 中的载荷 q 均为均布载荷。

5.2　梁弯曲时的内力

在研究直梁的平面弯曲问题时，其核心问题是强度和刚度问题。与前面研究拉伸与压缩、扭转等变形相似，分析讨论的顺序是：外力→变形分析→内力→应力→强度计算和刚度计算。显然，要进行强度计算和刚度计算，必须确定梁横截面上的内力及其分布情况。

5.2.1　横截面内的内力

作用于梁上的载荷通过梁把力传递给支座,支座对梁产生相应的反力。载荷在传递过程中,梁的各个截面都将产生相应的内力。如前所述,内力是由外力来求取的,显然,若求解梁横截面上的内力,一般必须先求出梁的支座反力。当作用于梁上的所有外力均已知时,就可用截面法求解外力引起的内力。

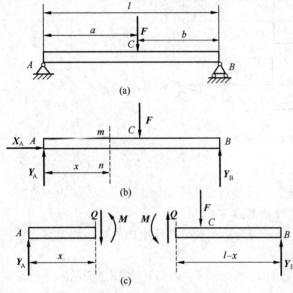

图 5.5　梁弯曲时的内力

以图5.5(a)所示的简支梁为例,解除支座约束后梁的受力图如图 5.5(b)所示。梁上有 3 个未知支座反力,即在 A 端的水平支座反力 X_A 和垂直支座反力 Y_A,B 端的垂直支座反力 Y_B。采用截面法分析梁上某横截面 $m—n$ 上的内力。假想沿 $m—n$ 截面位置将梁切开,分成左右两段。现取左段作为分离体进行受力分析,如图5.5(c)所示。由左段的平衡关系可知,横截面 $m—n$ 上必然存在着一个力 Q 和一个力矩 M。其中力 Q 与 Y_A 平衡,以阻止外力 Y_A 使分离体向上移动;力矩 M 与 Y_A 对 $m—n$ 截面形心的力矩平衡,以阻止外力 Y_A 使分离体绕 $m—n$ 截面形心转动。

内力 Q 实际上是梁横截面切向分布内力的合力,它的作用线通过形心,与外力平行,它有使梁沿横截面 $m—n$ 被剪断的趋势,故把 Q 称为剪力。力矩 M 有使梁沿横截面 $m—n$ 产生转动而弯曲的趋势,故把 M 称为弯矩。因此,简支梁横截面 $m—n$ 上的内力有剪力 Q 和弯矩 M。

5.2.2　剪力与弯矩的求取

求取梁弯曲时横截面上的内力剪力 Q 和弯矩 M 的方法有:截面法和直接计算法。

1. 截面法求取剪力 Q 和弯矩 M

(1) 求支座反力。如图5.5(b)所示,根据静力学平衡方程求出梁上的支座反力,即

$$\sum F_x = 0 \qquad X_A = 0$$

$$\sum m_A(\boldsymbol{F}) = 0 \qquad Y_B l - Fa = 0 \qquad Y_B = \frac{Fa}{l}$$

$$\sum F_y = 0 \qquad Y_A + Y_B - F = 0 \qquad Y_A = \frac{Fb}{l}$$

(2) 求内力。如图5.5(c)所示,取左段作为分离体,由平衡关系可求得剪力 Q 和弯矩 M 的数值,即

$$\sum F_y = 0 \qquad Y_A - Q = 0 \qquad Q = Y_A = \frac{Fb}{l} \qquad (0 < x < a)$$

对横截面 $m—n$ 形心取矩，有

$$\sum m_O(F) = 0 \qquad M - Y_A x = 0 \qquad M = Y_A x = \frac{Fb}{l}x \qquad (0 \leqslant x \leqslant a)$$

可以证明，若取右段作为分离体进行受力分析，用截面法求取横截面 $m—n$ 上的剪力 Q 和弯矩 M，所求的结果与上述结果完全相同。可见，不管取截面两侧的哪一段作为分离体，计算同一横截面上的剪力和弯矩，所得结果必定是相同的。

2. 直接计算法求取剪力 Q 和弯矩 M

当用截面法求内力时，需要选取分离体，画分离体的受力图，通过列静力学平衡方程才能求解，计算过程比较烦琐。为了便于计算，以截面法为基础，通过上面的分析，归纳出求取梁弯曲时横截面上的内力剪力 Q 和弯矩 M 的直接计算法，即

(1) 梁上任一横截面上的剪力的大小等于横截面一侧所有外力的代数和。外力的符号规定：左侧向上的外力取正号，右侧向下的外力取正号，即"左上右下的外力为正"。

(2) 梁上任一横截面上的弯矩的大小等于横截面一侧所有外力(包括力偶矩)对该截面形心取矩的代数和。外力(包括力偶矩)对截面形心之矩的符号规定为：左侧顺时针方向的力矩取正号，右侧逆时针方向的力矩取正号，即"左顺右逆的外力之矩为正"。

利用直接计算法求取图 5.5 所示横截面 $m—n$ 上的剪力 Q 和弯矩 M。为与前面取左段的计算结果相对比，取右段，F 方向向下，取正号；Y_B 方向向上，取负号。则剪力 Q 为

$$Q = F - Y_B = F - \frac{Fa}{l} = \frac{Fb}{l}$$

F 对截面形心产生顺时针方向的力矩，取负号；Y_B 对截面形心产生逆时针方向的力矩，取正号。则弯矩 M 为

$$M = Y_B(l - x) - F(l - x - b) = \frac{Fb}{l}x$$

可见，两方法的计算结果完全相同。

5.2.3 剪力图和弯矩图

1. 剪力方程和弯矩方程

从剪力和弯矩的计算过程可以看出，梁横截面上的剪力和弯矩与横截面的位置有关，一般随横截面的位置而变化。若取梁的一端作为原点，梁的轴线为 x 轴，用坐标 x 来表示横截面沿梁轴线的位置，则剪力和弯矩均可表示为 x 的函数，即

$$Q = Q(x) \tag{5-1}$$

$$M = M(x) \tag{5-2}$$

以上两个函数表达了剪力和弯矩沿梁轴线变化的规律，分别称为剪力方程和弯矩方程。

由于梁横截面上的剪力和弯矩与横截面的位置有关，因而往往需要分段列出剪力方程

和弯矩方程，每一段内的剪力方程和弯矩方程表达式不变。分段的原则是：每一段中外载荷的变化规律相同(可以不包括端点)。

2. 剪力图和弯矩图

为了直观地表明梁各横截面上的剪力和弯矩沿梁长度方向的变化情况，以横截面沿梁轴线的位置为横坐标 x，横截面上的剪力 Q 和弯矩 M 作为纵坐标，将剪力方程和弯矩方程用图表示出来，这种图称为剪力图和弯矩图。

绘制剪力图和弯矩图的目的在于能从图中容易地找出梁内最大剪力和最大弯矩的大小及位置，为梁弯曲的强度计算和刚度计算提供依据。

3. 剪力图和弯矩图的绘制步骤

(1) 绘制分离体的受力图，求未知力。

(2) 分段列出剪力方程和弯矩方程。

(3) 绘制剪力图和弯矩图，找出最大剪力和最大弯矩。

【例 5.1】 如图 5.6 所示外伸梁，其上作用着集中力 F(大小等于 ql)和均布载荷 q。试画出该梁的剪力图和弯矩图，并找出最大剪力和最大弯矩。

解：(1) 画受力图，求支座反力。

去约束，画该梁的受力图。由 $\sum m_C(F) = 0$ ，即

$$\frac{ql^2}{2} - R_A l - ql \times \frac{l}{2} = 0$$

得　$R_A=0$。

由 $\sum F_y = 0$ ，即

$$R_A + R_C - ql - F = 0$$

得　$R_C=2ql$。

(2) 列剪力方程和弯矩方程。

AC 段(取左段作分离体)：$Q(x) = -qx$ 　　　　　　　$(0 < x < l)$

$$M(x) = -\frac{qx^2}{2}$$ 　　　　　　　$(0 \leqslant x \leqslant l)$

CB 段(取右段作分离体)：$Q(x)=ql$ 　　　　　　$(l < x < 3l/2)$

$$M(x) = -ql\left(\frac{3l}{2} - x\right)$$ 　　　　　$(l \leqslant x \leqslant 3l/2)$

(3) 画剪力图和弯矩图。

按剪力方程和弯矩方程绘制剪力图和弯矩图，如图 5.6(c)和图 5.6(d)所示。

由图 5.6 所示的剪力图和弯矩图可以看出，最大剪力 $Q_{max}=ql$；最大弯矩在 C 点处($x=l$)，$M_{max}=ql^2/2$。

【例 5.2】 有一简支梁，如图 5.7 所示。梁的跨度为 l，在 C 处作用着一个力偶 m。试画出该梁的剪力图和弯矩图，并找出最大剪力和最大弯矩。

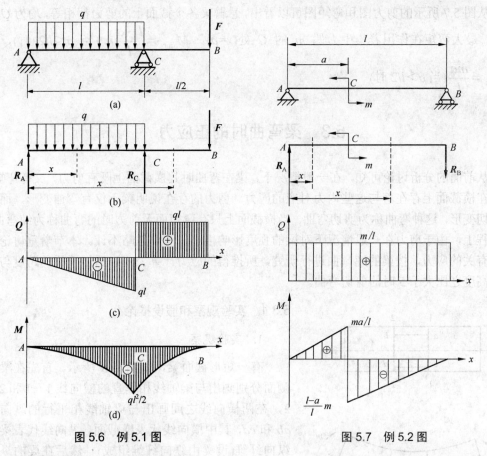

图 5.6　例 5.1 图　　　　　　　　　图 5.7　例 5.2 图

解：(1) 画受力图，求支座反力。

去约束，画该梁的受力图。由 $\sum m_B(\boldsymbol{F})=0$，即 $m-R_A l=0$，得 $R_A=\dfrac{m}{l}$。

由 $\sum F_y=0$，即 $R_A-R_B=0$，得 $R_B=R_A=\dfrac{m}{l}$。

(2) 列剪力方程和弯矩方程。

由于梁在 C 处作用着一个集中力偶 m，需要分为 AC、CB 两段，分别列剪力方程和弯矩方程。

AC 段(取左段作分离体)：$Q(x)=R_A=\dfrac{m}{l}$　　　　　　　　　$(0<x\leqslant a)$

$$M(x)=R_A x=\frac{m}{l}x \qquad\qquad (0\leqslant x<a)$$

CB 段(取右段作分离体)：$Q(x)=R_B=\dfrac{m}{l}$　　　　　　　　$(a\leqslant x<l)$

$$M(x)=-R_B(l-x)=\frac{m}{l}x-m \qquad (a<x\leqslant l)$$

(3) 画剪力图和弯矩图。

由剪力方程和弯矩方程可知，剪力图是一条与 x 轴平行的线段，弯矩图是两条斜线段。

从图 5.7 所示的剪力图和弯矩图可以看出,悬臂梁各个截面上的剪力都相等,均为 Q_{max} $=\dfrac{m}{l}$,最大弯矩在作用着集中力偶 m 的 C 处($x=a$),$M_{max}=\dfrac{l-a}{l}m$(当 $a<l/2$ 时),或

$$M_{max}=\dfrac{ma}{l}(当 a>l/2 时)。$$

5.3　梁弯曲时的正应力

从前面的分析讨论可知,在一般情况下,梁在弯曲时其横截面上既有剪力,又有弯矩。因此在横截面上存在着与这些内力对应的应力。剪力的存在说明梁不仅有弯曲变形,而且有剪切变形,这种弯曲称为剪切弯曲。当横截面上只有弯矩而无剪力时的弯曲称为纯弯曲。在工程上,由于剪力在一般情况下对梁的强度影响很小,可以忽略不计。本节着重讨论与弯矩有关的应力,按梁的纯弯曲进行研究,所推得的应力计算公式也适用于梁的跨度与横截面高度之比大于 5 时的剪切弯曲。

5.3.1　实验观察和假设推论

1. 实验观察

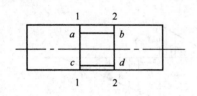

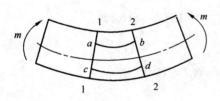

图 5.8　梁的纯弯曲

有一矩形截面梁,如图 5.8 所示。首先在梁的侧面分别画出与梁轴线相垂直的横向线 1—1 和 2—2,在两横向线之间画出与梁轴线相平行的纵向线 ab 和 cd,其中横向线代表横截面,纵向线代表梁的纵向纤维(设梁由纵向纤维组成)。然后在梁的纵向对称面内施加一对等值反向的力偶 m,使梁产生纯弯曲变形,可观察到如下现象。

(1) 横向线 1—1 和 2—2 变形后仍为直线,且与轴线垂直,只是相对于原来的位置偏转了一个角度。

(2) 纵向线 ab 和 cd 以及轴线都弯成曲线,仍与变形后的横向线垂直,其中内凹侧纵向线 ab 缩短,外凸侧纵向线 cd 伸长。

2. 假设及推论

(1) 平面假设。根据上述现象,由表及里地推测梁内部的变形,得出梁弯曲变形的平面假设:梁在发生弯曲变形后,其横截面仍然为平面,只是绕该截面内的某轴旋转了一个角度,且仍垂直于梁变形后的轴线。

(2) 纯弯曲变形的本质。由于横截面只是相对地偏转了一个角度,无其他方向的相对错动,纵向纤维只是受到轴向的拉伸或压缩,可见,纯弯曲变形的本质是拉伸或压缩变形,而非剪切变形,则纯弯曲梁横截面上只有正应力,而无剪应力。凹侧纤维缩短,受到压缩作用,存在压应力;凸侧纤维伸长,受到拉伸作用,存在拉应力。

(3) 中性层与中性轴。实际上,纵向线 ab 和 cd 各代表了凹侧和凸侧同一高度的一层纵向纤维。各层纤维从凹侧到凸侧逐渐由压缩过渡到伸长,根据梁变形的连续性,则梁内必

定有一层没有伸长也没有缩短的纤维层，这个纤维层就叫中性层。中性层与横截面的交线称为中性轴，如图 5.9 所示。显然，由于中性层上的纤维长度不变，则其上的正应力为零。

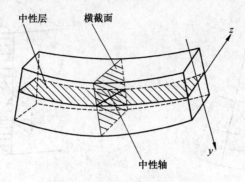

图 5.9　梁的中性层和中性轴

5.3.2　弯曲正应力计算公式

1.　变形分析

假想用两个横截面从受纯弯曲的梁中截取长度为 dx 的微段，进行变形分析，如图 5.10 所示。设两横截面在变形后的夹角为 $d\varphi$，中性层的曲率半径为 ρ，曲率中心为 O。变形后距中性层 O_1O_2 距离为 y 的一层纤维上的相应长度为 c_1d_1。由于中性层 O_1O_2 变形前的直线长度 $\overline{O_1O_2}$ 与变形后的曲线长度 $\overgroup{O_1O_2}$ 相等，则

$$\overline{O_1O_2} = \overgroup{O_1O_2} = \mathrm{d}x = \rho\mathrm{d}\varphi$$

纵向纤维 c_1d_1 变形前的长度为

$$\overline{c_1d_1} = \overline{O_1O_2} = \rho\mathrm{d}\varphi$$

纵向纤维 c_1d_1 变形后的长度为

$$\overgroup{c_1d_1} = (\rho + y)\,\mathrm{d}\varphi$$

从而可得纵向纤维 c_1d_1 的应变为

$$\varepsilon = \frac{\overgroup{c_1d_1} - \overline{c_1d_1}}{\overline{c_1d_1}} = \frac{(\rho + y)\mathrm{d}\varphi - \rho\mathrm{d}\varphi}{\rho\mathrm{d}\varphi} = \frac{y}{\rho} \tag{5-3}$$

式(5-3)即为横截面上各点线应变沿截面高度的变化规律。可见，任一纵向纤维的线应变 ε 与其距中性层的距离 y 成正比，与中性层的曲率半径 ρ 成反比。

2.　梁纯弯曲时任一点的正应力

(1) 物理关系。梁纯弯曲时，所有纵向纤维只受到轴向拉伸或压缩的作用，故可应用胡克定律来确定横截面上的弯曲正应力，即

$$\sigma = E\varepsilon = E\frac{y}{\rho} \tag{5-4}$$

式(5-4)表明，梁纯弯曲时横截面上任一点的正应力 σ 与该点到中性轴的距离 y 成正比；距中性轴距离相等的所有点的正应力均相等，如图 5.11 所示。显然，中性轴上各点的正应力为零；而在中性轴一侧都是拉应力，另一侧都是压应力；横截面上、下边缘处的正应力最大。

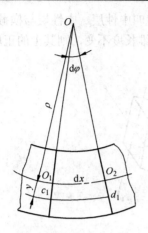

图 5.10　纵向纤维的线应变

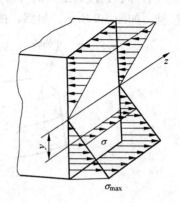

图 5.11　横截面上的正应力分布

(2) 静力平衡关系。由于曲率半径 ρ 与弯矩 M 之间的关系尚且未知,所以不能用式(5-4)直接计算梁横截面上的正应力 σ,而需要建立起弯曲正应力与内力弯矩之间的静力学关系。

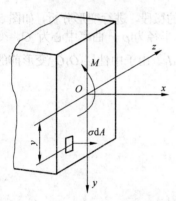

图 5.12　弯曲应力与弯矩间的静力学关系

梁发生纯弯曲时,横截面上的内力只有弯矩。显然,中性轴下侧的拉应力合成一个拉力,上侧的压应力可合成一个压力,这两个力等值反向,组成一个力偶,其力偶矩即为该截面上的弯矩。

如图 5.12 所示,在梁的横截面上任取一微面积 dA,则作用于该面积上的微内力为 σdA,此微内力对中性轴 z 的微力矩为 $dM = \sigma dAy$,这些微力矩的总和就是该截面上的弯矩 M,即

$$M = \int_A dM = \int_A \sigma dAy$$

将式(5-4)代入上式,得

$$M = \frac{E}{\rho} \int_A y^2 dA = \frac{E}{\rho} I_z$$

式中,$I_z = \int_A y^2 dA$ 称为横截面对中性轴 z 的轴惯性矩(m^4),则

$$\frac{1}{\rho} = \frac{M}{EI_z} \tag{5-5}$$

式(5-5)说明梁轴曲线的曲率 $\dfrac{1}{\rho}$ 与弯矩 M 成正比。在其他条件不变的情况下,EI_z 越大,$\dfrac{1}{\rho}$ 越小,表明梁的变形越小,刚度越大。故把 EI_z 称为梁的抗弯刚度。

(3) 梁纯弯曲时任一点的正应力。将式(5-5)代入式(5-4),可得梁纯弯曲时横截面上任一点的正应力 σ 的计算公式为

$$\sigma = \frac{My}{I_z} \tag{5-6}$$

式(5-6)表明,梁纯弯曲时横截面上任一点的正应力 σ 与该截面上的弯矩 M 和该点到中性轴的距离 y 成正比,与截面对中性轴的惯性矩 I_z 成反比。

3. 梁纯弯曲时的最大正应力

在一般情况下，梁的强度是由横截面上的最大正应力决定的。最大正应力所处的点称为危险点。从式(5-6)可知，横截面上距中性轴最远的边缘处的弯曲正应力最大，即

$$\sigma_{max} = \frac{M_{max} y_{max}}{I_z} \tag{5-7}$$

式中，y_{max} 为最外边缘处的点到中性轴 z 的距离(m)。

令

$$W_z = \frac{I_z}{y_{max}} \tag{5-8}$$

式中，W_z 为横截面对中性轴 z 的抗弯截面模量(mm^3 或 m^3)。

梁横截面上的最大正应力为

$$\sigma_{max} = \frac{M_{max}}{W_z} \tag{5-9}$$

弯曲正应力计算时，只需代入弯矩 M 的绝对值，得出的正应力为拉应力。

5.3.3 轴惯性矩和抗弯截面模量的计算

下面介绍几种常用截面的轴惯性矩 I_z 和抗弯截面模量 W_z 的计算。

1. 矩形截面

如图 5.13 所示的矩形截面，在其内距中性轴 z 距离为 y 处截取一个宽度为 b、高度为 dy 的微型矩形条，其面积为 $dA=bdy$，根据轴惯性矩 I_z 和抗弯截面模量 W_z 的定义式可得

$$I_z = \int_A y^2 dA = \int_{-\frac{h}{2}}^{+\frac{h}{2}} y^2 (bdy) = \frac{bh^3}{12} \tag{5-10}$$

$$W_z = \frac{I_z}{y_{max}} = \frac{bh^3}{12} \bigg/ \frac{h}{2} = \frac{bh^2}{6} \tag{5-11}$$

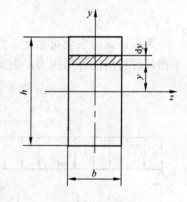

图 5.13 矩形截面

2. 圆形截面

如图 5.14 所示的直径为 D(半径为 R)的圆形截面，在其内距中性轴 z 距离为 y 处截取一个高度为 dy 的微元，由于 dy 极小，可近似认为此微元为矩形，其中 $y=R\sin\theta$，宽度为 $dy=R\cos\theta d\theta$，长度为 $b=2R\cos\theta$，则其面积为 $dA = bdy = 2R^2\cos^2\theta d\theta$，则

$$I_z = \int_A y^2 dA = \int_{-\frac{\pi}{2}}^{+\frac{\pi}{2}} R^2 \sin^2\theta \times 2R^2\cos^2\theta d\theta = \frac{R^4}{2} \int_{-\frac{\pi}{2}}^{+\frac{\pi}{2}} \sin^2 2\theta d\theta = \frac{\pi R^4}{4} = \frac{\pi D^4}{64} \tag{5-12}$$

$$W_z = \frac{I_z}{y_{max}} = \frac{\pi D^4}{64} \bigg/ \frac{D}{2} = \frac{\pi D^3}{32} \tag{5-13}$$

3. 圆环形截面

如图 5.15 所示的圆环形截面，其内、外径直径分别为 d、D。它可以看成一种组合截

面：一个直径为 D 的圆形截面，中间减去一个直径为 d 的小的圆形截面，则组合截面的轴惯性矩应为各简单截面对同一中性轴的惯性矩的代数和，即

$$I_z = I_{z1} - I_{z2} = \frac{\pi D^4}{64} - \frac{\pi d^4}{64} = \frac{\pi(D^4 - d^4)}{64} \tag{5-14}$$

$$W_z = \frac{I_z}{y_{max}} = \frac{\pi(D^4 - d^4)}{64} \bigg/ \frac{D}{2} = \frac{\pi(D^4 - d^4)}{32D} \tag{5-15}$$

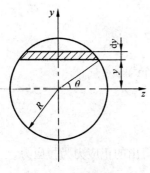
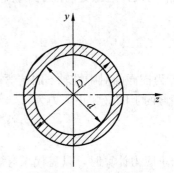

图 5.14　圆形截面　　　　　　　　图 5.15　圆环形截面

5.4　梁的强度计算

为保证梁能安全可靠地工作，必须将梁的最大工作应力控制在梁材料允许的范围内，不得超过材料的许用应力，则梁弯曲计算的强度条件为

$$\sigma_{max} = \frac{M_{max}}{W_z} \leqslant [\sigma] \tag{5-16}$$

式中，σ_{max} 为梁的最大工作应力；M_{max} 为梁上的最大弯矩，取正值；$[\sigma]$ 为材料的许用应力，可由手册查得。

利用梁弯曲计算的强度条件式(5-16)可以解决 3 个方面的问题：校核梁的强度；确定梁的截面形状和最小尺寸；确定梁的最大许用载荷。

【例 5.3】大型填料塔塔内支承塔板及填料用的梁，可简化为受均布载荷作用的简支梁，由 18 号普通工字钢制成，如图 5.16 所示。已知梁的跨度 $l=2m$，$q=30kN/m$，抗弯截面模量 $W_z = 1.85 \times 10^{-4} m^3$，许用应力 $[\sigma]=140MPa$。试校核该梁的强度。

解：(1) 画受力图，求支座反力。

去约束，画该梁的受力图。由 $\sum m_B(F) = 0$，即

$$ql \times l/2 - R_A l = 0$$

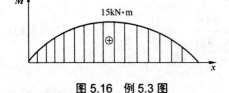

图 5.16　例 5.3 图

得 $R_A=ql/2$。

由 $\sum F_y = 0$，即

$$R_A+R_B-ql=0$$

得 $R_B=ql/2$。

(2) 列弯矩方程。

$$M(x)=R_A x - qx\times\frac{x}{2}=\frac{ql}{2}x-\frac{qx^2}{2} \qquad (0\leqslant x\leqslant 2)$$

(3) 画弯矩图。

由弯矩方程可知，弯矩图为一个通过坐标原点、开口向下的二次抛物线。M_{max} 在中点处($x=1$m)，其大小为

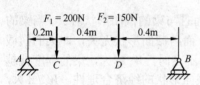

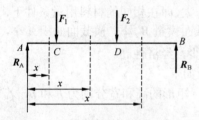

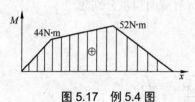

图 5.17 例 5.4 图

$$M_{max}=\frac{30\times 2}{2}\times 1-\frac{30}{2}\times 1^2=15\text{kN}\cdot\text{m}$$

(4) 强度校核。

$$\sigma_{max}=\frac{M_{max}}{W_z}=\frac{1.5\times10^4\times10^{-6}}{1.85\times10^{-4}}=80.01\text{MPa}<140\text{MPa}$$

因为 $\sigma_{max}<[\sigma]$，所以该梁的强度足够。

【例 5.4】如图 5.17 所示圆形截面简支梁，$F_1=200$N，$F_2=150$N，梁的跨度 $l=1$m，材料的许用应力 $[\sigma]=12$MPa。试确定该梁的截面直径 D。

解：(1) 画受力图，求支座反力。

去约束，画该梁的受力图。由 $\sum m_B(F)=0$，即

$$0.8F_1+0.4F_2-R_A=0$$

得 $R_A=0.8F_1+0.4F_2=0.8\times200+0.4\times150=220$N。

由 $\sum F_y=0$，即

$$R_A+R_B-F_1-F_2=0$$

得 $R_B=F_1+F_2-R_A=200+150-220=130$N。

(2) 列弯矩方程。

AC 段(取左段作分离体)：$M(x)=R_A x=220x$ $\qquad (0\leqslant x\leqslant 0.2)$

CD 段(取左段作分离体)：$M(x)=R_A x-F_1(x-0.2)=20x+40$ $\qquad (0.2\leqslant x\leqslant 0.6)$

DB 段(取右段作分离体)：$M(x)=R_B(1-x)=130-130x$ $\qquad (0.6\leqslant x\leqslant 1)$

(3) 画弯矩图。

由弯矩方程绘制弯矩图，如图 5.17 所示。可见，最大弯矩在 D 处($x=0.6$)，$M_{max}=52$N·m。

(4) 确定截面尺寸。

由强度条件 $\sigma_{max}=\frac{M_{max}}{W_z}\leqslant[\sigma]$，且圆形截面的 $W_z=\frac{\pi D^3}{32}$，可得 $\frac{M_{max}}{\pi D^3/32}\leqslant[\sigma]$，则梁的最小直径 D 为

$$D \geqslant \sqrt[3]{\frac{32 M_{max}}{\pi[\sigma]}} = \sqrt[3]{\frac{32 \times 52}{\pi \times 12 \times 10^6}} = 0.0353\text{m} = 35.3\text{mm}$$

5.5 提高梁强度的措施

由弯曲强度条件 $\sigma_{max} = \dfrac{M_{max}}{W_z} \leqslant [\sigma]$ 可知：σ_{max} 越小，越容易满足强度条件。当最大弯矩 M_{max} 一定时，梁的抗弯截面模量 W_z 越大，弯曲正应力越小，则梁的强度越高。

5.5.1 梁的合理截面形状

梁的抗弯截面模量 W_z 不但与横截面的面积 A 有关，而且与梁的截面形状有关。当梁的跨度一定时，材料用量的多少只取决于横截面的面积 A，而与截面形状无关，即梁的横截面的面积 A 越大，材料用量越多。如上所述，在其他条件不变时，W_z 越大，梁的强度就越高；A 越小，材料用量越少。因此，用 W_z/A 来评价梁横截面形状的经济合理性。W_z/A 大，表明在相同的横截面面积 A 下，横截面的抗弯截面模量 W_z 大，即在相同的材料用量条件下，梁的承载能力高；换言之，W_z/A 大，表明在相同的抗弯截面模量 W_z 下，横截面面积 A 小，即在同样的强度(承受同样的载荷)条件下，梁的材料用量少，经济性高。

横梁选用矩形截面比正方形截面更为经济合理，分析如下。

设正方形和矩形截面的面积均为 A，正方形边长为 a，矩形的高和宽分别为 h 和 b，若取 $h=3b$，则有 $A=a^2=bh=3b^2$，即 $b = \dfrac{\sqrt{3}}{3}a$，则两截面的抗弯截面模量分别为

$$W_{z正方形} = \frac{a^3}{6}$$

$$W_{z长方形} = \frac{bh^2}{6} = \frac{b(3b)^2}{6} = \frac{3b^3}{2} = \frac{3}{2}\left(\frac{\sqrt{3}a}{3}\right)^3 = \frac{\sqrt{3}}{6}a^3$$

$$\frac{W_{z长方形}}{A} \bigg/ \frac{W_{z正方形}}{A} = \frac{\sqrt{3}a^3}{6} \bigg/ \frac{a^3}{6} = \sqrt{3} = 1.732$$

可见，矩形截面的 W_z/A 比正方形截面的 W_z/A 大，说明选用矩形截面是经济合理的。

梁的几种常见截面形状的抗弯截面模量与横截面面积之比 W_z/A 见表 5-1。可见，工字型截面的 W_z/A 最大，承载能力最高，而圆形截面的 W_z/A 最小，承载能力最低。由于矩形截面的 W_z/A 较大，且便于加工制造，所以现代建筑中的横梁一般采用矩形截面。

由梁横截面上应力的分布特点可知，在中性轴处应力最小(为 0)，越远离中性轴，应力越大。为适应截面上应力分布不均匀这一特点，使梁的材料得到充分利用，在横截面的面积不变的情况下，应该使应力小的地方面积小，而应力大的地方面积大，即靠近中性轴处的面积尽量小，远离中性轴处的面积尽量大。工字型截面符合这一要求，截面的抗弯截面模量 W_z 大，使 W_z/A 大，从而提高了整个截面的承载能力，因而经济合理；而圆形截面则与上述要求相反，因而不合理。这正是现代工程结构中的钢梁常采用工字型截面或槽形截面的原因。

表 5-1　几种常见截面形状的抗弯截面模量与横截面面积之比

截面形状	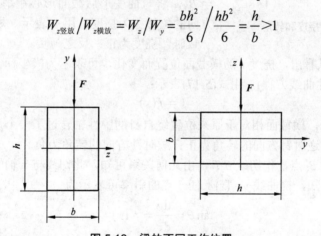		
W_z/A	1.5	1	0.84
截面形状			
W_z/A	1.61	6.68	6.45

5.5.2　梁的合理工作位置

梁的承载能力除与截面形状有关以外，还与梁的承载方向有关。当梁处于不同的工作位置时，其承载方向不同，对应的 W_z 不同，因而承载能力不同。例如对于图 5.18 所示的矩形截面($h>b$)，竖放与横放时，横截面积均为 A，两者的 W_z 之比为

$$W_{z竖放}\big/W_{z横放} = W_z\big/W_y = \frac{bh^2}{6}\bigg/\frac{hb^2}{6} = \frac{h}{b} > 1$$

图 5.18　梁的不同工作位置

由上式可知，竖放时的 W_z 大于横放时的 W_z，说明对于矩形截面梁，竖放时比横放时的承载能力高，这就是建筑上常将矩形截面梁竖放的原因所在。

5.5.3　梁的合理支座位置

梁的支座位置不同，支座处的反力不同，造成梁横截面上的最大弯矩 M_{max} 不同。由弯曲强度条件 $\sigma_{max} = \dfrac{M_{max}}{W_z} \leqslant [\sigma]$ 可知，当抗弯截面模量 W_z 一定时，M_{max} 越小，弯曲正应力就

越小，即梁的强度就越高。因此在设计梁的支座位置时，应尽量使梁具有最小的 M_{max}。如设计卧式容器上鞍式支座的位置时，就必须考虑到这一点。

5.6　梁的变形

工程上应用的梁，不但需要满足强度条件，而且还需满足刚度条件，即把梁的变形控制在允许的范围内，否则就会影响梁的正常工作。例如，车床主轴弯曲变形过大，会影响零件的加工精度；化工生产中，支承塔板的钢梁变形过大，将引起塔板弯曲，导致塔板上的液面深浅不一，从而造成气流分布不均，降低塔板效率；管道弯曲过大，会影响管道内物料的正常输送，出现积液、沉淀等现象。因此，有必要对梁的变形进行研究。

梁弯曲变形的基本量为挠度和转角。

5.6.1　梁的挠度和转角

1. 挠曲线

如图 5.19 所示，悬臂梁在自由端的集中力 F 的作用下，发生弯曲变形，梁的轴线由原

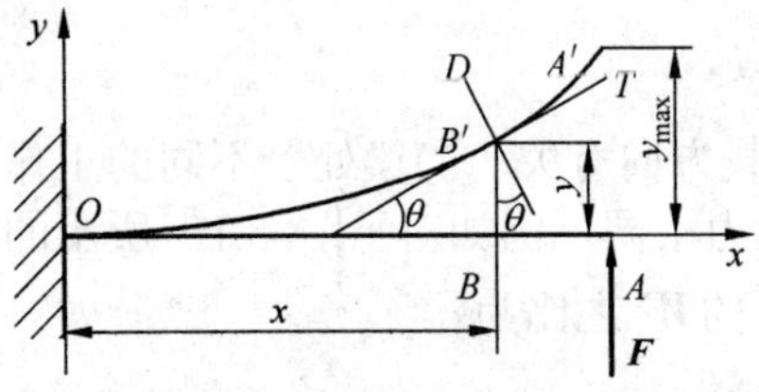

图 5.19　梁的挠度和转角

来的直线 OA 变为曲线 OA'，这条曲线称为挠曲线，又称弹性曲线。

2. 挠度和转角

在距固定端 O 为 x 的 B 处的截面形心 B 变形后移至 B'，将弯曲变形后截面形心在垂直于梁轴线(x 轴)方向的位移称为挠度，用 y 表示。规定：与 y 轴方向一致时，挠度为正；反之为负。

由图 5.19 可以看出，挠度 y 随横截面位置而变化，可表示为横坐标 x 的函数，称为挠曲线方程(又称弹性曲线方程)，用式(5-17)表示：

$$y = f(x) \tag{5-17}$$

梁弯曲变形后，横截面相对于原来位置绕自身的中性轴转过了一个角度 θ，称为该截面的转角。规定：逆时针方向的转角为正；顺时针方向的转角为负。

过挠曲线上的 B' 点，作切线 $B'T$，由几何关系可知，此切线与 x 轴的夹角，就等于转角 θ。由微分学可知，挠曲线 $y=f(x)$ 上任一点的斜率可表示为

$$\tan\theta = \frac{\mathrm{d}y}{\mathrm{d}x} = f'(x)$$

在工程实际中，梁的变形很小，转角 θ 极小，属于小变形，可认为 $\tan\theta \approx \theta$，则

$$\theta = \frac{\mathrm{d}y}{\mathrm{d}x} = f'(x) \tag{5-18}$$

式(5-18)说明，梁上任一点的截面转角等于挠曲线上对应点的斜率。可见，若已知梁的挠曲线方程 $y = f(x)$，就可以利用式(5-17)和式(5-18)求得相应的挠度和转角。

5.6.2　梁的挠度和转角的求取

求取梁的挠度和转角常用近似挠曲微分方程法和叠加法。

1. 近似挠曲微分方程法

要计算梁的挠度和转角，必须得到梁的挠曲线方程，而得到精确的挠曲线方程较为困难，方程式也较为复杂。在工程上，常利用小变形原理推得梁的近似挠曲微分方程，进而得到挠度方程和转角方程，即

$$\theta = \frac{\mathrm{d}y}{\mathrm{d}x} = \frac{1}{EI_z}\int M(x)\mathrm{d}x + C \tag{5-19}$$

$$y = \frac{1}{EI_z}\iint M(x)\mathrm{d}x\mathrm{d}x + Cx + D \tag{5-20}$$

上述两个公式中的积分常数 C 和 D 可通过梁的边界条件或变形条件确定。例如，悬臂梁固定端的边界条件是：挠度 $y=0$，转角 $\theta=0$；铰链支座处的边界条件是：挠度 $y=0$。

一般地，在计算梁的弯曲变形时，都可以由边界条件确定出积分常数。一旦确定了积分常数，就可以根据式(5-19)和式(5-20)确定梁的转角方程和挠度方程，进而得到梁上任一截面的转角和挠度。

为便于计算，将常见梁在一些简单载荷作用下的弯曲变形情况列于表 5-2 中，计算时可以直接从表中查取。

表 5-2　几种简单载荷作用下梁的挠度和转角

梁的类型和载荷	挠曲线方程	梁端转角	最大挠度
	$y = -\dfrac{Fx^2}{6EI_z}(3l-x)$	$\theta = -\dfrac{Fl^2}{2EI_z}$	$y_{\max} = -\dfrac{Fl^3}{3EI_z}$
	$y = -\dfrac{Fx^2}{6EI_z}(3c-x),0\leqslant x\leqslant c$ $y = -\dfrac{Fc^2}{6EI_z}(3x-c), c\leqslant x\leqslant l$	$\theta = -\dfrac{Fc^2}{2EI_z}$	$y_{\max} = -\dfrac{Fc^2}{6EI_z}(3l-c)$
	$y = -\dfrac{qx^2}{24EI_z}\left(x^2+6l^2-4lx\right)$	$\theta = -\dfrac{ql^3}{6EI_z}$	$y_{\max} = -\dfrac{ql^4}{8EI_z}$
	$y = -\dfrac{mx^2}{2EI_z}$	$\theta = -\dfrac{ml}{EI_z}$	$y_{\max} = -\dfrac{ml^2}{2EI_z}$
	$y = -\dfrac{Fx}{48EI_z}(3l^2-4x^2)$ $0\leqslant x\leqslant \dfrac{l}{2}$	$\theta_1 = -\theta_2$ $= -\dfrac{Fl^2}{16EI_z}$	$y_{\max} = -\dfrac{Fl^3}{48EI_z}$
	$y = -\dfrac{Fbx}{6lEI_z}(l^2-x^2-b^2)$ $0\leqslant x\leqslant a$ $y = -\dfrac{Fb}{6lEI_z}\big[(l^2-b^2)x-x^3$ $+\dfrac{1}{b}(x-a)^3\big],\ a\leqslant x\leqslant l$	$\theta_1 = -\dfrac{Fab(l+b)}{6lEI_z}$ $\theta_2 = \dfrac{Fab(l+a)}{6lEI_z}$	若 $a>b$，在 $x = \sqrt{\dfrac{l^2-b^2}{3}}$ 处， $y_{\max} = -\dfrac{\sqrt{3}Fb}{27lEI_z}(l^2-b^2)^{\frac{3}{2}}$

续表

梁的类型和载荷	挠曲线方程	梁端转角	最大挠度
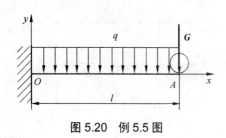	$y = -\dfrac{qx}{24EI_z}(l^3 - 2lx^2 + x^3)$	$\theta_1 = -\theta_2$ $= -\dfrac{ql^3}{24EI_z}$	$y_{max} = -\dfrac{5ql^4}{384EI_z}$
	$y = -\dfrac{mx}{6lEI_z}(l^2 - x^2)$	$\theta_1 = -\dfrac{ml}{6EI_z}$ $\theta_2 = \dfrac{ml}{3EI_z}$	在 $x = \dfrac{\sqrt{3}}{3}l$ 处, $y_{max} = -\dfrac{\sqrt{3}ml^2}{27EI_z}$

2. 叠加法

当梁同时受到几个载荷作用时，可认为由每一载荷所引起的变形，不受其他载荷的影响。梁的变形等于每一载荷单独作用下所产生的变形的代数和，这就是梁的变形叠加法。

在利用叠加法求取梁的转角和挠度时，对于每一载荷单独作用下所产生的变形，可直接从表 5-2 或相关手册查取，计算简单、快捷。当无法直接获取某些载荷单独作用下所产生的变形时，只有通过挠曲近似微分方程法来进行计算。

【例 5.5】 图 5.20 所示支承管道的悬臂梁 OA，已知管道的重力 G，梁的长度 l，梁的抗弯刚度 EI_z，若考虑悬臂梁的自重 q，试求该梁的最大挠度和最大转角。

解： 由表 5-2 可知，悬臂梁在自重 q 和管道重力 G 单独作用下，在自由端 A 处两者均有最大的挠度和转角，分别为

$$y_{Aq} = -\frac{ql^4}{8EI_z} \qquad \theta_{Aq} = -\frac{ql^3}{6EI_z}$$

$$y_{AG} = -\frac{Gl^3}{3EI_z} \qquad \theta_{AG} = -\frac{Gl^2}{2EI_z}$$

图 5.20　例 5.5 图

则该梁在自重 q 和管道重力 G 共同作用下的最大挠度和最大转角必然也在自由端 A 处，故该梁的最大挠度和最大转角分别为

$$y_{max} = y_{Aq} + y_{AG} = -\frac{ql^4}{8EI_z} - \frac{Gl^3}{3EI_z} = -\frac{l^3}{24EI_z}(8G + 3ql)$$

$$\theta_{max} = \theta_{Aq} + \theta_{AG} = -\frac{ql^3}{6EI_z} - \frac{Gl^2}{2EI_z} = -\frac{l^2}{6EI_z}(3G + ql)$$

5.6.3　梁的刚度校核及提高梁弯曲刚度的措施

1. 梁的刚度校核

如前所述，如果梁的弯曲变形过大，就会影响零件的加工精度、机器的正常工作等。因此在工程设计中，一般先按强度条件确定出梁的截面尺寸，然后再进行刚度校核。刚度校核的目的是：控制梁的弯曲变形，使其最大挠度和最大转角在允许的范围内。梁的刚度条件为

$$y_{max} \leqslant [y] \tag{5-21}$$

$$\theta_{max} \leqslant [\theta] \tag{5-22}$$

式中，[y]为许用挠度(mm)；[θ]为许用转角(rad)。根据构件的工作条件，[y]和[θ]的取值可有不同的要求。例如，架空管道$[y]=\dfrac{l}{500}$；一般塔器$[y]=\left(\dfrac{1}{500}\sim\dfrac{1}{1000}\right)h$，其中 h 为塔高；一般转轴$[y]=(0.0003\sim0.0005)l$；转轴装有齿轮处的截面，其许用转角$[θ]=0.001\text{rad}$；转轴在滚动轴承处的截面，$[θ]=(0.0016\sim0.0075)\text{rad}$ 等。其他情况可查阅有关手册。

2. 提高梁弯曲刚度的措施

由表 5-2 可以看出，所列梁的挠曲线方程、梁端转角和最大挠度的计算式中，梁的抗弯刚度 EI_z 均在计算式的分母上。可见，增大梁的抗弯刚度 EI_z 会减小梁的变形，提高梁的弯曲刚度。梁的跨度 l 均处于计算式的分子上，可见，减小梁的跨度 l 也会减小梁的变形，即提高梁的弯曲刚度。因此，提高梁弯曲刚度的措施可归结为：减小梁的跨度 l 和增大梁的抗弯刚度 EI_z。

在通过增大梁的抗弯刚度 EI_z 以提高梁的弯曲刚度时，由于各种钢材的 E 值相差不大，因此，不能靠采用优质钢的方法，而要靠提高梁截面的轴惯性矩 I_z 的措施来提高梁的弯曲刚度。

由于梁的变形往往与 l、l^2、l^3、l^4 成正比，因此通过减小梁的跨度 l 来提高梁的弯曲刚度，效果很显著。

本 章 小 结

本章对梁的弯曲变形作了讨论和研究，包括梁的类型、梁横截面上内力的求取、弯曲正应力的计算、强度计算、梁的变形和刚度计算等。

梁分为简支梁、外伸梁和悬臂梁 3 种类型。

梁横截面上的内力是弯矩和剪力，可通过直接计算法求得。它们是进行梁的强度计算和刚度计算的基础。

纯弯曲梁横截面上只有正应力而无剪应力；正应力沿截面分布不均匀，与距中性轴的距离和截面对中性轴的轴惯性矩等有关；最大正应力在边缘。

梁弯曲时的强度条件是：$\sigma_{\max}=\dfrac{M_{\max}}{W_z}\leqslant[\sigma]$，应用强度条件可以解决 3 个方面的问题：校核梁的强度；确定梁的截面形状和最小尺寸；确定梁的最大许用载荷。

提高梁的强度(承载能力)的措施是：选用合理的截面形状和工作位置，以使梁的 W_z/A 大；合理布置支座位置。

度量梁弯曲变形的基本量是挠度和转角，可通过近似挠曲微分方程法或叠加法求取。

梁的刚度计算就是把梁的最大挠度和转角控制在允许的范围内。提高梁弯曲刚度的措施是：减小梁的跨度 l 和增大梁的抗弯刚度 EI_z。

本章的教学目标是使学生掌握梁弯曲的基本概念，学会绘制剪力图和弯矩图，熟练掌握纯弯曲梁的相关计算，学会合理地选择梁的截面和布置支座位置，了解梁的弯曲变形。

推荐阅读资料

1. 孙训方，方孝淑，关来泰. 材料力学(Ⅱ). 4版. 北京: 高等教育出版社，2006.
2. 范钦珊. 材料力学. 北京: 高等教育出版社，2005.
3. 韩志军，顾铁凤. 工程力学. 北京: 科学出版社，2011.
4. 潘永亮. 化工设备机械基础. 北京: 科学出版社，2008.
5. 赵军，张有忱，段成红. 化工设备机械基础. 北京: 化学工业出版社，2007.

习　题

一、简答题

5-1　受弯杆件的受力和变形各有何特点？

5-2　什么叫平面弯曲？

5-3　什么叫梁？分为哪几类？

5-4　梁横截面上的内力是什么？如何求取梁横截面上的内力？

5-5　试简述剪力图和弯矩图的绘制过程。

5-6　什么叫平面假设？

5-7　什么是纯弯曲和剪切弯曲？

5-8　试简述梁纯弯曲时横截面上的应力分布特点。

5-9　弯曲正应力计算式的使用条件是什么？

5-10　如何对梁的截面进行合理选择？

5-11　矩形截面梁为什么要竖直放置？

5-12　从力学角度看，圆形截面梁与工字型截面梁相比，哪一个较好？为什么？

5-13　在对梁进行设计时，选用不同的截面形状会对梁的承载能力和经济性等产生影响吗？

5-14　描述梁弯曲变形的基本物理量是什么？

5-15　如何求梁的变形？

5-16　提高梁弯曲刚度的措施有哪些？

二、计算题

5-1　画出图 5.21 中所示各梁的剪力图和弯矩图，求出最大剪力 Q_{max} 及最大弯矩 M_{max}，并指出 Q_{max} 和 M_{max} 所处的截面位置。

5-2　图 5.22 所示的简支梁 AB 由 20b 普通工字钢制成。已知其上 AC 段所受均布载荷 $q=10kN/m$，中部所受的集中力 $F=5kN$，梁的长度 $l=6m$，材料的许用应力 $[\sigma]=120MPa$，20b 工字钢的抗弯截面模量 $W_z=2.5\times10^5mm^3$。试校核该梁的强度。

5-3　一矩形截面梁受力如图 5.23 所示。已知 $F=10kN$，$m=40\,kN\cdot m$，$h/b=2$，材料的许用应力 $[\sigma]=100MPa$。试确定梁的截面尺寸 h 和 b。

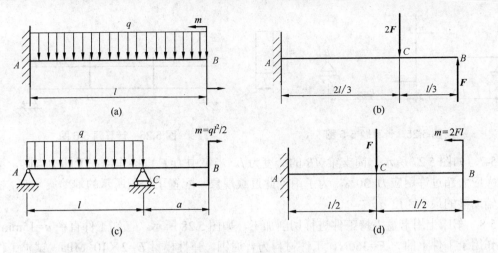

图 5.21　计算题 5-1 图

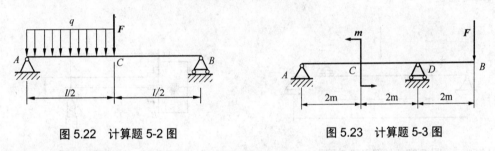

图 5.22　计算题 5-2 图　　　　　　　　　图 5.23　计算题 5-3 图

5-4　一个卧式储罐，如图 5.24(a)所示。该储罐内径 D_i=1600mm，壁厚 δ=20mm，封头高 h=450mm，两鞍座之间的跨度 l=8m，支座至筒体端部的距离 a=1m。储罐内液体及其自重可简化为均布载荷，其值 q=28kN/m，如图 5.24(b)所示。试求罐体上的最大弯矩和弯曲应力。

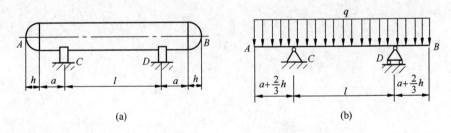

图 5.24　计算题 5-4 图

5-5　一矩形截面简支梁如图 5.25 所示，梁的中部受集中载荷 F=45kN 和力偶 m=40kN·m 的作用。梁的长度 l=4m，材料的许用应力[σ]=7MPa，矩形截面的高宽比 h/b=3。试确定该梁的最小截面尺寸。

5-6　有一圆形截面木梁如图 5.26 所示，梁的跨度 l=6m，直径 d=400mm，材料的许用应力[σ]=8MPa。试求该梁所能承受的最大载荷 F。

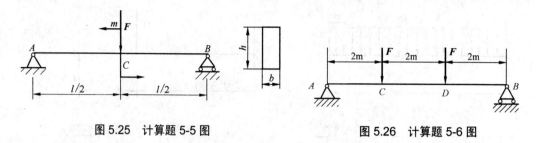

图 5.25   计算题 5-5 图   图 5.26   计算题 5-6 图

5-7   如图 5.27 所示，简支梁 *AB* 的跨度为 *l*。当集中力 *F* 直接作用在梁的中点时，梁内最大应力超过许用应力 30%，为了消除此过载现象，配置了如图所示的辅助梁 *CD*。试求此辅助梁的最小跨度 *a*。

5-8   车床上用卡盘夹持工件进行切削加工，如图 5.28 所示。已知工件直径 $d=15$mm，车刀作用于工件上的力 $F=360$N，工件材料为普通钢，弹性模量 $E=2\times10^5$ MPa。试求工件端点处的挠度。

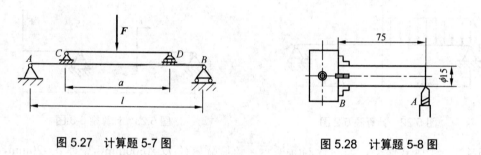

图 5.27   计算题 5-7 图   图 5.28   计算题 5-8 图

第6章 复杂应力状态与强度理论

教学目标

通过本章的学习，掌握应力状态的概念，学会对复杂应力状态进行应力分析，熟悉常用的强度理论，掌握组合变形的确定方法，熟练掌握应用常用强度理论及其强度条件对弯曲与拉伸(压缩)组合变形和弯曲与扭转组合变形进行强度计算。

教学要求

能力目标	知识要点	权重	自测分数
掌握应力状态的概念	应力状态的概念	15%	
学会对复杂应力状态进行应力分析	复杂应力状态的应力分析	20%	
熟悉常用的强度理论	常用的强度理论及其强度条件	15%	
掌握组合变形的确定方法	组合变形的确定	10%	
熟练掌握应用常用强度理论及其强度条件对弯曲与拉伸(压缩)组合变形和弯曲与扭转组合变形进行强度计算	弯曲与拉伸(压缩)组合变形和弯曲与扭转组合变形的强度计算	40%	

引例

在工程实际中，有许多构件在载荷作用下，常产生两种或两种以上的基本变形，这种情况称为组合变形。

案例：起重机的吊臂(横梁)在拉杆和起吊重物及自重作用下会发生压弯组合变形，如果设计不当、操作不当或起吊重物过载，就会使吊臂(横梁)断裂弯曲而坍塌，造成人员伤亡和经济损失。如某建设工业有限公司汽车件分公司金属结构厂在进行钢板吊装过程中，工人违章作业，用限载 3 吨的塔式起重机起吊 9.6 吨货物，致使塔吊在严重超载情况下吊臂根部断裂并脱落，造成了一起死亡事故。

6.1 应力状态的概念

在讨论分析纯弯曲的强度计算时，由于其横截面上只有正应力而无剪应力，故强度条件是以离中性轴最远边缘的正应力为基础建立的。对于剪切弯曲，横截面上既有弯矩，又有剪力，则除边缘和中性轴外，横截面上必然存在正应力和剪应力。如果对这些点进行强度计算，不能分别按正应力和剪应力建立强度条件。这就要全面分析构件内任一点处各个截面的应力，按强度理论建立强度条件，再进行相关计算。从直杆的拉伸和压缩的应力分析可知，直杆受到轴向拉伸(压缩)载荷时，横截面上只有正应力，且各点正应力相等；而在同一点斜截面上既有正应力又有剪应力，且不同方位斜截面上的应力也不相同。下面首先讨论这一问题。

6.1.1　直杆受轴向拉伸或压缩载荷时斜截面上的应力

1. 应力计算式

如图 6.1(a)所示，杆件两端作用着轴向力 F，其上有一个斜截面 m—m，外法线方向为 n，斜截面与横截面夹角为 α(指斜截面外法线 n 与 x 轴正向夹角，又称斜截面的方位角。规定：从 x 轴起，转至与外法线 n 重合，逆时针转过的角度为正值，顺时针转过的角度为负值)。显然，斜截面上的内力 $N=F$。设横截面的面积 A，则斜截面的面积 $A_\alpha=A/\cos\alpha$，斜截面上应力 p_α，如图 6.1(b)所示，则

$$p_\alpha = \frac{F}{A_\alpha} = \frac{F}{A/\cos\alpha} = \frac{F}{A}\cos\alpha = \sigma\cos\alpha$$

式中，σ 为横截面上的正应力(MPa)。

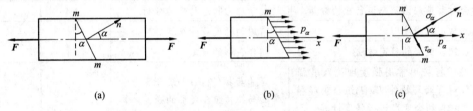

(a)　　　　　　　　　(b)　　　　　　　　　(c)

图 6.1　斜截面上的应力

将 p_α 分解为垂直于斜截面(外法线方向)的正应力 σ_α 和切于斜截面(切线方向)的剪应力 τ_α，如图 6.1(c)所示。表达式为

$$\sigma_\alpha = p_\alpha\cos\alpha = \sigma\cos^2\alpha \tag{6-1}$$

$$\tau_\alpha = p_\alpha\sin\alpha = \sigma\cos\alpha\sin\alpha = \frac{\sigma}{2}\sin 2\alpha \tag{6-2}$$

2. 分析讨论

(1) 直杆受轴向拉伸或压缩载荷时斜截面上既有正应力 σ_α，又有剪应力 τ_α，其大小随方位角 α 而变化，分别按式(6-1)和式(6-2)计算。

(2) 由式(6-1)知，当 $\cos^2\alpha=1$ 时，$\sigma_\alpha=\sigma$，$\tau_\alpha=0$，即最大正应力 σ_{max} 在横截面($\alpha=0°$)上，其值为横截面上的正应力 σ。

(3) 由式(6-2)知，当 $\sin 2\alpha=1$ 时，$\tau_\alpha=\sigma/2$，即最大剪应力 τ_{max} 在 $\alpha=45°$ 的斜截面上，其值为横截面上正应力 σ 的一半。

(4) 剪应力互等原理。当斜截面的方位角为 $\alpha+90°$ 时，由式(6-2)知，$\tau_{\alpha+90°}=\dfrac{\sigma}{2}\sin 2$

$(\alpha+90°)=-\dfrac{\sigma}{2}\sin 2\alpha=-\tau_\alpha$，即两相互垂直的截面上的剪应力大小相等，符号相反("背对背"或"面对面")，如图 6.2 所示。

(5) 剪应力的正负号。规定剪应力 τ 逆时针旋转 90° 与截面外法线方向一致时为正，而剪应力 τ 顺时针旋转 90° 与截面外法线方向一致时为负。图 6.2 所示左侧截面上的剪应力 τ 逆时针旋转 90° 与该截面外法线 n 相一致，则左侧截面上的剪应力 τ 为正值。而上侧截面上的剪应力 τ 顺时针方向旋转 90° 与该截面外法线相一致，则上侧截面的剪应力 τ 为负值。与剪应力互等原理相吻合。

图 6.2 剪应力互等

6.1.2 一点的应力状态与单元体

1. 一点的应力状态

从上面的分析可知，斜截面上的正应力和剪应力随斜截面的方位角的变化而变化。过杆内任一点可作无数多个不同方位的截面，每一截面上的应力的大小和方向也随方位角的变化而变化。因此，在对某一点的应力状态进行研究时，应该全面分析过该点所作的各个截面在该点的应力状况。一点的应力状态是指过该点所有截面上应力的全部情况。

2. 单元体

为了便于研究，人们围绕所研究的点，如图 6.3 所示的 k 点，取出一个边长无限小的正六面体对该点的应力进行分析，则这个正六面体称为该点的单元体。单元体上的平面都是构件对应截面的一部分。显然，当单元体的边长无限趋近于零时，单元体就无限趋近于该点。因此，单元体上的应力即代表了该点的应力状态。

根据静力平衡条件，并考虑到单元体的几何对称性可知，单元体相对两面上的应力必然大小相等、方向相反。因此，只需研究单元体上 6 个面中 3 个面的应力状况，即可描述该点的应力状态。

6.1.3 主平面与主应力

过某点的单元体有无数个。由弹性理论可以证明，总有一个单元体，其上 3 对平面上只有正应力 σ，而没有剪应力 τ，或没有应力。只有正应力 σ 而无剪应力 τ 的平面称为主平面，主平面上的正应力 σ 称为主应力。

由于主平面上只有正应力 σ 而无剪应力 τ，因此可以用由 3 对主平面构成的单元体来表示一点的应力状态。根据静力平衡条件和单元体的几何对称性可知，单元体上最多有 3 个主应力，则用单元体上的 3 个主应力就可以描述该点的应力状态，如图 6.4 所示。

3 个主应力分别用 σ_1、σ_2 和 σ_3 表示，规定主应力的编号按应力代数值的大小进行排序，即

$$\sigma_1 > \sigma_2 > \sigma_3 \tag{6-3}$$

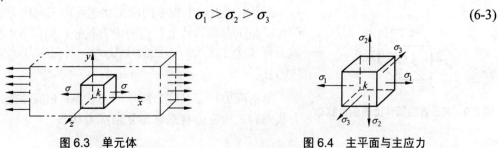

图 6.3 单元体   图 6.4 主平面与主应力

6.1.4　应力状态分类

构件内各点的应力状态与其上所受的力有关，按照 3 个主应力中不等于零的数目，可将一点的应力状态分成 3 类。

1.　单向应力状态

只有 1 个主应力不为零的应力状态称为单向应力状态。例如，受轴向拉伸(压缩)的直杆和纯弯曲的直梁，只有横截面上的主应力不为零，其他截面上的主应力均为零，其上各点的应力状态均为单向应力状态，如图 6.5 和图 6.6 所示。

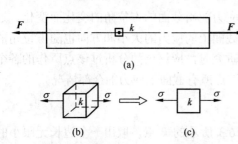

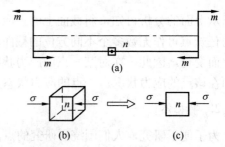

图 6.5　受拉直杆上 k 点的应力状态　　　　　图 6.6　纯弯曲杆件受压侧 n 点的应力状态

2.　二向应力状态

有 2 个主应力不为零的应力状态称为二向应力状态，又称平面应力状态。例如，受扭转的圆轴除轴线上各点外其他各点的应力状态，如图 6.7 所示。又如，受内压作用的薄壁容器上各点的应力状态，如图 6.8 所示。

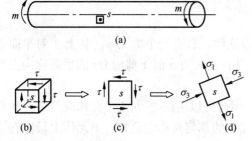

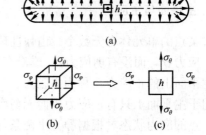

图 6.7　受扭杆件表面 s 点的应力状态　　　　图 6.8　受内压薄壁容器器壁上 h 点的应力状态

3.　三向应力状态

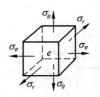

图 6.9　高压容器筒体上的应力状态

3 个主应力均不为零的应力状态称为三向应力状态。例如，高压容器筒体上各点的应力状态，如图 6.9 所示，其上有 3 个主应力，即经向应力 σ_φ、周向应力 σ_θ 和径向应力 σ_r。

单向应力状态又称为简单应力状态；相应地把二向应力状态和三向应力状态称为复杂应力状态。

6.2　二向应力状态分析

6.2.1　二向应力状态下斜截面上应力的计算

二向应力状态下的单元体 *abcd* 上作用着的应力为 σ_x、σ_y、τ_x 和 τ_y，如图 6.10(a)所示。根据截面法求得该单元体上任一斜截面 *ef* 上的应力，进而确定其上的主应力。

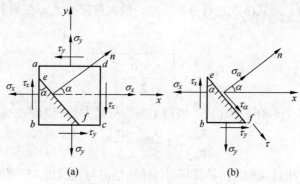

(a)　　　　　　　　　　　(b)

图 6.10　平面应力状态的分析

设斜截面 *ef* 的外法线与 *x* 轴夹角为 α，斜截面上的正应力为 σ_α，剪应力为 τ_α，如图6.10(b)所示。取斜截面外法线方向 *n* 和切线方向 τ 为坐标轴，建立坐标系，根据静力平衡，$\sum F_n = 0$ 和 $\sum F_\tau = 0$，并应用剪应力互等原理（$\tau_x = \tau_y$）可推得二向应力状态下斜截面上应力的计算公式，即

$$\sigma_\alpha = \frac{\sigma_x + \sigma_y}{2} + \frac{\sigma_x - \sigma_y}{2}\cos 2\alpha - \tau_x \sin 2\alpha \tag{6-4}$$

$$\tau_\alpha = \frac{\sigma_x - \sigma_y}{2}\sin 2\alpha + \tau_x \cos 2\alpha \tag{6-5}$$

只要已知单元体上的 σ_x、σ_y 和 τ_x 的数值，即可按式(6-4)和式(6-5)求取任一方位角 α 处斜截面上的正应力 σ_α 和剪应力 τ_α。

在单向应力状态下，$\sigma_y = 0$，$\tau_x = 0$，则式(6-4)和式(6-5)变为 $\sigma_\alpha = \sigma_x \cos^2 a$ 和 $\tau_\alpha = \dfrac{\sigma_x}{2}\sin 2\alpha$，这正是直杆受拉伸(压缩)载荷时斜截面上的应力计算公式。

6.2.2　二向应力状态下主应力和最大剪应力的计算

通过对式(6-4)和式(6-5)求导数的方法可得到二向应力状态下主应力和最大剪应力的计算公式。

对式(6-4)中的变量 α 求一阶导数，使 $\dfrac{\mathrm{d}\sigma_\alpha}{\mathrm{d}\alpha} = 0$，可得满足极值条件时的方位角 α_0 和 $\alpha_0 + \pi/2$，由式(6-6)求出，分别对应着两个互相垂直的主平面，即

$$\tan 2\alpha_0 = \frac{-2\tau_x}{\sigma_x - \sigma_y} \tag{6-6}$$

将 α_0 和 $\alpha_0 + \pi/2$ 代入式(6-4)中，可得二向应力状态下的 2 个主应力

$$\begin{matrix} \sigma_{\max} \\ \sigma_{\min} \end{matrix} = \frac{\sigma_x + \sigma_y}{2} \pm \sqrt{\left(\frac{\sigma_x - \sigma_y}{2}\right)^2 + \tau_x^2} \qquad (6\text{-}7)$$

应该注意：如果利用式(6-7)计算所得的两个极值都是正值，则主应力分别用 σ_1 和 σ_2 表示；如果所得的两个极值一个是正值，另一个是负值，则主应力分别用 σ_1 和 σ_3 表示；如果所得的两个极值都是负值，则主应力分别用 σ_2 和 σ_3 表示。

同理，令 $\dfrac{\mathrm{d}\tau_\alpha}{\mathrm{d}\alpha} = 0$，对式(6-5)进行分析可知，最大剪应力 $\tau_{\max}$ 在与主平面成 $45°$ 的斜截面上，其值为

$$\begin{matrix} \tau_{\max} \\ \tau_{\min} \end{matrix} = \pm \sqrt{\left(\frac{\sigma_x - \sigma_y}{2}\right)^2 + \tau_x^2} \qquad (6\text{-}8)$$

通过对式(6-7)和式(6-8)进行比较，可得主应力与最大剪应力的关系式为

$$\begin{matrix} \tau_{\max} \\ \tau_{\min} \end{matrix} = \pm \frac{\sigma_{\max} - \sigma_{\min}}{2} \qquad (6\text{-}9)$$

对铸铁圆轴进行扭转实验，扭转破坏时，往往是沿与轴线成 $45°$ 的螺旋面上发生断裂。下面从力学角度分析解释发生这种破坏现象的原因。

圆轴在纯扭转时，其横截面上的应力只有剪应力，最大切应力发生在圆轴的表面处，如图 6.7 所示。取水平向右为 x 轴正向，垂直向上为 y 轴正向，单元体上 4 个面上有剪应力 τ，其中 $\sigma_x = 0$，$\sigma_y = 0$，$\tau_x = \tau$，代入式(6-6)得

$$\tan 2\alpha_0 = \frac{-2\tau_x}{\sigma_x - \sigma_y} = \frac{-2 \times \tau}{0 - 0} = \frac{\tau}{0} \to \infty$$

由于上面的正切值趋于无穷大，则有 $2\alpha_0 = 90°$，即 $\alpha_0 = 45°$。表明主平面为与轴线成 $45°$ 的斜截面，其上的主应力最大。

铸铁为典型的脆性材料，抗拉能力较差，扭转破坏时往往是由与轴线成 $45°$ 的斜截面上的最大拉应力 σ_1 使圆轴沿与轴线成 $45°$ 的螺旋面上发生拉断。

6.3　三向应力状态与广义胡克定律

6.3.1　三向应力状态下的应力计算

对于三向应力状态，有 3 个主平面，对应的有 3 个主应力。可以证明，三向应力状态的主应力也是正应力的极值应力，此时 $\sigma_1 = \sigma_{\max}$，$\sigma_3 = \sigma_{\min}$。而最大剪应力的计算式为

$$\tau_{\max} = \frac{\sigma_1 - \sigma_3}{2} \qquad (6\text{-}10)$$

在对三向应力状态进行分析时，主应力的计算十分重要，只有求取了主应力，才可以计算主平面的方位角和最大剪应力。一般情况下三向应力状态属三维问题，其主应力的计算非常烦琐，主应力的值是一元三次应力特征方程的根，可利用三角函数关系变换成计算公式。工程上常用的图解法(三维莫尔圆)等只能得到近似值。运用 Matlab 编程进行应力分析可方便快捷地得到精确解。有关三向应力状态下主应力的相关计算这里从略。

6.3.2　广义胡克定律

单向应力状态下的轴向受拉直杆，在弹性变形范围内，其轴向应变 ε 与横截面上的正应力 σ 的关系用胡克定律表示，即 $\varepsilon = \sigma / E$。

直杆轴向伸长的同时，其横向尺寸必然缩短，横向应变用 ε' 表示。在弹性变形范围内，ε' 与 ε 两者绝对值之比为一常数，称为泊松比，用 μ 表示，即 $\mu = \left| \dfrac{\varepsilon'}{\varepsilon} \right|$。考虑到 ε 与 ε' 符号相反，有

$$\varepsilon' = -\mu\varepsilon \tag{6-11}$$

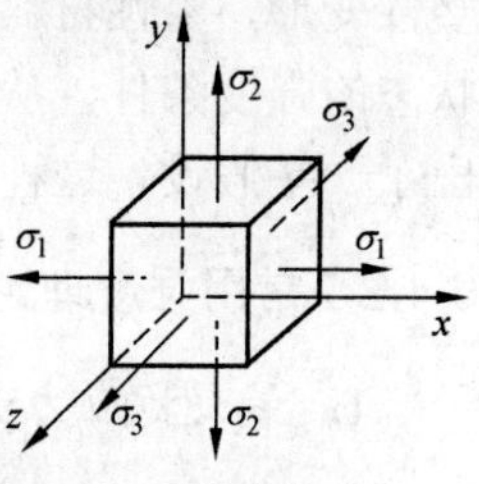

复杂应力状态下的单元体如图 6.11 所示。为便于分析，取主应力 σ_1、σ_2 和 σ_3 分别与坐标轴 x、y 和 z 方向一致，单元体在主应力 σ_1、σ_2 和 σ_3 共同作用下，在 x、y 和 z 方向的总应变分别为 3 个主应力单独作用时在相应方向所产生应变的代数和。利用单向应力状态下的胡克定律和式(6-11)可推得复杂应力状态下应力与应变的关系，即广义胡克定律：

图 6.11　三向应力状态

$$\left. \begin{aligned} \varepsilon_1 &= \frac{1}{E}\left[\sigma_1 - \mu(\sigma_2 + \sigma_3)\right] \\ \varepsilon_2 &= \frac{1}{E}\left[\sigma_2 - \mu(\sigma_1 + \sigma_3)\right] \\ \varepsilon_3 &= \frac{1}{E}\left[\sigma_3 - \mu(\sigma_1 + \sigma_2)\right] \end{aligned} \right\} \tag{6-12}$$

式(6-12)中的 ε_1、ε_2 和 ε_3 称为主应变。

6.4　强　度　理　论

6.4.1　强度理论的概念

1. 材料的失效形式

把材料失去正常工作能力的现象称为失效。按照材料塑性的好坏，把材料分为塑性材料和脆性材料，与其相对应，材料的失效形式可分为屈服破坏和脆性断裂两大类。

屈服破坏是指材料由于出现屈服现象或发生显著塑性变形而产生的破坏。当构件出现屈服或显著的塑性变形时，往往会丧失正常的工作能力，故屈服是一种失效形式。例如，低碳钢在拉伸实验时出现屈服现象，发生显著的塑性变形，此时晶格沿最大剪应力截面发生滑移。

脆性断裂是指材料无显著塑性变形的破坏。例如，铸铁受轴向载荷而沿横截面发生断裂时，无显著的塑性变形。脆性材料的断裂发生在拉应力最大的截面上。

2. 强度理论的概念

直杆轴向拉伸(压缩)的强度条件是 $\sigma_{max} = \dfrac{N}{A} \leqslant [\sigma]$，其中的许用应力 $[\sigma]$ 是按式(3-10)确定的，其中构件材料的极限应力——屈服极限 σ_s 和强度极限 σ_b 通过实验测量而得。可见单

向应力状态的强度条件直接通过实验建立。

对于复杂应力状态的构件，3 个主应力 σ_1、σ_2 和 σ_3 对材料破坏的影响可有多种组合形式。如果仿照单向拉伸(压缩)时直接根据实验的方法来确定材料在复杂应力状态下的极限应力是极为困难的。由于无论构件处于何种应力状态，构件破坏时脆性材料均无显著的塑性变形，塑性材料均会出现屈服现象或显著的塑性变形，因此，人们为了建立复杂应力状态的强度条件，从观察材料在各种情况下的破坏现象出发，运用判断、推理的方法，提出了一些假设，这种关于构件材料破坏原因的假说和推断称为强度理论。

6.4.2　常用强度理论

1. 最大拉应力理论(第一强度理论)

这一理论认为材料的破坏主要是由最大拉应力引起的，即只要构件内危险点处的 3 个主应力中的最大拉应力 σ_1 达到单向拉伸时材料的极限应力 σ_b，就会引起断裂破坏。则第一强度理论的强度条件为

$$\sigma_1 \leqslant [\sigma] \qquad (6\text{-}13)$$

实践和实验证明，最大拉应力理论与脆性材料的拉断现象相符。因此，最大拉应力理论应用于脆性材料较为合适。

2. 最大拉应变理论(第二强度理论)

这一理论认为材料的破坏主要是由最大拉应变引起的，即无论材料内各点的应变状态如何，只要构件内有一点的最大拉应变 ε_1 达到单向拉伸断裂时应变的极限值 $\varepsilon_{\lim}$，材料就会发生断裂破坏。则不发生脆性断裂的条件为

$$\varepsilon_1 < \varepsilon_{\lim}$$

由广义胡克定律可知

$$\varepsilon_1 = \frac{1}{E}[\sigma_1 - \mu(\sigma_2 + \sigma_3)]$$

单向拉伸断裂时应变的极限值 $\varepsilon_{\lim}$ 由胡克定律确定，即

$$\varepsilon_{\lim} = \frac{\sigma_{\lim}}{E}$$

由此导出不发生失效的应力表达式为

$$\sigma_1 - \mu(\sigma_2 + \sigma_3) < \sigma_{\lim}$$

要使构件不破坏，第二强度理论的强度条件为

$$\sigma_1 - \mu(\sigma_2 + \sigma_3) \leqslant [\sigma] \qquad (6\text{-}14)$$

3. 最大剪应力理论(第三强度理论)

这一理论认为材料的破坏主要是由最大剪应力引起的，即只要构件内危险点处的最大剪应力 $\tau_{\max}$ 达到单向拉伸时材料的极限剪切应力 $\tau_{\lim}$，就会引起屈服破坏。则不发生破坏的条件为

$$\tau_{\max} < \tau_{\lim}$$

由直杆轴向拉伸时斜截面的应力特点可知 $\tau_{\lim} = \sigma_{\lim}/2$，则有

$$\tau_{\max} < \sigma_{\lim}/2$$

对于复杂应力状态有 $\tau_{max}=\dfrac{\sigma_1-\sigma_3}{2}$，则不发生破坏的条件变为

$$\sigma_1-\sigma_3<\sigma_{lim}$$

于是得到第三强度理论的强度条件

$$\sigma_1-\sigma_3\leqslant[\sigma]\tag{6-15}$$

第三强度理论建立在认为材料发生塑性破坏的基础上，能较为完善地解释屈服破坏现象，计算数据与试验结果符合较好，且稍偏于安全。此理论应用于碳钢、铜、铝等塑性材料较为合适。

4. 形状改变比能理论(第四强度理论)

这一理论认为材料的破坏主要是由受力构件的形状改变比能引起的，即只要复杂应力状态下材料的形状改变比能 u 达到单向拉伸时使材料屈服的形状改变比能 u_{lim} 时，材料即会发生屈服破坏。根据上述关系，利用复杂应力状态下材料形状改变比能 u 的计算式和单向拉伸时材料形状改变比能极限值 u_{lim} 的计算式，可推知第四强度理论的强度条件为

$$\sqrt{\frac{1}{2}\left[(\sigma_1-\sigma_2)^2+(\sigma_2-\sigma_3)^2+(\sigma_3-\sigma_1)^2\right]}\leqslant[\sigma]\tag{6-16}$$

这个理论和许多塑性材料的试验结果相符，用这个理论判断碳素钢的屈服失效是相当准确的。

一般说来，在平面应力状态下，铸铁、石料、混凝土、玻璃等脆性材料常发生脆性破坏，宜采用第一强度理论。低碳钢、铜、铝等塑性材料常发生屈服破坏，宜采用第三强度理论。在 4 个强度理论中，最大拉应变理论应用较少；形状改变比能理论的强度条件较为复杂，且常可用最大剪应力理论代替。因此在实际工程中，应用最多的强度理论是最大拉应力理论和最大剪应力理论。

6.5　组合变形时的强度计算

工程实际中，构件在外加载荷作用下，常常产生两种及其以上的基本变形，这种情况有别于单一的基本变形，称为组合变形。

6.5.1　组合变形实例

如图 6.12 所示的塔器发生弯曲和压缩组合变形。如图 6.13 所示的某反应釜的搅拌轴 AB 发生扭转和拉伸组合变形。如图 6.14 所示的某管道支架的横梁 AB 发生弯曲和拉伸组合变形。如图 6.15 所示的某机器上的齿轮轴 AB，B 处采用带传动，C 处为齿轮传动，齿轮轴发生弯曲和扭转组合变形。

工程上发生的组合变形实例还有很多，下面研究其中常见的两种组合变形：弯曲与拉伸(压缩)组合变形、弯曲与扭转组合变形。

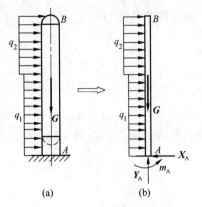

图 6.12　塔器受到弯曲和压缩

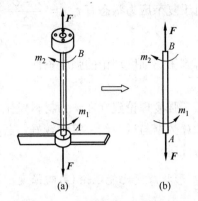

图 6.13　搅拌轴受到扭转和拉伸

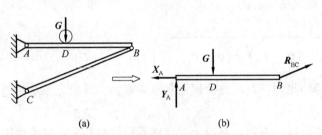

图 6.14　管道支架横梁受到弯曲和拉伸

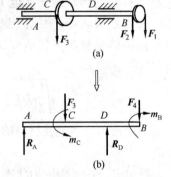

图 6.15　齿轮轴受到弯曲和扭转

6.5.2　弯曲与拉伸(压缩)的组合变形

如图 6.16(a)所示，直杆 AB 的两端均作用着轴向拉力 F 和力偶矩 m，力偶矩 m 位于杆的纵向对称面内。轴向拉力 F 使杆受拉，力偶矩 m 使杆发生纯弯曲，直杆 AB 受到弯曲和拉伸组合作用。

在截面 $n—n'$ 上，拉力 F 引起的拉伸正应力为

$$\sigma' = \frac{N}{A} = \frac{F}{A}$$

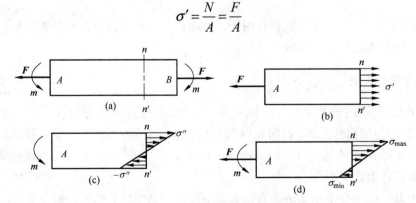

图 6.16　弯曲与拉伸组合变形

力偶矩 m 引起的弯曲正应力为

$$\sigma'' = \frac{|M|}{W_z} = \frac{m}{W_z}$$

可见，在拉力 F 和力偶矩 m 共同作用下，杆内横截面上各点的应力均为正应力，其值为拉力 F 和力偶矩 m 单独作用所引起的正应力的代数和。直杆内每一横截面上的 σ' 均相等，且沿截面均匀分布，如图 6.16(b)所示；σ'' 在横截面上分布不均匀，极值应力在边缘，如图 6.16(c)所示。因此，叠加后的应力分布如图 6.16(d)所示，极值应力分别为

$$\sigma_{max} = \sigma' + \sigma'' = \frac{N}{A} + \frac{|M|}{W_z}$$

$$\sigma_{min} = \sigma' - \sigma'' = \frac{N}{A} - \frac{|M|}{W_z}$$

上述两式中，轴力 N、横截面积 A、抗弯截面模量 W_z 均为正值，$|M|$ 为弯矩的绝对值，也为正值，所以 $\sigma_{max} > 0$，σ_{min} 的符号需根据 σ' 和 σ'' 两者之间的比较才能确定。无论 σ_{min} 正负如何，均有 $\sigma_{max} > |\sigma_{min}|$。对于等截面梁，$M_{max}$ 处的截面是危险截面，其上弯曲受拉侧边缘各点是危险点，则弯曲与拉伸组合变形的强度条件为

$$\sigma_{max} = \frac{N}{A} + \frac{M_{max}}{W_z} \leqslant [\sigma] \tag{6-17}$$

式中，N 为轴力(N)；A 为横截面积(m^2)；M_{max} 为最大弯矩($N \cdot m$)，取绝对值；W_z 为 M_{max} 处截面的抗弯截面模量(m^3)；$[\sigma]$ 为材料的许用应力(MPa)。

若将图 6.16 中的拉力 F 改为压力，则横截面内的轴力 N 为负值，压力 F 将在横截面内产生压应力，此时危险截面处的最大压应力值为

$$\sigma_{max} = \frac{|N|}{A} + \frac{M_{max}}{W_z}$$

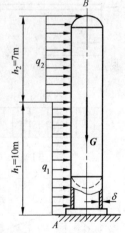

图 6.17　例 6.1 图

弯曲与压缩组合变形的强度条件为

$$\sigma_{max} = \frac{|N|}{A} + \frac{M_{max}}{W_z} \leqslant [\sigma] \tag{6-18}$$

由于式(6-17)中各参数均取正值，实际上弯曲与拉伸组合变形和弯曲与压缩组合变形两者的强度条件可统一按式(6-18)表示。

【例 6.1】某塔器如图 6.17 所示，塔高 $h=17m$，内径 $D_i =1000mm$，其底部采用裙式支座支承，裙座筒体和塔体内径、外径均相同，壁厚 $\delta = 8mm$。已知塔和物料总重 $G=110kN$，所受的风载荷 $q_1 = 655N/m$，$q_2 = 745N/m$。若裙座筒体材料的许用应力 $[\sigma]=140MPa$，试校核该裙座筒体的强度。

解：(1) 确定组合变形的类型。

在风载荷和自重作用下，塔器发生弯曲与压缩组合变形。

(2) 求最大弯矩。

将塔器看作悬臂梁，其最大弯矩在固定端，即危险截面在固定端 A 处，最大弯矩为

$$M_{max} = \frac{q_1 h_1^2}{2} + q_2 h_2 \left(h_1 + \frac{h_2}{2} \right) = \frac{655 \times 10^2}{2} + 745 \times 7 \times \left(10 + \frac{7}{2} \right) = 1.03 \times 10^5 N \cdot m$$

(3) 强度校核。

由自重 **G** 引起的压应力值为

$$\sigma' = \frac{G}{A} = \frac{G}{\frac{\pi}{4}\left[(D_i + 2\delta)^2 - D_i^2\right]} = \frac{110 \times 10^3 \times 10^{-6}}{\frac{\pi}{4}\left[(1 + 2 \times 0.008)^2 - 1\right]} = 4.34\text{MPa}$$

由风载荷引起的最大弯曲压应力值为

$$\sigma'' = \frac{M_{max}}{W_z} = \frac{M_{max}}{\frac{\pi}{32(D_i + 2\delta)}\left[(D_i + 2\delta)^4 - D_i^4\right]}$$

$$= \frac{1.031 \times 10^5 \times 10^{-6}}{\frac{\pi}{32 \times (1 + 2 \times 0.008)}\left[(1 + 2 \times 0.008)^4 - 1\right]} = 16.28\text{MPa}$$

由自重和风载荷共同作用时所引起的最大压应力值为

$$\sigma_{max} = \sigma' + \sigma'' = 4.34 + 16.28 = 20.62\text{MPa} < 140\text{MPa}$$

即 $\sigma_{max} < [\sigma]$，所以该裙座筒体的强度足够。

【例 6.2】如图 6.14 所示的管道支架，其横梁 AB 采用 18 号工字钢制造，BC 杆与横梁 AB 夹角为 30°。在横梁的 D 点处支承的管道重 G=24kN。已知 $l_{AB}=3$m，$l_{AD}=1$m，材料的许用应力$[\sigma]=100$MPa，不计横梁自重。18 号工字钢的横截面面积 $A = 3.06 \times 10^{-3}\text{m}^2$，抗弯截面模量 $W_z = 1.85 \times 10^{-4}\text{m}^3$。试校核该横梁 AB 的强度。

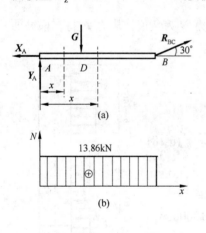

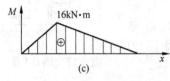

图 6.18　例 6.2 图

解：(1) 确定组合变形的类型。

在轴向载荷 X_A、横向载荷 Y_A、重力 G 和支座反力 R_{BC} 作用下，横梁发生弯曲和拉伸组合变形。

(2) 确定梁上的未知力。

受力图如图 6.18(a)所示。由 $\sum m_A(F) = 0$，即

$$R_{BC}l_{AB}\sin30° - Gl_{AD} = 0$$

得

$$R_{BC} = \frac{Gl_{AD}}{l_{AB}\sin30°} = \frac{24 \times 1}{3 \times 1/2} = 16\text{kN}$$

由 $\sum F_x = 0$，得

$$X_A = R_{BC}\cos30° = 16 \times \cos30° = 13.86\text{kN}$$

由 $\sum m_B(F) = 0$，即

$$Gl_{DB} - Y_Al_{AB} = 0$$

得

$$Y_A = \frac{Gl_{DB}}{l_{AB}} = \frac{24 \times 2}{3} = 16\text{kN}$$

(3) 确定危险截面。

轴力方程：$N=13.86$kN　　　　　　　　　　　　$(0 \leqslant x \leqslant 3)$

弯矩方程：AD 段：$M(x)=Y_Ax=16x$　　　　　　　$(0 \leqslant x \leqslant 1)$

　　　　　DB 段：$M(x)=Y_Ax - G(x-1)=-8x+24$　　$(1 \leqslant x \leqslant 3)$

轴力图如图 6.18(b)所示，弯矩图如图 6.18(c)所示。由图可知轴力沿横梁轴向均匀分布，而弯矩的最大值在 D 点处，此处截面是危险截面。最大弯矩 $M_{max}=16\text{kN}\cdot\text{m}$ ，最大轴力 $N=13.86\text{kN}$ 。

(4) 强度校核。

按弯曲与压缩组合变形的强度条件，即

$$\sigma_{max}=\frac{|N|}{A}+\frac{M_{max}}{W_z}=\frac{|13.86\times10^3|}{3.06\times10^{-3}}+\frac{16\times10^3}{1.85\times10^{-4}}=9.1\times10^7\text{Pa}=91.02\text{MPa}<100\text{MPa}$$

即 $\sigma_{max}<[\sigma]$ ，所以该横梁 AB 的强度足够。

6.5.3　弯曲与扭转的组合变形

在工程上只受纯扭转的轴非常少见。一般说来，轴在发生扭转的同时，还受到弯曲。如图 6.15 所示的某机器上的齿轮轴 AB 就是受到弯曲与扭转组合作用的一个实例。下面以这一实例为基础，分析研究弯曲与扭转组合变形的强度计算问题。

图 6.19 为齿轮轴受到弯曲与扭转时的情况。由图 6.19(c)所示的扭矩图可知，在 CB 段扭矩 M_n 均相等，而 AC 段没有扭矩。由图 6.19(d)所示的弯矩图可知，在 C 、 D 两处弯矩有极值 M_1 、 M_2 ，至于哪一点弯矩最大，要看具体情况而定。因此危险截面在 C 处或 D 处，而危险点在 C 处或 D 处轴的边缘。最大剪应力和最大弯曲正应力分别为 $\tau=\dfrac{M_{n\,max}}{W_n}$ 和 $\sigma=\dfrac{M_{max}}{W_z}$ 。

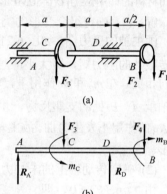

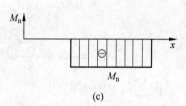

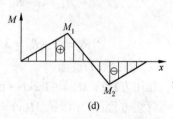

图 6.19　齿轮轴受到弯曲和扭转

为了建立弯曲与扭转组合变形的强度条件，需要求出主应力。为此围绕危险点切出单元体，如图 6.20 所示。将 $\sigma_x=\sigma$ ， $\sigma_y=0$ ， $\tau_x=\tau$ ，代入式(6-7)得

$$\begin{array}{c}\sigma_1\\\sigma_3\end{array}=\frac{\sigma}{2}\pm\sqrt{\left(\frac{\sigma}{2}\right)^2+\tau^2}$$

$$\sigma_2=0$$

由于轴类零件一般采用钢材等塑性材料制造，所以宜采用第三强度理论建立强度条件，将符合上述条件的 σ_1 和 σ_3 代入式(6-15)，有

$$\sigma_1-\sigma_3=\sqrt{\sigma^2+4\tau^2}\leqslant[\sigma]$$

把 $\sqrt{\sigma^2+4\tau^2}$ 称为相当应力，用 σ_{r3} 表示。

将 $\tau=\dfrac{M_{n\,max}}{W_n}$ 和 $\sigma=\dfrac{M_{max}}{W_z}$ 代入上式，得

$$\sigma_{r3}=\sqrt{\left(\frac{M_{max}}{W_z}\right)^2+4\left(\frac{M_{n\,max}}{W_n}\right)^2}\leqslant[\sigma] \tag{6-19}$$

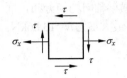

图 6.20　单元体

对于实心圆轴，抗扭截面模量 W_n 是抗弯截面模量 W_z 的 2 倍，即 $W_n=2W_z$，代入式(6-19)化简，即得按第三强度理论建立的弯曲与扭转组合变形的强度条件：

$$\sigma_{r3} = \frac{\sqrt{M_{max}^2 + M_{n\,max}^2}}{W_z} \leqslant [\sigma] \tag{6-20}$$

对于空心圆轴，则应按式(6-19)进行弯曲与扭转的组合变形的强度计算。而式(6-19)和式(6-20)中的 M_{max} 和 M_{nmax} 是指同一危险截面上的数值。

【例 6.3】卧式离心机如图 6.21 所示，主轴在 A、B 处由轴承支承，右端由电机直接驱动，驱动力偶矩 $m=1.2\text{kN}\cdot\text{m}$，转鼓固定在主轴的左端，重量 $G=2\text{kN}$。已知材料的许用应力$[\sigma]=80\text{MPa}$。试确定该主轴的直径。

解：(1) 确定组合变形的类型。

画主轴的受力图，如图 6.21(b)所示，其中 m_C 是左端转鼓处的阻力矩，其大小应与驱动力偶矩 m 相等，方向相反。在 m_C 和 m 作用下，轴发生扭转。R_A 和 R_B 是轴承 A、B 处的支座反力，主轴在横向载荷 G、R_A 和 R_B 的作用下发生弯曲。故主轴发生弯曲和扭转组合变形。

(2) 确定传动轴上的未知力。

由 $\sum m_A(F)=0$，即

$$0.5G - 0.8R_B = 0$$

得

$$R_B = \frac{5}{8}G = \frac{5\times 2}{8} = 1.25\text{kN}$$

由 $\sum F_y = 0$，即

$$R_A - G - R_B = 0$$

得

$$R_A = G + R_B = 3.25\text{kN}$$

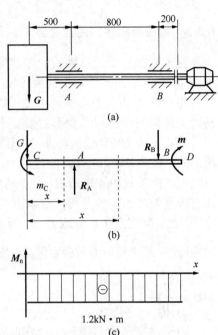

图 6.21　例 6.3 图

(3) 确定危险截面。

扭矩方程：$M_n = -1.2\text{kN}\cdot\text{m}$ 　　　　　　　$(0\leqslant x\leqslant 1.5)$

弯矩方程：CA 段：$M(x) = -Gx = -2x$ 　　　　　$(0\leqslant x\leqslant 0.5)$

　　　　　　AB 段：$M(x) = R_A(x-0.5) - Gx = 1.25x - 1.625$ 　$(0.5\leqslant x\leqslant 1.3)$

　　　　　　BD 段：$M(x) = 0$ 　　　　　　　　　　$(1.3\leqslant x\leqslant 1.5)$

画扭矩图和弯矩图，如图 6.21(c)、(d)所示。由图可知，CB 段扭矩为定值；而弯矩的最大值在带轮 A 处，故 A 处截面是危险截面。最大扭矩为 $M_{nmax}=1.2\text{kN}\cdot\text{m}$，最大弯矩为 $M_{max}=1\text{kN}\cdot\text{m}$。

(4) 确定截面尺寸。

由式(6-20)所示的弯曲与扭转组合变形的强度条件，有

$$\frac{\sqrt{(1.2\times10^3)^2+(1\times1010^3)^2}}{\pi d^3/32}<80\times10^6$$

解得　　$d\geqslant0.0584\text{m}=58.4\text{mm}$。

本 章 小 结

　　本章对构件的组合变形作了讨论和研究，包括应力状态的概念、复杂应力状态的应力分析、常用强度理论、组合变形的确定及其强度计算等。

　　一点的应力状态是指过该点所有截面上应力的全部情况。根据 3 个主应力中不等于零的数目，可将一点的应力状态分成单向应力状态、二向应力状态和三向应力状态。

　　在二向应力状态下，斜截面上的正应力 σ_α 和剪应力 τ_α 随斜截面的方位角 α 而变化。

　　二向应力状态下两个主应力为：$\begin{matrix}\sigma_{\max}\\\sigma_{\min}\end{matrix}=\dfrac{\sigma_x+\sigma_y}{2}\pm\sqrt{\left(\dfrac{\sigma_x-\sigma_y}{2}\right)^2+\tau_x^2}$。

　　二向应力状态下的最大剪应力 $\tau_{\max}$ 在与主平面成 45° 的斜截面上，其值为：

$$\begin{matrix}\tau_{\max}\\\tau_{\min}\end{matrix}=\pm\sqrt{\left(\frac{\sigma_x-\sigma_y}{2}\right)^2+\tau_x^2}。$$

　　主应力与最大剪应力的关系式为：$\begin{matrix}\tau_{\max}\\\tau_{\min}\end{matrix}=\pm\dfrac{\sigma_{\max}-\sigma_{\min}}{2}$。

　　材料的失效形式可分为屈服破坏和脆性断裂两大类。

　　关于构件材料破坏原因的假说和推断称为强度理论。在实际工程中，应用最多的强度理论是最大拉应力理论(第一强度理论)和最大剪应力理论(第三强度理论)。

　　第一强度理论认为材料的破坏主要是由最大拉应力引起，其强度条件为：$\sigma_1\leqslant[\sigma]$，这一理论应用于脆性材料较为合适。

　　第三强度理论认为材料的破坏主要是由最大剪应力引起，其强度条件为：$\sigma_1-\sigma_3\leqslant[\sigma]$，这一理论应用于塑性材料较为合适。

　　对构件在外加载荷作用下组合变形类型进行判断的依据是构件的受力特点。弯曲与拉伸(压缩)组合变形的强度条件可统一表示为：$\sigma_{\max}=\dfrac{|N|}{A}+\dfrac{M_{\max}}{W_z}\leqslant[\sigma]$。

　　对于实心圆轴，按第三强度理论建立的弯曲与扭转组合变形的强度条件为：

$$\sigma_{r3}=\frac{\sqrt{M_{\max}^2+M_{n\,\max}^2}}{W_z}\leqslant[\sigma]。$$

　　本章的教学目标是使学生学会对复杂应力状态进行应力分析，熟悉常用的强度理论，掌握组合变形的确定方法及其计算。

推荐阅读资料

1. 范钦珊. 材料力学. 北京：高等教育出版社，2005.
2. 韩志军，顾铁凤. 工程力学. 北京：科学出版社，2011.
3. 潘永亮. 化工设备机械基础. 北京：科学出版社，2008.
4. 赵军，张有忱，段成红. 化工设备机械基础. 北京：化学工业出版社，2007.

习　　题

一、简答题

6-1　直杆受轴向拉伸或压缩载荷时，其斜截面上的应力分布有何特点？

6-2　什么叫剪应力互等？

6-3　直杆受轴向拉伸或压缩载荷时，斜截面上的最大正应力和最大剪应力位于何处？

6-4　什么叫应力状态？分为哪几类？

6-5　什么叫复杂应力状态？

6-6　什么叫单元体？

6-7　什么叫主平面和主应力？

6-8　三个主应力如何进行排序？

6-9　二向应力状态下斜截面上应力如何进行计算？

6-10　二向应力状态下的主应力和最大剪应力如何进行计算？

6-11　三向应力状态下的广义胡克定律如何表示？

6-12　什么叫强度理论？为什么要引入强度理论？

6-13　试解释为什么对低碳钢圆轴进行扭转实验，扭转破坏时，往往是沿横截面发生断裂。

6-14　常用强度理论有哪些？其强度条件是什么？各适用于什么材料？

6-15　第一强度理论是根据什么建立的？

6-16　什么叫组合变形？如何确定？

6-17　弯曲与拉伸(压缩)的组合变形如何进行计算？

6-18　弯曲与扭转的组合变形如何进行计算？

二、计算题

6-1　如图 6.22 所示，有一个开口环，由直径 d=50mm 的钢杆制成，a=70mm，材料的许用应力$[\sigma]$=120MPa。试求最大允许的拉力 F。

6-2　在如图 6.23 所示的机构中，A、B 和 C 处均为铰链连接，AB 杆处于水平状态。AB 杆和 BC 杆均为圆形截面，直径 d_{AB}=90mm，d_{BC}=20mm，AB 杆长度 l_{AB}=2m，材料的许用应力$[\sigma]$=100MPa。

(1) 当载荷 G=12kN 位于 AB 杆中点时，试校核该机构中 AB 杆和 BC 杆的强度。

(2) 当载荷 G 在 AB 杆上任意移动时，试求该机构所能承受的最大载荷 G_{max}。

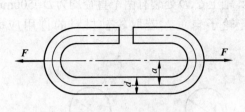

图 6.22　计算题 6-1 图

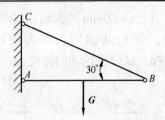

图 6.23　计算题 6-2 图

6-3　一转轴 *AD* 如图 6.24 所示。轴上 *C*、*D* 处装有两个重量均为 *G* =5kN 的传动轮。轴的直径 *d*=80mm，长度 *l*=2m，转速 *n*=50r/min，传递的功率 *P*=10kW，材料的许用应力 [*σ*]=120MPa。试按第三强度理论校核该轴的强度。

6-4　如图 6.25 所示的某传动轴 *AB*，轴的右端 *B* 为驱动端，驱动力偶矩 *m*=1kN•m。轴承 *A*、*D* 之间的 *C* 处有一带轮，带轮直径 *D*=500mm，带轮两侧带的拉力分别为 *F*$_1$ 和 *F*$_2$，且 *F*$_1$=2*F*$_2$。已知轴的直径 *d*=90mm，间距 *a*=500mm，轴材料的许用应力[*σ*]=50MPa，不计带轮重量。试校核该传动轴 *AB* 的强度。

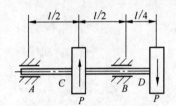

图 6.24　计算题 6-3 图

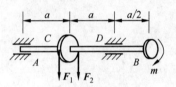

图 6.25　计算题 6-4 图

6-5　如图 6.26 所示的电动机，轴端直径 *d*=40mm，转速 *n*=715r/min，传递的功率 *P*=10kW，带轮直径 *D*=250mm，主轴外伸部分长 *l*=120mm，材料的许用应力[*σ*]=65MPa。试校核该主轴的强度。

6-6　容器顶部吊装机构如图 6.27 所示。旋松顶部手轮，可以将顶盖提起，然后可旋转摆杆，将顶盖移开。摆杆的 *A* 端置于向心推力轴承中，*B* 处装有径向轴承。已知最大起吊重量 *G*=5kN。吊杆由钢管弯成，管子外径 *D*=150mm，内径 *d*=100mm。材料的许用应力 [*σ*]=100MPa。试校核该吊杆的强度。

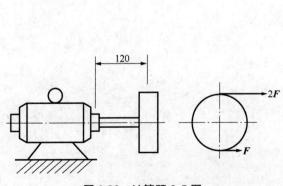

图 6.26　计算题 6-5 图

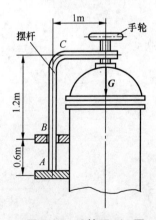

图 6.27　计算题 6-6 图

6-7　　直径 d=60mm 的钢轴 AB 如图6.28所示。轴上 C、D 处装有两个直径均为 D=500mm 的传动轮，轮的两侧均存在力的作用。不计轮子自重，若取轮轴材料的许用应力 $[\sigma]$=220MPa。试校核该轴的强度。

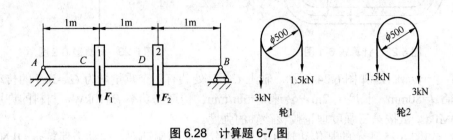

图 6.28　计算题 6-7 图

第7章　带传动及链传动

教学目标

通过本章的学习，了解带传动的类型、特点和应用。了解带传动的工作原理和主要失效形式。了解带轮的结构和带传动的张紧与维护。了解带传动的类型选择和 V 带传动的设计内容。了解链传动的基本组成和结构。

教学要求

能力目标	知识要点	权重	自测分数
了解带传动的原理、类型、应用，V 带的结构和张紧	摩擦传动和啮合传动机理，带传动的主要应用场合，V 带和带轮结构参数，带的张紧装置	40%	
搞清带传动的工作特性	带传动的有效拉力，带的弹性滑动和带的打滑，在使用中应注意的问题	40%	
了解 V 带传动的设计条件和设计内容	V 带的失效形式和设计准则，V 带传动设计的设计条件和设计内容	5%	
了解链传动的基本组成和主要结构参数	链传动的基本组成，主要结构参数，滚子链和链轮的基本结构	15%	

引例

在选择远距离传动类型时，除了满足运动和动力传递功能外，也希望在机构运行中突发故障时传动装置具备故障保护功能。

案例：一个由电动机驱动，经带传动、齿轮减速器、联轴器将运动和动力传递给传送带的散装物体带式输送机，由于运输物体超高被卡，致使传送带停顿。所幸的是由于驱动滚桶和传送带之间以及带轮和带之间出现了打滑现象，并未造成整个传动装置的机械破坏。由此可见，取决于摩擦力的带传动所能传递的最大动力是有限的，也正是这一点，才使带传动兼有故障保护功能。

请思考：带传动有什么特点？

7.1　带传动类型、特性和应用

带传动是一种应用广泛的传动装置，当主动轴和从动轴相距较远时常用。

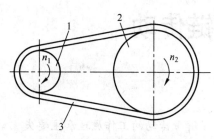

图 7.1　带传动的组成

1—主动轮；2—从动轮；3—皮带

7.1.1　带传动的组成和传动原理

带传动的组成如图 7.1 所示，借助带与带轮之间的摩擦或相互啮合，将主动轮的运动传给从动轮，以传递运动和动力。

根据工作原理的不同，带传动可分为摩擦传动和啮合传动两类。

平带、V 带、楔形带和圆带为摩擦传动，靠张紧的皮带和带轮之间产生的摩擦力传递运动和动力。同步带为啮合传动，靠同步带齿与带轮齿的啮合以传递运动和动力。

7.1.2　带传动的特点和设计参数

1. 带传动的特点

与其他传动装置相比，摩擦带传动具有以下特点。

(1) 结构简单，制造、安装和维护方便；适用于两轴中心距较大的场合。

(2) 皮带富有弹性，能缓冲吸振，传动平稳、噪声小。

(3) 过载时可产生打滑，能防止薄弱零件的损坏，起安全保护作用。

(4) 带与带轮之间存在一定的弹性滑动，但不能保持准确的传动比。传动精度和传动效率较低。

(5) 传动带需张紧在带轮上，对轴和轴承的压力较大。

(6) 外廓尺寸大，结构不够紧凑。

(7) 带的寿命较短，需经常更换。

2. 带传动的设计参数

带传动的设计参数主要有包角 α，带轮的基准直径 d_1 和 d_2，带的基准长度 L，两轮中心距 a 等。

包角 α 指带包围带轮的角度，如图 7.2 所示。α 越大，摩擦力越大，传递动力越大。通常，应核算小带轮包角，一般规定 $\alpha_1 \geq 120°$。

图 7.2 所示的两轴平行且回转方向相同的带传动示意结构，小带轮的包角为

$$\alpha_1 = 180° - 2\theta$$

由于 θ 角一般较小，通常小带轮包角用式(7-1)计算：

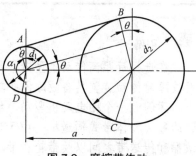

图 7.2　摩擦带传动

$$\alpha_1 = 180° - \frac{d_2 - d_1}{a} \times 57.3° \tag{7-1}$$

在实际应用中，为增大包角，对水平放置的带传动，通常将松边放在上边，由此，决定了皮带的转动方向，并可能影响大、小带轮的位置布置。

带的基准长度 L 可由带传动的几何关系推得：

$$L = 2a + \frac{\pi}{2}(d_1 + d_2) + \frac{(d_2 - d_1)^2}{4a} \tag{7-2}$$

带的基准长度已标准化，当中心距和带轮基准直径选定后，可根据式(7-2)计算结果从 GB/T 12730—2008 中查取。

7.1.3　带传动的应用

平带的横截面为扁平矩形，其工作面为内表面，如图 7.3(a)所示。常用的平带为橡胶帆布带。平带传动的形式主要有 3 种：最常用的是两轴平行，转向相同的开口传动；还有两轴平行，转向相反的交叉传动和两轴在空间交错 90° 的半交叉传动。主要适用于传动距离远、传动比较小的场合。

V 带传动由一根或数根 V 带和带轮组成，如图 7.3(b)所示。通常只用于平行轴传动。V 带的横截面为梯形，其工作面为两侧面。与平带相比，由于正压力作用在楔形截面的两侧面上，在同样的张紧力条件下，V 带传动的摩擦力较大，能传递较大的载荷，故应用广泛。主要适用于传递功率较大的场合。

多楔带以平带为基体，内侧带有若干纵向楔，相当于若干根 V 带的组合，如图 7.3(c)所示，可在结构要求紧凑时取代根数较多的 V 带。

圆带的横截面为圆形，如图 7.3(d)所示。一般用皮革或棉绳制成。圆带传动只能传递较小的功率，适用于缝纫机、真空吸尘器、磁带盘等机械传动。

同步带传动如图 7.4 所示，可避免带与带轮之间产生滑动，实现带与带轮速度同步，从而保证传动比准确。常用于数控机床、纺织机械、医用机械等需要速度同步和传动比精确的场合。

根据上述特点，带传动多用于：①中、小功率传动(通常不大于 100kW)；②原动机输出轴的第一级传动(高速级)；③传动比要求不十分准确的机械。

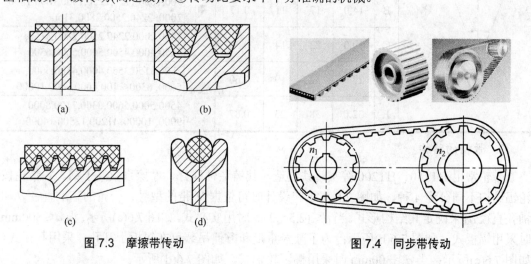

(a)　　　　　　　(b)

(c)　　　　　　　(d)

n_1　　　n_2

图 7.3　摩擦带传动　　　　　　图 7.4　同步带传动

7.1.4　V 带及带轮的结构

1．V 带的结构

V 带有普通 V 带、窄 V 带、宽 V 带和大楔角 V 带等若干种，其中常用的是普通 V 带。V 带结构如图 7.5 所示。其横截面由伸张层、强力层、压缩层和包布层构成。强力层是承受载荷的主体，分为帘布结构和线绳结构两种。帘布结构抗拉强度高，制造方便。线绳结

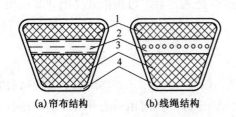

图 7.5　V 带结构

1—伸张层；2—强力层；3—压缩层；4—包布层

构比较柔软，弯曲性能较好，但抗拉强度低，常用于载荷不大、直径较小的带轮和转速较高的场合。伸张层和压缩层均由胶料组成，包布层由胶帆布组成，是带的保护层。

普通 V 带为无接头的环形，截面形状为等腰梯形，两侧夹角 $\theta = 40°$。普通 V 带结构已标准化，带的截面尺寸和带长均有系列规格。V 带弯绕在带轮上产生弯曲，外层受拉伸变长，内层受压缩变短，两层之间存在一层长度不变的中性层称为节面，带的节面宽度称为节宽 b_p。带轮上与 V 带节面宽度相对应的带轮直径称为基准直径 d。V 带的中性层长度称为基准长度 L。表 7-1 所示为摘自 GB/T 11544 的普通 V 带截面尺寸和基准长度 L。

表 7-1　普通 V 带截面尺寸和基准长度

型号	节宽 b_p/mm	顶宽 b/mm	高度 h/mm	质量 q/(kg/m)	楔角 θ/(°)	基准长度 L/mm
Y	5.3	6	4	0.04		200,224,250,280,315,355,400,450,500
Z	8.5	10	6	0.06		400,450,500,560,630,710,800,900,1000, 1120, 1250,1400,1600
A	11.0	13	8	0.10		630,710,800,900,1000,1120,1250,1400, 1600,1800,2000,2240,2500
B	14.0	17	11	0.17	40	900,1000,1120,1250,1400,1600,1800,2000, 2240,2500,2800,3150
C	19.0	22	14	0.30		1800,2000,2240,2500,2800,3150,3550,4000,4500,5000,5600,6300
D	27.0	32	19	0.60		2800,3150,3550,4000,4500,5000,5600, 6300, 7100,8000,9000,10000
E	32.0	38	23	0.87		4500,5000,5600,6300,7100,8000,9000, 10000, 11200,12500,14000

2. 带轮的结构

带轮常用 HT150、HT200 等灰铸铁制造，其铸造性能好，摩擦系数高于钢。V 带轮按轮辐结构不同分为 4 种，如图 7.6 所示。设计时可依据 V 带的型号、带轮的基准直径 d 和轴孔直径 d_0 来确定其结构形式。当 $d \leqslant (2.5 \sim 3)d_0$ 时用实心式，如图 7.6(a)所示；当 $d \leqslant 300$mm 时采用辐板式，如图 7.6(b)所示；为了减轻重量和方便吊装可在辐板上开孔，采用孔板式，如图 7.6(c)所示；当 $d > 300$mm 时采用椭圆轮辐式，如图 7.6(d)所示。

3. 带轮的轮缘尺寸

带轮的轮缘结构如图 7.7 所示，主要尺寸包括基准宽度 b_p、顶宽 b、基准线上槽深 h_a、基准线下槽深 h_f、轮槽角 φ、槽间距 e、槽中心至端面的间距 f、轮缘厚度 δ、外径 d_a 等，可从 GB/T 10412 查取。

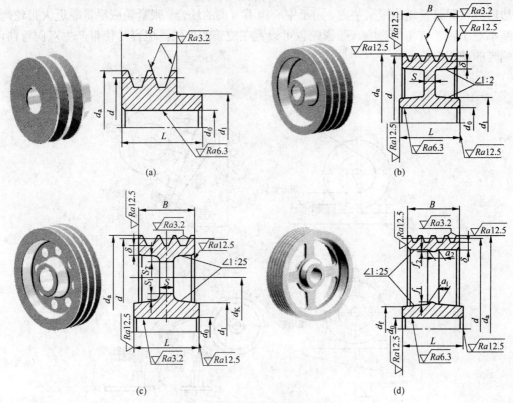

图 7.6　带轮结构

(a) 实心式；(b) 辐板式；(c) 孔板式；(d) 轮辐式

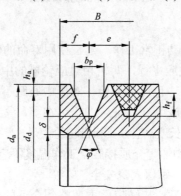

图 7.7　带轮的轮缘结构

7.1.5　带传动的使用和维护

1. 带传动的张紧

为使带内具有一定的初拉力，新安装的带在套进带轮后需要张紧；带运行一段时间后，会由于磨损和塑性变形而松弛，使带松弛而拉力减小，为了保证带的传动能力，需要将带重新张紧。常见的张紧方法有调大中心距和采用张紧轮两种，如图 7.8 所示。图 7.8(a)、(b) 所示为中心距可调的定期张紧装置，通过调节螺钉来调整电动机位置，加大中心距，以达到张紧目的。图 7.8(c) 所示是靠电动机和机座的重量，自动调整中心距。图 7.8(d) 所示是在松边内侧设置张紧轮的张紧装置,用于中心距不可调的场合。张紧轮应尽量靠近大带轮侧,以减小对小带轮包角的影响。张紧轮也可设置在皮带的外侧,但容易使带产生双向弯曲,影响带的使用寿命。

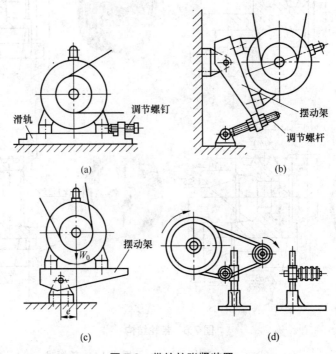

图 7.8　带轮的张紧装置

2. 带传动的安装与维护

正确的安装和维护是带传动正常工作、延长使用寿命的保证,一般应注意以下几点。

(1) 安装 V 带时,两轴线应平行,两轮相对应轮槽的中心线应重合,以防带侧面磨损加剧;应按规定的初拉力张紧。也可凭经验,对于中心距不太大的带传动,带的张紧程度以手能按下 15mm 为宜。水平安装应保证带的松边在上,紧边在下,以增大包角。

更换 V 带时要注意型号和长度,型号要和带轮轮槽尺寸相符合。新旧 V 带不能同时使用。

(2) 避免带与酸、碱、矿物油等介质接触,工作温度不宜超过 60℃,应避免日光暴晒。

(3) 必须安装安全防护罩,确保人身安全。

(4) 安装时应先缩短中心距,装好带后再调整到合适的张紧程度,尽量避免硬撬。检修时应先松开张紧再拆卸。

7.2　带传动的工作特性

7.2.1　带传动的受力

为保证带传动正常工作,带传动须以一定的张紧力套在带轮上。带传动静止时,带两边承受的拉力相等,称为初拉力 F_0,如图 7.9(a)所示。当带工作时,由于带与带轮间摩擦力的作用，带两边的拉力不再相等。进入主动轮的一边被拉紧，称为紧边，拉力由 F_0 增大到 F_1，如图 7.9(b)所示；而另一边被放松，称为松边，其拉力由 F_0 减小到 F_2。

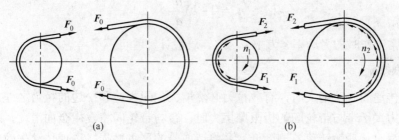

(a)　　　　　　　　　　　　　(b)

图 7.9　带传动的受力关系

由于带轮两侧都有拉力存在，紧边拉力相当于主动力，松边拉力相当于阻力，根据合力矩定理，能够克服阻力矩而驱动带轮旋转的是紧边拉力和松边拉力之差，称为带传动的有效拉力 F，即

$$F = F_1 - F_2 \tag{7-3}$$

实际上，有效拉力 F 就是带与带轮接触面之间摩擦力的总和。由摩擦的特点可知，在初拉力一定的情况下，带与带轮之间的摩擦力是有极限的，因此，带所能传递的有效拉力也是有极限的。

单根带所能传递的功率为

$$P = \frac{Fv}{1000} \tag{7-4}$$

式中，F 为带的有效拉力(N)；v 为带的速度(m/s)。

7.2.2　带的弹性滑动

带是弹性体，受到拉力作用后将产生弹性变形。带的变形会影响带传动的传动比和可靠性。

1. 带的弹性滑动

带传动机构静止时，在带的预紧力作用下，带两边的变形量是相等的。当工作时，由于紧边和松边的拉力不同，弹性变形量也不同。如图 7.9(b)所示，在主动轮上，当带从紧边转到松边的过程中，拉力由 F_1 逐渐降至 F_2，带因弹性变形渐小而回缩，于是带与带轮之间产生了向后的相对滑动，带的圆周速度滞后于带轮的圆周速度。这种现象也同样发生在从动轮上，但情况相反，带将逐渐伸长，这时带的圆周速度超前于带轮的圆周速度。这种由于带的弹性变形而引起的带与带轮之间的相对滑动，称为弹性滑动。在摩擦带传动中，弹性滑动是不可避免的。正是由于这种弹性滑动，使得摩擦式的带传动无法保持传动比准确。而且，弹性滑动还会造成带的磨损，影响其使用寿命。

2. 弹性滑动率

因弹性滑动引起的从动轮圆周速度 u_2 比主动轮圆周速度 u_1 的降低率称为滑动率，用 ε 表示，即

$$\varepsilon = \frac{u_1 - u_2}{u_1} = \frac{\pi d_1 n_1 - \pi d_2 n_2}{\pi d_1 n_1} = \frac{d_1 n_1 - d_2 n_2}{d_1 n_1}$$

$$n_2 = (1 - \varepsilon)\frac{d_1}{d_2} n_1 \tag{7-5}$$

V 带正常工作时的滑动率 ε 为 1%～2%，一般计算时可不予考虑。

3. 带的打滑

当带所传递的载荷增大时，有效拉力必然增大，即紧边和松边的拉力之差加大。当传递的有效拉力大于带与带轮间的极限摩擦力时，带与带轮间将发生全面滑动，这种现象称为打滑。打滑时从动轮转速急剧降低，并将造成带的严重磨损，致使传动失效，因此应尽量避免出现打滑现象。

由于带在大带轮上的包角一般大于小带轮上的包角，所以打滑总是先在小带轮上开始。

带的打滑和弹性滑动是两个完全不同的概念。打滑是因为过载引起的，是可以避免的。而弹性滑动是由于带的弹性和拉力差引起的，是带传动正常工作时不可避免的现象。

7.3　V 带传动的设计

1. 带传动的失效形式及设计准则

由带传动的工作情况分析可知，带传动的主要失效形式为带的过度磨损、打滑和带的疲劳破坏等。因此，带传动的设计准则为：在保证带传动不打滑的条件下，具有一定的疲劳强度和寿命。

2. 普通 V 带传动的主要设计内容

设计 V 带传动，通常要给定传动用途、工作条件、传递的功率、带轮的转速(或传动比)及位置要求等设计条件。

主要设计内容有：V 带的型号、长度和根数、中心距、带轮的基准直径、材料、结构以及作用在轴上的压力等。

7.4　链传动简介

7.4.1　链传动的基本构成和几何参数

链传动主要用于两轴线平行且距离较远、瞬时传动比无严格要求，工作环境恶劣(高温、油污、灰尘)，低速重载，且不适合采用带传动和齿轮传动的场合。

1. 基本构成

链传动由主动链轮、从动链轮和绕在两轮上的封闭链条组成，如图 7.10 所示。两链轮分别安装在相互平行的两轴上。链轮上有特殊齿形的齿，传动时，靠连接上的滚子和链轮轮齿连续不断地啮合来传递运动和动力。

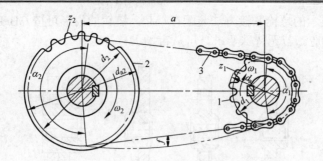

图 7.10　链传动示意图

1—主动链轮；2—从动链轮；3—链条

2. 主要几何参数

主要包括分度圆直径 d、齿数 z、链节距 p，三者关系为

$$p = d\sin\left(\frac{180^\circ}{z}\right) \tag{7-6}$$

7.4.2　滚子链条和链轮的结构

链条属于标准件，GB/T 1243—2006 中的短节距传动用精密滚子链的结构如图 7.11 所示。主要由内链板 1、外链板 2、轴销 3、套筒 4 和滚子 5 组成。其中内链板与套筒采用过盈配合组成内链节，外链板与轴销采用过盈配合组成外链节，而在滚子与套筒、套筒与轴销之间采用间隙配合。链条由多个内、外链节依次交替铰接构成。内、外链节可以相对转动。

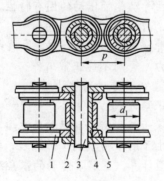

图 7.11　滚子链结构

1—内链板；2—外链板；3—轴销；4—套筒；5—滚子

当链轮轮齿和链节啮合传动时，链轮轮齿与滚子之间主要为滚动摩擦，故磨损较轻。链板制成 8 字形，可以减轻重量和运动时的惯性力。

链条上相邻两轴销之间的间距称为节距，以 p 表示，它是链传动的重要参数。节距越大，链传动各零件的结构尺寸越大，承载能力越高，但转动越不稳定。

当需要传递功率较大而又希望传动结构紧凑时，可采用小节距的双排链或多排链，其承载能力与排数成正比。由于各排受载不易均匀，故排数不宜过多。

滚子链轮如图 7.12 所示，链轮的结构主要根据链轮直径的大小确定，小直径链轮可制成图 7.12(a)所示的实心式；中等直径链轮可制成图 7.12(b)所示的孔板式；对于大直径链轮，为了提高轮齿的耐磨性，常将齿圈和齿心用不同材料制造，然后用图 7.12(c)所示的焊接方法，或图 7.12(d)所示的螺栓联接方法装配在一起。链轮的齿形可按 GB/T 1243—2006 中规定的参数设计和制造。若无特殊要求，可从市场上直接购置。

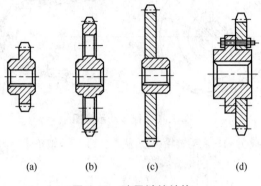

(a) 　　　 (b) 　　　 (c) 　　　 (d)

图 7.12　滚子链轮结构

本 章 小 结

　　　　本章对带传动进行了详细阐述，包括带传动的类型、特点和应用，带传动的工作特性，V 带设计计算及选用。对链传动进行了简要介绍。

　　带传动的组成、工作原理，普通 V 带横截面尺寸和基准长度，普通 V 带轮轮槽主要尺寸参数，带轮的 4 种结构形式。

　　带传动的受力特性。弹性滑动是带传动的固有特性，是不可避免的。当带传动出现过载时，则会发生打滑，打滑是可以避免的。

　　带传动的失效形式有打滑、磨损和疲劳断裂。摩擦式带传动的实质是产生的摩擦力必须大于或等于有效拉力，否则不能正常工作。

　　带传动的设计准则，普通 V 带传动的设计内容。

　　带传动的中心距调整和张紧方式。

　　链传动的组成和应用。滚子链和链轮的结构及主要参数。

　　本章的教学目标是使学生了解带传动的工作原理、类型及应用。掌握带传动的工作特性。学会带传动的选型计算。了解带传动的张紧结构。了解链传动的基本组成和主要参数。

推荐阅读资料

1. 黄平，朱文坚. 机械设计基础. 北京: 科学出版社，2009.
2. 胥宏，同长虹. 机械设计基础. 北京: 机械工业出版社，2008.

习　　题

7-1　带传动有何特点？

7-2　在相同的条件下，为什么普通 V 带比平带的传动能力大？

7-3　何谓带传动的弹性滑动和打滑？引起的原因各是什么？

7-4　带传动的主要失效形式是什么？单根普通 V 带所能传递的功率是根据什么准则确定的？

7-5　带传动装置在安装时，为什么要张紧？常用的张紧装置有哪几种？在什么情况下使用张紧轮？装在什么地方？

7-6　影响带传动工作能力的因素有哪些？

7-7　设计带传动时，若小带轮包角过小，对传动有什么影响？如何增大包角？

7-8　与带传动相比，链传动有哪些优点？

第8章 齿轮传动

通过本章的学习，了解齿廓啮合基本定律和渐开线齿廓的特点。了解渐开线齿轮的正确啮合条件和连续传动条件。掌握标准直齿圆柱齿轮基本参数选择和几何尺寸计算。了解齿轮传动的失效形式和计算准则。了解直齿锥齿轮传动、蜗杆传动的主要参数和主要几何尺寸计算。

能力目标	知识要点	权重	自测分数
了解齿轮传动的类型和特点，了解齿轮传动基本定律和渐开线齿廓	齿轮传动的特点和应用；齿廓啮合基本定律，渐开线的性质和渐开线齿廓啮合的特点；传动比	35%	
了解渐开线标准直齿圆柱齿轮各部分名称、尺寸和啮合传动特性，掌握齿轮传动基本计算内容	标准直齿圆柱齿轮各部分名称、几何尺寸计算，齿数、模数、分度圆直径和分度圆齿距间关系；渐开线齿轮的正确啮合和连续传动的条件	40%	
了解齿轮传动失效形式、设计准则和常用材料	5种主要失效形式，两个设计准则，常用材料	15%	
简要了解其他齿轮传动	斜齿圆柱齿轮、锥齿轮和蜗杆传动的特点	10%	

引例

电动机和内燃机等动力机通常转速较高但转矩较小，而通用机械设备中的执行机构则转速较低而所需的转矩较大。因此，在动力机和执行机构之间需要一种转速和转矩的转换机构，齿轮机构正是最常用的转换机构之一。

案例1：在一套塑料管拉拔成型装置中，牵引胶辊由一对直齿圆柱齿轮驱动，而且两牵引辊的中心距可少量游动，以防止将被牵引塑料管压扁。该装置在运行中常出现轻微冲击和抖动，从而影响牵引稳定性。经过认真分析和计算，发现问题出在中心距增大后齿轮重合度不足上，在改用斜齿圆柱齿轮后这一现象得以消除。

案例2：某厂自制的小型起重机采用了直齿圆柱齿轮减速机构，在起吊货物达到一定高度需要停留时，经常出现下滑现象，操作很不安全。由于直齿圆柱齿轮减速机构不具备自锁功能，只要驱动机停止驱动，很容易出现"倒车"现象，而采用蜗轮蜗杆减速机构则可解决这一问题。

　　以上案例表明，在选择齿轮传动类型时，既要满足两轴间的相互位置关系和传动关系，还应考虑转向、运动方式的转换、传动平稳性和连续性、承载能力以及自锁能力等要求。因此，有必要了解和掌握齿轮传动的类型、特点和相关知识。

8.1　概　　述

　　齿轮是在圆周上均匀分布着某种曲面齿廓的轮子。齿轮传动是典型的啮合传动，可以实现相距较近、相互位置任意的两轴间的运动和动力传递，是各种机械设备中应用最广泛、最多的一种传动机构。

8.1.1　齿轮传动的分类

1.　按照两齿轮轴线的相对位置分类

　　按两齿轮轴线的相对位置，齿轮传动可分为平行轴齿轮传动、相交轴锥齿轮传动和交错轴齿轮传动。

　　(1) 平行轴齿轮传动。包括直齿圆柱齿轮、斜齿圆柱齿轮和人字齿轮传动，如图 8.1(a)、(b)、(c)所示。外啮合、内啮合圆柱齿轮传动，如图 8.1(a)、(d)所示。齿轮和齿条传动，如图 8.1(h)所示。

　　(2) 相交轴锥齿轮传动。包括直齿和曲齿锥齿轮传动，如图 8.1(e)、(f)所示。

　　(3) 交错轴齿轮传动。包括交错轴斜齿轮传动，如图 8.1 (g)所示。

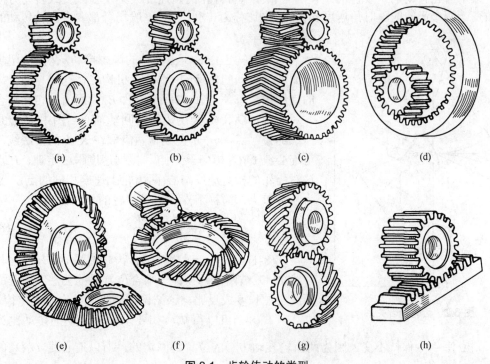

图 8.1　齿轮传动的类型

2. 按照工作条件分类

按照工作条件，齿轮传动又可分为闭式传动、开式传动和半开式传动。在闭式传动中，齿轮和轴承全部封闭在刚性箱体内，有良好的润滑条件，应用广泛。开式齿轮传动的齿轮完全外露，灰尘和杂物容易落入啮合区，且不能保证良好的润滑，齿面容易磨损。半开式齿轮传动有简单的防护罩，较开式齿轮工作条件要好，但仍难免有灰尘等落入。开式传动和半开式传动多用于低速传动和不太重要的场合。

3. 按齿轮的齿廓曲线分类

按齿轮的齿廓曲线形状，齿轮可分为渐开线齿轮、摆线齿轮和圆弧齿轮。

8.1.2　齿轮传动的特点

齿轮传动的主要优点是：传动比恒定，效率高，工作平稳，寿命长，结构紧凑，传动速度和传递功率范围广，可实现平行轴、相交轴和交错轴之间的传动。

其主要缺点是：制造和安装精度要求高，精度低时噪声、振动和冲击较大，不适用于轴间距较大的场合，无过载保护功能。

8.2　齿轮传动基本定律与渐开线齿廓

8.2.1　齿廓啮合基本定律

采用齿轮传动的主要目的是使两个相互啮合齿轮的角速度大小发生改变或转动方向发生改变。两个齿轮的瞬时角速度 ω_1 和 ω_2 之比称为传动比 i。一般场合都要求齿轮传动的传动比保持恒定。

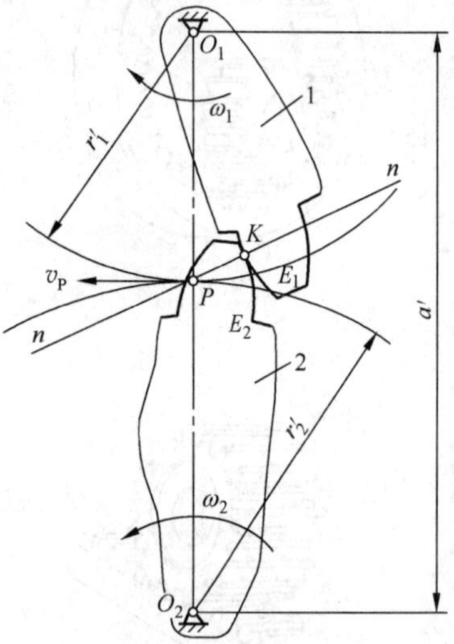

图 8.2　齿轮啮合关系

齿轮机构工作时，主动轮的齿廓推动从动轮的齿廓，从而实现运动的传递，所以齿轮机构的传动比与两个齿轮的齿廓曲线有关。图 8.2 所示 E_1、E_2 为两齿轮相互啮合的一对齿廓，O_1、O_2 为两齿轮的回转轴心。图中 K 点是两齿廓的接触点，n—n 直线是两齿廓在 K 点的公法线，且与连心线 O_1O_2 相交于 P 点。根据速度瞬心定理，P 点是这对齿轮的相对速度瞬心(两齿轮上速度相同的点)，又称为啮合节点，简称节点。所以齿轮的传动比为

$$i = \frac{\omega_1}{\omega_2} = \frac{O_2P}{O_1P} \tag{8-1}$$

式(8-1)表明，一对相互啮合齿轮的瞬时传动比，与连心线 O_1O_2 被两齿廓在任一啮合位置时的公法线所分成的两线段的长度成反比。该结论称为齿廓啮合基本定律。

从式(8-1)可以得知，如要求齿轮传动的传动比为常数，则应使 $\dfrac{O_2P}{O_1P}$ 保持不变。因为两齿轮转动中心的位置是固定的，所以连心线 O_1O_2 的长度不变，因而只要使 P 点的位置不变，则两轮的传动比为常数。由此可以得出结论：欲使

齿轮传动的传动比为常数，则必须使两齿轮的齿廓在任何接触点的公法线都通过两轮连心线 O_1O_2 上的固定点 P。

若 P 点的位置是变化的，则齿轮的传动比也会相应改变。工程中也有少量的变传动比齿轮(如椭圆齿轮)传动，这种齿轮传动的传动比是按一定规律变化的。

以 O_1 和 O_2 为圆心，过节点 P 所作的两个相切圆称为节圆。应当指出，一对齿轮啮合时，才有节点和节圆，单个齿轮不存在节点和节圆。两个节圆的半径和直径分别用 r_1'、r_2' 和 d_1'、d_2' 表示。因为节点的相对速度为零，所以一对齿轮传动时可看作两节圆作纯滚动。由此可见，一对齿轮的传动比等于两节圆半径的反比。即

$$i = \frac{\omega_1}{\omega_2} = \frac{r_2'}{r_1'} = \frac{d_2'}{d_1'}$$

两个齿轮转动中心之间的实际距离称为实际中心距，从图 8.2 中可以得知，一对外啮合齿轮的实际中心距为

$$a' = r_1' + r_2' = \frac{1}{2}(d_1' + d_2') \tag{8-2}$$

能满足齿廓啮合基本定律的一对相互啮合齿廓称为共轭齿廓(也称为共轭曲线)。理论上共轭齿廓有很多，但实际应用中，为了满足强度高、磨损小、寿命长、制造、安装方便等要求，在机械传动中常用的齿廓是渐开线。

8.2.2 渐开线及渐开线齿廓

1. 渐开线的形成和压力角

图 8.3 所示直线 II—II 沿一圆周作纯滚动时，其上任意一点 K 的轨迹 AK 称为该圆的渐开线。该圆称为渐开线 AK 的基圆，其半径和直径分别用 r_b 和 d_b 表示。直线 II—II 称为渐开线的发生线，从基圆圆心 O 到 K 点的长度 r_K 称为 K 点的向径。以同一基圆上产生的两条相反的渐开线作为齿廓的齿轮，即为渐开线齿轮。

齿轮传动时，另一渐开线齿廓对该渐开线齿廓所产生的作用力方向在法线方向，该作用力称为法向力 F_n。当齿轮绕 O 点旋转时，K 点的速度方向垂直于 OK。K 点的受力方向线与速度方向线间所夹的锐角 α_K 称为该点的压力角。由图 8.3 可知：

$$\cos\alpha_K = \frac{r_b}{r_K} \tag{8-3}$$

上式表示渐开线上各点压力角不等，r_K 越大(即 K 点离轮心越远)，其压力角越大。在渐开线的起始点(基圆上)压力角等于零。

2. 渐开线的性质

从渐开线的形成过程可以得知，渐开线的特征如下。

(1) 发生线 II—II 在基圆上滚过的线段长 NK 等于基圆上被滚过的弧长 NA，即 $NK=NA$。

(2) 由于发生线沿基圆作纯滚动，所以 N 点为曲率中心，线段 NK 既是渐开线上 K 点的曲率半径，也是渐开线上 K 点的法线，同时也是基圆在 N 点的切线。也就是说，渐开线上任意一点的法线必定与基圆相切。

(3) 渐开线上各点的曲率半径不相等。K 点离基圆越远，其曲率半径 NK 越大，渐开线越趋于平直。反之，则曲率半径越小，渐开线越弯曲，如图 8.3 所示。

(4) 渐开线的形状取决于基圆的大小。同一基圆上的渐开线形状完全相同。基圆越小，渐开线越弯曲；基圆越大，渐开线越平直，当基圆半径趋于无穷大时，渐开线将成为一条直线，如图 8.4 所示。齿条是基圆半径无穷大时的齿轮，因此，渐开线齿条的齿廓就是直线。

(5) 基圆内无渐开线。

(6) 渐开线上各点的压力角不相等。

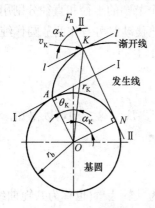

图 8.3　渐开线的形成

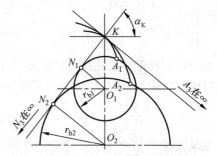

图 8.4　基圆大小与渐开线的形状关系

8.2.3　渐开线齿轮的啮合特点

1. 传动比恒定

图 8.5 所示为在 K 点啮合的一对渐开线齿廓，两轮的基圆半径分别为 r_{b1} 和 r_{b2}，K 点处的齿廓公法线为 N_1N_2。由渐开线的特性可知，两齿廓曲线在啮合点的公法线就是两基圆的

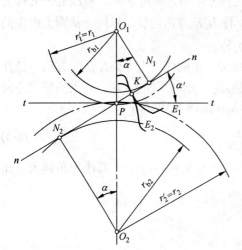

图 8.5　齿轮啮合关系

内公切线，它与连心线 O_1O_2 相交于 P 点。在传动过程中，由于两齿轮的基圆大小和传动中心距不变，两轮的内公切线方向和位置也不变。因此，不论两齿廓在任何位置接触，其接触点的公法线都必将与连心线 O_1O_2 相交于固定点 P。由于 P 点的位置不变，所以 O_1P 与 O_2P 的长度也不变。根据啮合基本定律，其传动比为

$$i_{12} = \frac{\omega_1}{\omega_2} = \frac{O_2P}{O_1P} = \frac{r_{b2}}{r_{b1}} = \frac{r_2}{r_1} = 常数 \qquad (8\text{-}4)$$

式中，r_1 和 r_2 分别为两齿轮的节圆半径(mm)。

2. 受力方向不变

齿轮传动时，两齿廓接触点的轨迹称为啮合线。由于一对渐开线齿廓的啮合点总是在两基圆的内公切线上移动，因此，两基圆的内公切线就是啮合线。在图 8.5 中，若过节点 P 作两节圆的公切线 tt，它与啮合线 N_1N_2 所夹的锐角称为啮合角，用 α' 表示。显然，渐开线齿轮传动中的啮合线是一条固定直线，啮合角 α' 为常数，数值上等于节圆上的压力角。由于齿廓所产生的作用力方向在法线方向上，啮合角不变，意味着渐开线齿轮的传力方向始终不

变。这一特性有利于保持传动平稳，减小冲击。

如果齿轮传递的转矩恒定，则轮齿之间、轴与轴承之间的作用力大小和方向均不变，这有利于保持传动平稳，减小冲击。

3. 传动的可分离性

由于齿轮制造和安装误差以及轴承磨损等原因，齿轮工作中实际中心距与设计中心距往往有偏差，但这并不影响渐开线齿轮传动的传动比。这是由于渐开线齿轮的传动比与两齿轮基圆半径成反比，而齿轮制成后基圆大小是定值的缘故。所以，尽管中心距有变化，但传动比并不变。这个特性称为渐开线齿轮传动的可分离性。可分离性是渐开线齿轮传动的独特优点，也是其得到广泛应用的原因之一。此外，根据渐开线齿轮的可分离性还可以设计变位齿轮。

8.3 标准直齿圆柱齿轮各部分名称与尺寸

8.3.1 齿轮各部分的名称

渐开线齿轮各部分尺寸均为标准尺寸，可参考 GB/T 2821。图 8.6 所示为标准直齿圆柱齿轮的一部分，其各部分的名称与符号如下。

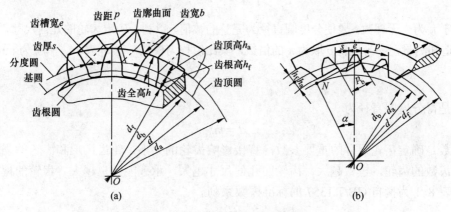

图 8.6 渐开线齿轮各部分的名称

(1) 齿顶圆。过齿轮齿顶所作的圆称为齿顶圆，其半径和直径分别以 r_a 和 d_a 表示。

(2) 齿根圆。过齿轮齿根所作的圆称为齿根圆，其半径和直径分别以 r_f 和 d_f 表示。

(3) 分度圆。在齿轮上所选择的作为尺寸计算基准的圆称为分度圆，其半径和直径分别以 r 和 d 表示。

(4) 齿槽宽、齿厚、齿距。齿轮上相邻轮齿之间的空间称为齿槽。齿槽在任意圆周上所切得的弧长称该圆周上的齿槽宽。一个轮齿的两侧齿廓之间的弧长称为该圆周上的齿厚。相邻两轮齿同侧齿廓之间的弧长，称为该圆周上的齿距。习惯上，在作为尺寸计算基准的分度圆上切得的齿槽宽以 e 表示，齿厚以 s 表示，齿距以 p 表示。对标准齿轮，分度圆上的齿厚与齿槽宽相等，且该圆上所有尺寸和参数符号都不带下标。显然有

$$s = e = \frac{p}{2} \tag{8-5}$$

(5) 齿顶高、齿根高、全齿高。齿顶圆与分度圆之间的径向距离称为齿顶高，以 h_a 表示。齿根圆与分度圆之间的径向距离称为齿根高，以 h_f 表示。齿顶圆与齿根圆之间的径向距离称为全齿高，以 h 表示。显然有

$$h_a + h_f = h \tag{8-6}$$

(6) 基圆。形成渐开线齿轮齿廓的圆称为该齿轮的基圆，其半径和直径分别用 r_b 和 d_b 表示。

(7) 齿宽。齿轮的有齿部位沿轴线方向的宽度称为齿宽，以 b 表示。

8.3.2 标准直齿圆柱齿轮基本参数与几何尺寸

模数 m、压力角 α、齿顶高系数 h_a^* 和顶隙系数 c^* 均为标准值，且分度圆上的齿厚等于齿槽宽($s = e$)的齿轮称为标准齿轮。基本参数如下。

(1) 齿数 z。在齿轮整个圆周上轮齿的总数称为该齿轮的齿数，用 z 表示。齿数的多少影响齿轮的几何尺寸，也影响齿廓曲线的形状。

(2) 模数 m 和分度圆直径 d。齿轮的分度圆直径、齿数和分度圆齿距之间关系为

$$\pi d = pz$$

由此可得

$$d = \frac{p}{\pi}z$$

由于 π 为一无理数，要使分度圆直径为完整的数值，以利于确定齿轮的几何尺寸，便于设计、制造和测量，人为地将 p 取为 π 的倍数，其比值称为模数，以 m 表示，单位为 mm。即

$$m = \frac{p}{\pi}$$

于是得分度圆直径为

$$d = mz \tag{8-7}$$

模数是确定齿轮尺寸的重要参数，直接影响齿轮的大小、轮齿齿形和齿轮的强度。对于相同齿数的齿轮，模数越大，齿轮的几何尺寸越大，承载能力也越大。齿轮的模数已标准化，表 8-1 为摘自 GB/T 1357 的标准模数系列。

表 8-1　标准模数系列

第一系列	1	1.25	1.5	2	2.5	3	4	5	6	8	10	12	16	20	25	32	40	50
第二系列	1.75	2.25	2.75	(3.25)	3.5	(3.75)	4.5	5.5	(6.5)	7	9	(11)	14	18	22	28	36	45

注：优先选用第一系列，括号内模数尽量不用。

(3) 压力角 α。由式(8-3)可知，在不同圆上有不同的压力角。在分度圆上的压力角为

$$\cos\alpha = \frac{r_b}{r} = \frac{d_b}{d} \tag{8-8}$$

我国规定分度圆上的压力角为标准值，取 $\alpha = 20°$。

(4) 轮齿的径向尺寸。除分度圆直径 d 外，标准直齿圆柱齿轮轮齿的径向尺寸还包括齿顶高 h_a、齿根高 h_f、顶隙 c、全齿高 h、齿顶圆直径 d_a 和齿根圆直径 d_f。需要说明的是，顶隙可以存储润滑油，有利于齿轮传动，还能防止一个齿轮的齿顶与另一个齿轮的齿根发生干涉。

圆柱齿轮有正常齿和短齿两种制式，其齿顶高系数和顶隙系数的标准值，见表 8-2。渐开线标准直齿圆柱齿轮几何尺寸的计算公式见表 8-3。

表 8-2　渐开线圆柱齿轮的齿顶高系数和顶隙系数

系数	正常齿	短齿
h_a^*	1	0.8
c^*	0.25	0.3

表 8-3　渐开线标准直齿圆柱齿轮几何尺寸的计算公式

名称	计算公式或选择原则
模数	根据轮齿的强度要求或结构条件选用标准值
齿数	根据工作或结构要求确定
压力角	$\alpha = 20°$
齿顶高	$h_a = h_a^* m$
齿根高	$h_f = (h_a^* + c^*)m$
全齿高	$h = h_a + h_f = (2h_a^* + c^*)m$
顶隙	$c = c^* m$
分度圆直径	$d = mz$
齿顶圆直径	$d_a = d + 2h_a = (z + 2h_a^*)m$
齿根圆直径	$d_f = d - 2h_f = (z - 2h_a^* - 2c^*)m$
基圆直径	$d_b = d \cos \alpha$
齿距	$p = \pi m$
齿厚	$s = \dfrac{\pi m}{2}$
齿槽宽	$e = \dfrac{\pi m}{2}$
标准中心距	$a = \dfrac{1}{2}(d_1 + d_2) = \dfrac{m}{2}(z_1 + z_2)$

8.4　渐开线直齿圆柱齿轮的啮合传动特性

8.4.1　渐开线齿轮正确啮合的条件

渐开线齿轮的齿数和模数可以有多种选择，有可能使两齿轮的尺寸完全不同。选择齿轮传动时必须保证两齿轮能正确啮合。

图 8.7 所示为渐开线齿轮的传动过程，当前一对轮齿在啮合线上的 K 点相啮合时，后一对轮齿必须在啮合线上的 K′ 点进入啮合。KK′ 既是齿轮 1 的法向齿距，又是齿轮 2 的法向齿距。根据渐开线的性质，齿轮的法向齿距等于基圆齿距。由此可知，两齿轮要正确啮合，它们的基圆齿距必须相等。若以 p_b 表示基圆齿距，则有

$$p_{b1} = p_{b2}$$

根据式(8-8)可知

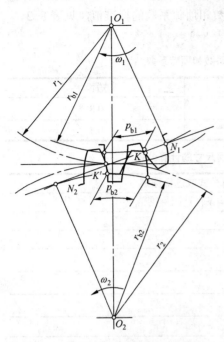

图 8.7　渐开线齿轮的正确啮合条件

$$p_{b1} = \frac{\pi d_{b1}}{z_1} = \frac{\pi d_1 \cos \alpha_1}{z_1} = \pi m_1 \cos \alpha_1$$

$$p_{b2} = \frac{\pi d_{b2}}{z_2} = \frac{\pi d_2 \cos \alpha_2}{z_2} = \pi m_2 \cos \alpha_2$$

因此

$$m_1 \cos \alpha_1 = m_2 \cos \alpha_2$$

由于模数和压力角都已标准化，为使上式成立，必须满足

$$\left.\begin{array}{l} m_1 = m_2 = m \\ \alpha_1 = \alpha_2 = \alpha \end{array}\right\}$$

所以渐开线齿轮正确啮合的条件为：相啮合两齿轮的模数和压力角应分别相等。

8.4.2　渐开线齿轮连续转动的条件

图 8.8 所示为一对相互啮合的齿轮。主动轮 1 的齿根部推动从动轮 2 的齿顶部，齿廓的啮合起始于从动轮齿顶圆与啮合线的交点 B_2。当轮 1 继续推动轮 2 转动时，啮合点将沿着啮合线移动。当啮合点移动到齿轮 1 的齿顶圆与啮合线的交点 B_1 时(图中齿廓虚线与啮合线的交点)，齿廓啮合终止。线段 $B_1 B_2$ 为齿廓啮合点的实际轨迹，称为实际啮合线段。而线段 $N_1 N_2$ 称为理论啮合线段。

在啮合过程中，如果前一对齿到达 B_1 点终止啮合时后一对轮齿尚未进入啮合，则不能保证两轮实现定传动比的连续传动，从而将破坏传动的平稳性而产生冲击。为了避免此种现象发生，应使 $B_1 B_2 \geqslant p_b$。即保证连续传动的条件是：实际啮合线长度 $B_1 B_2$ 大于等于齿轮的基圆齿距 p_b。

实际啮合线长度与基圆齿距的比值称为齿轮的重合度，用 ε 表示，即

$$\varepsilon = \frac{B_1 B_2}{p_b} \geqslant 1$$

若 $\varepsilon = 1$，则表示传动过程中始终只有一对齿在啮合，从而齿轮传动刚好连续。通常取 $\varepsilon > 1$，以确保在存在制造和安装误差的情况下，齿轮能够连续传动。重合度越大，同时参与啮合的轮齿越多，每对轮齿所受载荷越小，齿轮的承载能力越大。

对于在标准中心距下安装的渐开线标准圆柱齿轮传动，其重合度通常大于 1，因此，一般不必核算其重合度。

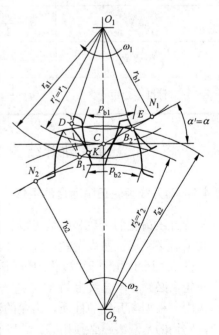

图 8.8　渐开线齿轮的连续传动

8.4.3 渐开线齿轮转动的中心距

一对齿轮分度圆相切的中心距称为标准中心距。渐开线标准圆柱齿轮传动的标准中心距为

$$a = r_1 + r_2 = \frac{1}{2}m(z_1 + z_2) \tag{8-9}$$

应该指出，当两齿轮啮合传动时，才有节点和节圆，且两节圆相切，所以其实际中心距必定等于两轮节圆半径之和。只有两齿轮按标准中心距安装时，两分度圆才与节圆重合，此时实际中心距才等于标准中心距(两分度圆半径之和)。

8.5 齿轮的失效形式与齿轮材料

8.5.1 齿轮的失效形式

齿轮丧失了规定的功能而不能正常工作，称之为失效。齿轮传动的失效主要发生在轮齿部分，其主要失效形式包括轮齿折断，齿面的疲劳点蚀、胶合、磨粒磨损和塑性变形等。

1. 疲劳点蚀

相互啮合的两轮齿接触时，由于啮合点的位置是变化的，且轮齿在进行周期性交替工作，齿面间的接触应力是脉动循环变化的。在这种交变接触应力作用下，齿面的刀痕处会出现微小的裂纹，随着时间的推移，这种裂纹逐渐沿表层横向扩展，裂纹形成环状后，使轮齿的表面产生微小面积的剥落而形成一些疲劳浅坑，这种现象称为齿面的疲劳点蚀。齿轮发生疲劳点蚀后，将使轮齿啮合精度和稳定性下降，从而影响齿轮传动的寿命和正常使用。通过理论分析和实验表明，疲劳点蚀一般发生在齿根表面靠近节线处。

为提高齿面的抗疲劳强度，可以采用提高齿面硬度、降低齿面粗糙度以及增大润滑油的黏度等措施。软齿面(HBW≤350)的闭式齿轮传动易发生齿面疲劳点蚀而失效。对于开式齿轮传动，由于齿面磨损较快，一般不出现疲劳点蚀。

2. 轮齿折断

齿轮轮齿的力学模型可以简化为悬臂梁，当轮齿受到载荷作用后，齿根处产生的弯曲应力最大，且由于较小的齿根圆角和切削产生的刀痕等都能引起应力集中，当轮齿受到冲击载荷或过载时，很容易使轮齿从齿根处断裂，此种情况下的断裂称为轮齿的过载折断。模数较小的齿轮和脆性材料制成的齿轮易发生断裂。另外，即使齿根处的弯曲应力并不大，有时也会发生突然断裂。其原因是轮齿的弯曲应力超过了齿根弯曲疲劳极限，在多次的变载荷作用下，齿根圆角处会产生疲劳裂纹，且随着传动时间的延长，轮齿的裂纹逐渐加大而导致疲劳折断。

为了防止轮齿弯曲疲劳折断，应对轮齿进行弯曲疲劳强度计算。还可以采用增大齿根过渡圆角半径、提高齿面加工精度等工艺措施来提高轮齿抗弯曲疲劳能力。

3. 齿面胶合

在高速重载的齿轮传动中，因齿面间的摩擦力较大，相对速度大，致使啮合区温度过

高而导致润滑失效，使得两轮齿的金属表面直接接触，从而发生相互粘结。当两齿面继续相对运动时，较硬的齿面会将较软的齿面上的部分材料沿滑动方向撕下而形成沟纹。这种现象称为齿面胶合。

提高齿面硬度和减小表面粗糙度能增强抗胶合能力。对于速度较低的齿轮传动，采用黏度较大的润滑油；对于速度较高的齿轮传动，采用含抗胶合添加剂的润滑油可以降低齿面胶合的可能性。

4. 齿面磨损

对于开式齿轮传动或含有不清洁润滑油的闭式齿轮传动，由于啮合齿面间的相对滑动，使一些较硬的磨粒，如灰砂、金属屑等进入摩擦表面，从而导致齿面间的磨粒磨损。

减少磨粒磨损的措施是：对于闭式齿轮传动，要采用润滑油过滤装置并经常更换润滑油。对于开式齿轮传动，要定期清洁和润滑轮齿。磨粒磨损是开式齿轮传动的主要失效形式。

5. 齿面塑性变形

在冲击载荷或重载下，齿面易产生局部的塑性变形，从而使渐开线齿廓的曲面发生变形，因而影响齿轮传动的精度和平稳性。

为防止齿面塑性变形，可采用提高齿面硬度、降低工作载荷等措施。

8.5.2　设计准则

在设计普通的齿轮传动时，一般只对点蚀和轮齿疲劳折断的失效形式建立计算准则，即只按保证齿面的接触疲劳强度和轮齿的弯曲疲劳强度两个准则进行计算。

对于闭式软齿面(HBW≤350)传动，轮齿的主要失效形式为齿面接触疲劳破坏，应先按齿面接触疲劳强度计算齿轮的分度圆直径和其他几何参数，然后再校核轮齿的弯曲疲劳强度。对于闭式硬齿面(HBW＞350)传动，齿轮的主要失效形式为轮齿的弯曲疲劳折断，应先按轮齿的弯曲疲劳强度确定模数和其他几何参数，然后再校核齿面接触疲劳强度。

对于开式或半开式齿轮传动，其主要失效形式为齿面的磨粒磨损和轮齿的弯曲疲劳折断，目前一般只进行轮齿的弯曲疲劳强度计算。在工程实际中，为补偿轮齿因磨损对强度的影响，设计时可将强度计算获得的模数适当加大。

有关齿轮强度计算的内容可参照相关机械设计手册或机械设计基础教材。

8.5.3　齿轮的材料

齿轮常用的材料主要是锻钢和铸钢，对于不重要的或载荷较小的齿轮传动，可以选用铸铁或非金属材料。

1. 锻钢

钢材经锻造后，改善了材料内部纤维组织，其强度较直接用轧制钢材为好。所以，重要齿轮都采用锻钢。

软齿面齿轮硬度较低，承载能力不高，但易于跑合，齿轮制造工艺较简单，适用于一般机械传动。硬齿面齿轮承载能力大、精度高，但制造工艺复杂，一般用于高速重载及结构要求紧凑的机械，如机床、运输机械及煤矿机械。

2. 铸钢

齿轮直径大于 500mm 时，毛坯不宜锻造，可采用铸钢。

3. 铸铁

铸铁齿轮的抗弯强度和耐冲击性较差，但易于加工，成本低，适用于轻载、低速、载荷平稳和润滑条件较差的场合。

4. 非金属材料

尼龙或塑料齿轮能减小高速齿轮传动的噪声，适用于高速小功率及精度要求不高的齿轮传动。

齿轮常用材料的力学性能见表 8-4。

表 8-4 齿轮常用材料的力学性能

种类	材料	热处理方法	硬度/HBW
优质碳素钢	45	正火	169～217
		调质	217～255
		表面淬火	48～55HRC
合金钢	40Cr	调质	240～285
		表面淬火	48～55HRC
	40MnB	调质	240～280
	42SiMn	调质	217～286
		表面淬火	45～55HRC
	20Cr	渗碳、淬火、回火	56～62HRC
	20CrMuTi	渗碳、淬火、回火	56～62HRC
铸钢	ZG310-570	正火	160～200
	ZG340-640	正火	179～207
灰铸铁	HT200	—	163～255
	HT300	—	169～255
球墨铸铁	QT500-5	—	147～241
	QT600-2	—	229～302

8.6 其他齿轮传动简介

8.6.1 平行轴斜齿圆柱齿轮传动

前面介绍的渐开线齿形，实际上只是直齿圆柱齿轮的端面齿形，而齿轮是有宽度的，因此轮齿的齿廓沿轴线方向形成一曲面。直齿圆柱齿轮齿廓曲面的形成如图 8.9 所示，发生面与基圆柱相切作纯滚动时，平面上与圆柱母线平行的直线 KK' 所展成的渐开线曲面，即为直齿圆柱齿轮的齿廓曲面。

斜齿圆柱齿轮的齿廓形成与直齿圆柱齿轮的齿廓形成相似，只是直线 KK' 不再与齿轮的圆柱母线平行，而是与它成一锐角 β_b，如图 8.10 所示。当发生面沿基圆柱作纯滚动时，直线 KK' 上各点展成渐开线曲面，就形成了斜齿轮的渐开螺旋形齿廓曲面。β_b 称为基圆柱上的螺旋角。

由齿廓的形成可知，直齿轮在啮合过程中，每一瞬时齿面的接触线为平行于轴线的直线，工作时，一个轮齿的整个齿宽同时进入啮合，又同时脱离啮合，即轮齿突然加载，又突然卸载，因此直齿轮传动的平稳性较差，容易引起冲击和噪声。而斜齿轮轮齿为倾斜的，在啮合过程中，轮齿是逐渐进入啮合，又逐渐脱离啮合，即轮齿的加载和卸载都比较平缓。同时，由于斜齿轮轮齿的倾斜增加了重合度，因此斜齿轮的重合度比直齿轮大，传动平稳，承载能力高，常用于高速重载传动中。

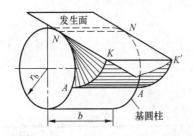

图 8.9　直齿圆柱齿轮齿廓的形成

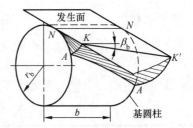

图 8.10　斜齿圆柱齿轮齿廓的形成

8.6.2　直齿锥齿轮传动

锥齿轮传动用于传递相交轴之间的运动和动力，两轴的夹角可由工作要求确定。由于轮齿分布在圆锥面上，它的齿形由小端到大端逐渐增大。它们的回转平面不在同一平面内，锥齿轮的轮齿分直齿、斜齿和曲齿 3 种。在生产中广泛应用的是轴间角为 90° 的直齿锥齿轮传动，如图 8.11 所示。

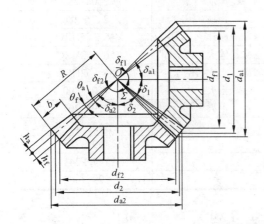

图 8.11　直齿锥齿轮的几何尺寸

8.6.3　蜗杆传动

蜗杆传动主要由蜗杆与蜗轮组成，如图 8.12 所示。蜗杆的形状类似螺旋，有左旋和右旋之分，一般为主动件。蜗轮是一个具有特殊形状的斜齿轮。通常蜗杆传动的两轴交错成 90°，用于传递两交错轴之间的运动和动力。

与齿轮传动相比，蜗杆传动的主要特点如下：

(1) 传动比大。传递动力时，单级传动比 $i=8\sim80$。传递运动时，例如机床分度机构，传动比可达 1000。

(2) 传动平稳，噪声低。由于蜗杆的齿为一条连续螺旋线，所以传动平稳，噪声小。

(3) 结构紧凑。

(4) 可实现自锁。当蜗杆的螺旋角小于啮合副材料的当量摩擦角时，蜗杆可以带动蜗轮，而蜗轮无法带动蜗杆。起重设备等常利用此功能实现反向自锁，以保证生产安全。

(5) 传动效率低。啮合处相对滑动速度高，磨损大，易发热，不适于大功率长时间连续工作。

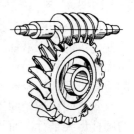

图 8.12　蜗杆传动

(6) 制造成本较高。为减小摩擦和磨损，增强耐热和抗胶合能力，蜗轮常用较贵重的青铜制造，蜗杆则需要在淬硬后进行磨削，因此，制造成本提高。

本 章 小 结

本章对常见的齿轮传动进行了详细阐述，包括齿轮传动类型、特点和应用场合、齿轮传动基本定律、渐开线直齿圆柱齿轮的啮合传动特性、标准直齿圆柱齿轮各部分名称、主要参数和几何尺寸计算、齿轮的失效形式与齿轮材料等。简要介绍了斜齿圆柱齿轮、锥齿轮和蜗杆传动的特点和主要参数。

齿轮传动可实现平行轴、相交轴和交错轴之间的运动和动力传递，传动比恒定，工作平稳，结构紧凑，传动速度和传递功率范围广。

两轴平行时，常用直齿圆柱齿轮传动；两轴相交时，常用锥齿轮传动；传动比较大，或需要反向自锁时，常用蜗杆传动。

斜齿圆柱轮齿在啮合过程中，轮齿逐渐进入啮合，又逐渐脱离啮合，轮齿的加载和卸载都比较平缓，且轮齿的倾斜增加了重合度，承载能力高。

齿廓啮合基本定律是指一对相互啮合齿轮的瞬时传动比，与连心线 O_1O_2 被两齿廓在任一啮合位置时的公法线所分成的两线段的长度成反比。满足齿廓啮合基本定律的一对相互啮合齿廓称为共轭齿廓，最常用的是渐开线齿廓。

渐开线齿廓具有传动比恒定、受力方向不变和传动的可分离性等特点。

渐开线齿轮的正确啮合的条件为：相啮合两齿轮的模数和压力角分别相等。连续传动条件为：实际啮合线长度大于等于齿轮的基圆齿距。

标准直齿圆柱齿轮各部分名称：齿顶圆、齿根圆、分度圆、齿槽宽、齿厚、齿距、齿顶高、齿根高、全齿高、基圆和齿宽。

标准直齿圆柱齿轮传动主要参数：齿数 z、模数 m、分度圆直径 d、传动比 i、中心距 a。

标准直齿圆柱齿轮主要几何尺寸的计算。

齿轮传动的主要失效形式是轮齿折断，齿面的疲劳点蚀、胶合、磨粒磨损和塑性变形等。

本章的教学目标是使学生了解齿轮传动基本定律，掌握标准直齿圆柱齿轮的几何尺寸计算，学会齿轮传动主要参数的选择和计算。了解斜齿圆柱齿轮、锥齿轮和蜗杆传动的特点。

 推荐阅读资料

1. 孙建东，李春书. 机械设计基础. 北京：清华大学出版社，2007.
2. 周亚焱，程有斌. 机械设计基础. 北京：化学工业出版社，2008.

习　题

一、简答题

8-1　分别指出哪些齿轮传动能够实现平行轴、相交轴和空间交错轴传动。

8-2　渐开线的性质有哪些？如何理解"渐开线上各点的压力角不相等"？

8-3　如果实际安装中心距与标准中心距有轻微差别，是否影响渐开线齿轮的传动比？

8-4　齿轮传动为什么一定要满足正确啮合和连续传动的条件？

8-5　标准直齿圆柱齿轮的正确啮合条件是什么？连续传动的条件又是什么？

8-6　分度圆与节圆、压力角与啮合角各有什么不同？在什么条件下分度圆与节圆重合、压力角与啮合角相等？

8-7　什么是模数？其物理意义是什么？

8-8　平行轴斜齿圆柱齿轮传动的啮合特点是什么？

8-9　齿轮的主要失效形式有哪些？

8-10　对齿轮材料的基本要求是什么？常用齿轮材料有哪些？

8-11　软齿面齿轮和硬齿面齿轮是如何划分的？对软齿面齿轮，为何要使小齿轮的硬度比大齿轮高 30～50HBW？

8-12　蜗杆传动的特点是什么？

二、计算题

8-1　已知齿轮的模数 m=4，齿数 z=30。计算齿轮的齿距 p 和分度圆直径 d。

8-2　一标准直齿圆柱齿轮传动。已知：齿距 p=12.56mm，中心距 a=160mm，传动比 i=3。试计算两齿轮的模数 m、齿数 z_1 和 z_2。

8-3　一标准外啮合直齿圆柱齿轮，已知 z=20，m=2mm，$\alpha = 20°$，$h_a^* = 1.0$，$c^* = 0.25$。试计算齿轮的分度圆直径、齿顶圆直径、齿根圆直径、基圆直径、齿距、齿厚和齿槽宽。

第9章 轴、轴承和联轴器

通过学习的本章，了解轴的类型、结构和材料，掌握轴的结构设计、受力分析和强度计算方法。了解轴承的类型和选型计算。了解联轴器的类型。

能力目标	知识要点	权重	自测分数
了解轴的类型，掌握结构设计要素和强度计算方法	轴的类型和材料，轴的结构及工艺性，轴上零件的固定，轴的设计计算	35%	
了解轴承的类型，掌握滚动轴承的选型	轴承的类型和适用场合，滑动轴承的结构和轴承材料，滚动轴承的类型、结构和选型	40%	
了解联轴器的功用、类型和应用场合	刚性联轴器的类型和应用，挠性联轴器的种类和适用场合	25%	

引例

轴的主要功能是支承作回转运动的零件，有的仅做支承件，有的需要传递运动和动力，还有的需要进行运动方式的转化。轴承用来支承轴，承受轴的载荷，保持轴和轴上零件有一定的旋转精度，减少轴回转运动时的摩擦和磨损。联轴器作为轴与轴之间连接件，用于传递运动和动力。轴承、联轴器和轴上其他零件构成轴的组件，需要在轴的结构设计时通盘考虑。

案例：一台导爆管自动切断机的主动牵引轴上装有牵引辊、齿轮、计数盘，两端用滚动轴承支承，输入端采用梅花式联轴器与减速器相连。为了便于调整轴承的轴向位置，试制时特意在两个主轴颈处分别预留了 20mm 的轴向宽度。正是这个预留宽度，给机器运转时整个牵引轴向远离减速箱的方向蹿动提供了空间。由于主动牵引轴与减速器很难实现完全同轴，联轴器的凸齿在传递动力时会产生一个轴向分力，推动整个牵引轴蹿动。据此，通过在外侧轴承和牵引轴定位台肩间增加一个套圈，很快就解决了问题。

以上案例表明，在设计轴的结构时，既要满足基本功能的需要，也要确保轴上零件的位置固定，还要兼顾轴上零件的相互关系、拆装等多方面问题，同时也需要了解轴承和联轴器的相关知识。

9.1 　轴

轴的主要功用是支承回转零件，使零件具有确定的工作位置，并传递运动和动力。轴是机器的最重要零件之一。

9.1.1 　轴的分类

轴的种类较多，通常按承载情况和轴线的形状进行分类。

1. 按承载情况分类

(1) 转轴。工作中既承受弯矩又承受扭矩的轴称为转轴。图 9.1 所示普通减速器中的齿轮轴属于转轴，其中齿轮 1、主轴 3 和联轴器 4 之间的动力是通过键来传递的，轴承 2 为支承件。转轴在各类机械中最为常见。

(2) 心轴。只承受弯矩而不承受扭矩的轴称为心轴，心轴又可分为固定心轴和转动心轴。如自行车的前、后轴，火车车厢的车轮轴等。图 9.2(a)所示为固定心轴，其中滑轮轴固定不动，若载荷不变，则轴上的弯曲应力为定值。图 9.2(b)所示为转动心轴，其中滑轮轴与滑轮同步转动，若载荷不变，则轴上的弯曲应力为交变应力。

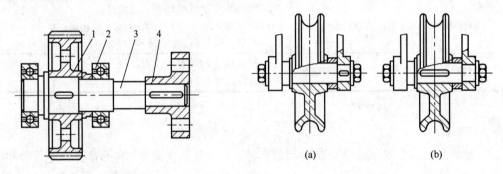

图 9.1 　转轴 　　　　　　　　　　　　　图 9.2 　心轴

1—齿轮；2—轴承；3—主轴；4—联轴器 　　　(a) 固定心轴；(b) 转动心轴

(3) 传动轴。只承受扭矩而不承受弯矩或承受较小弯矩的轴称为传动轴，图 9.3 所示的汽车传动轴属于此类轴。

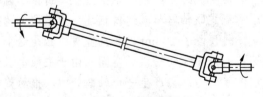

图 9.3 　传动轴

2. 按轴线的形状分类

(1) 直轴。直轴按其外形的不同，可分为光轴(轴外径相同)和阶梯轴两种。光轴形状简单，加工容易，应力集中源少，但轴上的零件不易装配和定位。阶梯轴便于轴上零件的装拆、定位与紧固，在机器中应用广泛。

(2) 曲轴。曲轴是往复式机械中的专用零件，主要用于将旋转运动转化为往复运动或将往复运动转化为旋转运动，如图 9.4 所示。

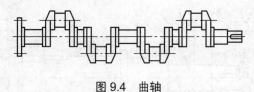

图 9.4　曲轴

(3) 挠性钢丝轴。挠性钢丝轴可将旋转运动和扭矩传递到空间的任意位置。

9.1.2　轴的材料

轴是机器中的重要零件，而且由于工作时产生的多为交变应力，最易引起疲劳破坏。因此要求轴的材料应具有良好的综合力学性能。主要体现在：足够高的强度和韧性、对应力集中敏感性小、良好的加工工艺性和耐磨性。

碳素钢对应力集中的敏感性低，通过调质处理可改善机械性能，且价格低廉、应用较广。常用的有 30、40、45 和 50 钢，其中以 45 钢最常用。对于载荷小或非重要的轴，也可用普通碳素钢，无需热处理。

合金钢比碳素钢具有更高的力学性能和更好的淬火性能，但对应力集中比较敏感，价格较贵。对于强度和耐磨性要求高的轴，以及在高温或腐蚀性条件下工作的轴，常采用合金钢。常用的合金钢有 20Cr、20CrMnTi、35SiMn、40Cr、40CrNi 等。

轴也可用合金铸铁和球墨铸铁制造。铸铁铸造性好，有良好的吸振性和耐磨性，对应力集中不敏感，可用于制造形状复杂的轴。但由于强度和韧性较低，铸造质量不易控制，在使用上受到了一定的限制。

轴的毛坯一般用轧制的圆钢或锻件。锻件的内部组织比较均匀，强度较高，所以重要的轴以及大尺寸或阶梯尺寸变化较大的轴，常采用锻件毛坯。

9.1.3　轴的结构设计

轴的结构设计是确定合理的形状和结构尺寸。设计时既要使轴的结构满足工作精度、强度和刚度等功能要求，还要综合考虑轴与轴上零件、轴与支承、轴与密封等的位置关系，使轴上的零件定位准确、固定可靠，确保轴和轴上的零件能正常工作，并兼顾制造和装配工艺性。

轴的一般设计步骤是：根据受载性质和工作条件选择材料；初步确定轴的结构；进行轴的强度和刚度校核以确定最终尺寸；综合考虑轴的加工、轴上零件的定位和装配等要求，绘出轴的设计图。

1. 轴的外形和结构尺寸

轴的外形多为阶梯形的圆柱体。习惯上，将轴上安装旋转零件的部位称为轴头，与轴承配合的部分叫轴颈，其他部分叫轴身。

图 9.5 所示为减速箱上的一根转轴结构。驱动机的运动和动力通过皮带传给皮带轮，皮带轮与轴以及轴与齿轮之间的动力传递靠键来实现。轴上带轮、轴承和齿轮等的位置由总体结构方案决定。轴的结构设计主要是确定每一段的长度、直径、形状(如圆形、矩形、

锥形和螺纹),各段之间的过渡关系(如过渡圆角、倒角),轴上零件的固定方式(轴向和周向)和工艺结构(加工、装配和拆卸)等。

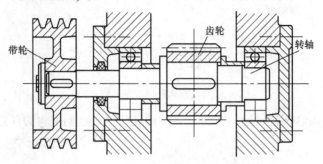

图 9.5　轴的结构

2. 零件在轴上的轴向定位与固定

零件在轴上的轴向固定常采用轴肩和轴环(图 9.6)、锁紧螺母和锁紧螺钉(图 9.7)、弹性挡圈和套筒(图 9.8)、轴端挡圈和锥面加挡圈(图 9.9)。

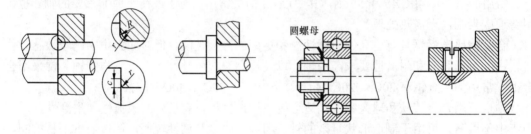

图 9.6　轴肩和轴环　　　　　　　　图 9.7　锁紧螺母和锁紧螺钉

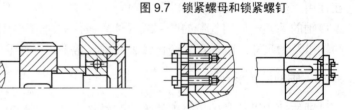

图 9.8　弹性挡圈和套筒　　　　　　图 9.9　轴端挡圈和锥面加挡圈

3. 零件在轴上的周向定位与固定

为保证轴准确传递运动和转矩,轴上零件应进行可靠的周向固定,通常可采用图 9.10所示的平键、花键、销、成形和过盈配合等方法。齿轮与轴通常采用过渡配合与键联接相结合,滚动轴承用过盈配合,受力大且要求零件作轴向移动时用花键联接。

4. 提高轴疲劳强度的措施

轴的截面尺寸突变处会引起应力集中,从而降低轴的疲劳强度。为尽量避免和减小应力集中,在轴的结构设计时,相邻轴段的尺寸变化不宜过大,截面尺寸变化处应采用圆角过渡,且圆角半径 r 不宜过小。当与轴相配的轮毂必须采用很小的圆角半径时,可以采用过渡肩环或凹切圆角等结构,如图 9.11 所示。为加工方便,轴上各处的圆角半径应尽可能统一。提高轴的表面质量，减小表面粗糙度，对轴表面进行辗压、喷丸等强化处理，均可提高轴的疲劳强度。

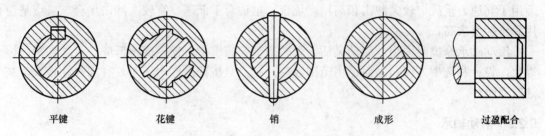

　　平键　　　　　　　花键　　　　　　　销　　　　　　　成形　　　　　过盈配合

图 9.10　轴上零件的周向固定方法

5. 轴的结构工艺性

　　为便于加工，提高效率，轴上的多个键槽应沿同一母线布置。当轴上某一轴段需要车制螺纹或磨削加工时，应留有退刀槽或砂轮越程槽，如图 9.12 所示。

　　为减少加工刀具种类，轴上直径相近的圆角、倒角、键槽宽度、砂轮越程槽宽度和退刀槽宽度等应尽可能相同。

　　为便于零件装拆，轴端和各轴段端部应倒角。

　　为防止手划伤，加工完成后，轴的锐角处应修磨毛刺。

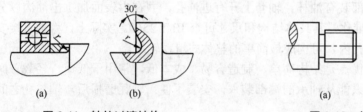

　　　　(a)　　　　　　(b)　　　　　　　　　　(a)　　　　　　(b)

　图 9.11　轴的过渡结构　　　　　图 9.12　加工工艺结构

9.1.4　轴的强度校核

　　轴在结构设计后必须进行强度校核，有时还需要进行刚度和稳定性校核。轴的强度计算方法有多种，应根据轴的受载情况和设计要求采用相应的计算方法，其中最常用的是扭转强度条件计算法。

　　扭转强度条件计算法只按轴所受的扭矩来计算轴的直径，可用于初步估算轴在受扭转段的最小直径。对于不重要的轴可以作为最后计算结果。

　　对于承受弯矩不大的轴，可通过降低许用扭转切应力的方法来解决。

　　对于弯矩较大的轴，需在完成轴的结构设计后，按弯扭组合强度条件对轴进行强度校核。

9.2　轴　　承

9.2.1　轴承的功用和分类

　　轴承是支承轴和轴上零件的零(部)件，能保证轴的旋转精度，减小轴与支承之间的摩擦和磨损。按工作时的摩擦性质不同，轴承可分为滑动轴承和滚动轴承两大类。按所承受的载荷方向不同，轴承又可分为向心轴承、推力轴承和向心推力轴承。

滑动轴承结构简单，易于制造和装拆，耐冲击性和吸振性好，运行平稳，旋转精度高。适用于高速、重载、较大冲击和高精度场合，也适合于低速、有较大冲击场合。缺点是使用和维护要求高。

滚动轴承摩擦阻力小，启动灵活，效率高，安装维护方便，成本低廉。滚动轴承已标准化，设计和选型方便，因而适用范围较广。缺点是抗冲击能力较差，径向尺寸较大，高速时有噪声。

9.2.2　滑动轴承

滑动轴承多数并非标准件，其结构可以根据实际需要自行设计。由于其使用量较大，有专业生产厂家提供通用产品或易损件。选用时，可从专业生产厂家提供的样本中选择合适的品种，以降低成本。

滑动轴承一般由轴承座、轴瓦(或轴套)、润滑装置和密封装置等部分组成。

1. 滑动轴承的结构类型

1) 向心滑动轴承

向心滑动轴承主要承受径向载荷，有整体式、剖分式和调心式 3 种形式。

(1) 整体式滑动轴承。如图 9.13 所示，它由轴承座和轴套组成，用螺栓与机架连接。为了润滑，在轴承座顶部装有油杯，轴套上开有进油孔，并在内表面加工出油沟以分配润滑油。这种轴承已经标准化，其具体结构和尺寸可查 JB/T 2560。实际上，将轴直接安装在机架上所加工出的轴承孔内，可构成最简单的整体式滑动轴承。

整体式滑动轴承的优点是结构简单、制造容易、成本低，常用于低速、轻载、间歇工作的场合。其缺点是轴只能从轴承的端部装入，安装不便；轴瓦磨损后，轴与孔之间的间隙无法调整。

(2) 剖分式滑动轴承。剖分式滑动轴承由双头螺柱、轴承盖、轴承座、剖分上轴瓦、剖分下轴瓦等组成，如图 9.14 所示。从轴承盖顶部的注油孔加注润滑油可实现轴承的润滑。为便于装配时对中和防止横向移动，轴承盖和轴承座的接合面设有阶梯形定位止口。当剖分式的轴瓦磨损后，可以通过减薄上、下轴瓦之间的调整垫片厚度，或通过对轴瓦接合面进行刮削、研磨等机械切削加工，以调整轴颈与轴瓦之间的间隙。这种轴承装拆和调整间隙比较方便，应用较广。轴瓦已经标准化，具体结构和尺寸可查有关轴承标准。

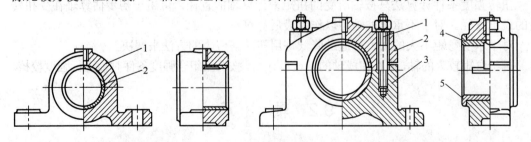

图 9.13　整体式滑动轴承基本结构　　　　图 9.14　剖分式滑动轴承基本结构

1—轴承座；2—轴套　　　　1—双头螺柱；2—轴承盖；3—轴承座；4—上轴瓦；5—下轴瓦

(3) 调心式滑动轴承。在轴的变形较大或有调心要求时，可使用调心式轴承。这种轴承的轴瓦支承面和轴承座的接触部分为球面，能自动适应轴或机架工作时的变形以及安装误差所造成的轴颈与轴瓦不同心现象，如图 9.15 所示。调心式滑动轴承主要用于刚度较小的结构和轴承宽度 B 与轴颈直径 d 之比大于 1.5 的轴承。

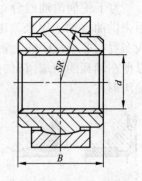

图 9.15　调心式滑动轴承

　　2) 推力滑动轴承。

　　推力滑动轴承主要承受轴向载荷，常见结构如图 9.16 所示。轴承的承载面和止推面都是平面。图 9.16(a)所示为实心端面推力轴承，结构简单，但由于止推面上半径大的部位比半径小的部位线速度大，边缘部分磨损较快。中心与边缘的磨损不均匀，导致支承面上压力分布不均，靠近中心处压力高，润滑油不易进入，润滑条件差。为改善这种结构缺陷，可采用空心式端面结构，如图 9.16(b)所示，或采用单环式结构，如图 9.16(c)所示。当载荷较大时，可采用多环式轴颈结构，而且能够承受双向轴向载荷，如图 9.16(d)所示。但考虑到各环承载可能不均，环数不宜太多。

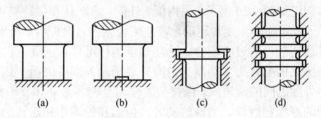

图 9.16　推力滑动轴承

2. 轴瓦结构

　　轴瓦是滑动轴承中直接与轴颈相接触的重要零件，其结构形式和性能将直接影响轴承的寿命、效率和承载能力。

　　整体式滑动轴承通常采用圆筒形轴套。轴套的工作表面既是承载面，又是摩擦面，因而是滑动轴承中的核心零件。轴套结构分为光滑轴套和带纵向油沟轴套两种。光滑轴套构造简单，适用于轻载、低速或不经常转动、不重要的场合。带纵向油沟的轴套可方便地向工作面供油，应用比较广泛，如图 9.17(a)所示。为了保证轴套在轴承座孔中不游动，套和孔之间可采用过盈配合；若载荷不稳定，还可用紧定螺钉或销钉来固定轴套。剖分式滑动轴承采用剖分式轴瓦，图 9.17(b)所示为剖分式轴瓦结构。

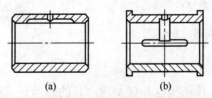

图 9.17　轴瓦(轴套)结构

　　为了改善摩擦、提高承载能力和节省贵重减摩材料，常常在轴瓦内表面浇铸一层或两层很薄的减摩材料(如巴氏合金等)，称为轴承衬。这种轴瓦称为双金属或三金属轴瓦，以钢、青铜或铸铁为其衬背，轴承衬厚度一般为 0.5~0.6mm。为了保证轴承衬与衬背之间结合牢固，常在衬背上做出不同形式的沟槽，如图 9.18 所示。

　　为了使润滑油能分布到轴承的整个工作表面，一般在轴瓦上开设油孔和油沟。油孔用来供油，油沟用来输送和分布润滑油。当轴承的下轴瓦为承载区时，油孔和油沟一般应布置在非承载区的上轴瓦内，或在压力较小的区域内，以利供油。轴向油沟不应开通，以便在轴瓦的两端留出封油面，防止润滑油从端部大量流失。图 9.19 所示为几种常见的油沟形式。

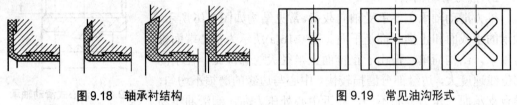

图 9.18　轴承衬结构　　　　　　　　　　图 9.19　常见油沟形式

9.2.3　滚动轴承

1. 滚动轴承的结构

　　滚动轴承基本构造如图 9.20 所示，由内圈、外圈、滚动体和保持架 4 个基本元件组成。内圈装在轴颈上，一般跟随轴作旋转运动，常选用较紧的过渡配合。外圈安装在轴承座内，一般固定不动，常选用较松的过渡配合。滚动轴承为标准件，因此，内圈与轴的配合为基孔制，外圈与轴承座孔的配合为基轴制。内圈外表面和外圈内表面上均开有滚道。滚动体均匀分布在内圈与外圈之间的滚道内。保持架的作用是使各滚动体互不接触，且等距分布，以减少滚动体之间的摩擦和磨损。当轴转动时，内圈和外圈作相对转动，滚动体在摩擦力作用下可沿滚道滚动。滚动体形状有球形、圆柱形、圆锥形、球面形、针形和螺旋形等，如图 9.21 所示。

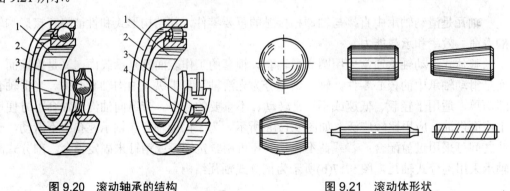

图 9.20　滚动轴承的结构　　　　　　　　图 9.21　滚动体形状

1—内圈；2—外圈；3—滚动体；4—保持架

2. 滚动轴承的类型

　　滚动轴承的类型很多，其结构也各有不同，有的轴承还有其他的附属元件。按轴承所能承受的载荷的方向、接触角的大小、调心性、滚动体的类型和列数，GB/T 272 和 GB/T 2974 将滚动轴承分为表 9-1 所列的几种基本类型。接触角是滚动轴承的一个重要参数，它表示轴承垂直于轴心线的平面与经轴承套圈传递给滚动体的合力作用线之间的夹角。由于轴的安装误差或轴的变形都会引起内圈、外圈的轴心线发生相对倾斜，其倾斜角称为角偏差。各类轴承允许的角偏差可查轴承标准手册。

表 9-1 滚动轴承的类型、性能和特点

类型	代号	结构简图和承载方向	允许角偏斜	极限转速	结构性能特点
双列角接触球轴承	00000		~0°	较高	相当于一对角接触轴承背对背安装，可承受径向载荷和双向轴向载荷
调心球轴承	10000		2°~3°	中	主要承受径向载荷，也可承受较小的双向轴向载荷，能自动调心
调心滚子轴承	20000		1°~2.5°	低	性能与调心球轴承类似，但其承载能力和刚性比调心球轴承大
圆锥滚子轴承	30000		2′	中	可同时承受径向和单向轴向载荷，内、外圈可分离，安装时便于调整轴承间隙。一般成对使用
双列深沟球轴承	40000		~0°	高	主要承受径向载荷，也能承受一定的双向轴向载荷，较深沟球轴承的承载能力大
推力球轴承	50000		~0°	低	单列可承受单向轴向载荷，双列可承受双向轴向载荷。套圈可分离，极限转速低
深沟球轴承	60000		8′~16′	高	主要承受径向载荷，也能承受一定的双向轴向载荷。高速装置中可代替推力轴承承载不大的纯轴向载荷，价格低廉，应用最广
角接触轴承	70000		2′~10′	高	可同时承受径向载荷及单向轴向载荷。接触角 α 越大，轴向承载能力越大。一般成对使用

续表

类型	代号	结构简图和承载方向	允许角偏斜	极限转速	结构性能特点
圆柱滚子轴承	N0000		$2'\sim4'$	高	内、外圈可分离，内、外圈允许有一定的轴向移动，能承受较大的径向载荷，不能承受轴向载荷，刚性好
滚针轴承	NA0000		$\sim0°$	低	内、外圈可分离，只能承受较大的径向载荷，不能承受轴向载荷，径向尺寸较小

3. 滚动轴承的类型选择

选择滚动轴承的类型时，应根据载荷大小与性质、转速高低、空间位置、调心性能、装卸要求和经济成本等因素，主要考虑以下几点。

(1) 球轴承承载能力较低，抗冲击能力较差，但旋转精度和极限转速较高，适用于轻载、高速和要求精确旋转的场合。

(2) 滚子轴承承载能力及抗冲击能力都较强，但旋转精度和极限转速较低，多用于重载或有冲击载荷的中、低速场合。

(3) 同时承受径向及轴向载荷的轴承，应区别不同情况选取轴承类型。以径向载荷为主的可选深沟球轴承；轴向载荷和径向载荷都较大的可选用角接触球轴承或圆锥滚子轴承；轴向载荷比径向载荷大很多或要求变形较小的可选用圆柱滚子轴承(或深沟球轴承)和推力轴承联合使用。

(4) 对于刚性小的细长轴、多支点轴或不能保证两轴承座严格对中时，应选用调心球轴承或调心滚子轴承。

(5) 角接触球轴承和圆锥滚子轴承应成对使用，以消除派生的轴向力；在不便于安装、拆卸和调整的地方，宜选用外圈可拆分的轴承。

(6) 考虑经济性。球轴承比滚子轴承价格便宜，深沟球轴承最便宜，调心轴承较贵。精度越高，价格越贵。

4. 滚动轴承的主要失效形式和设计准则

1) 主要失效形式

(1) 接触疲劳。滚动轴承受载运转时，滚动体与内、外滚道接触处将产生变化的接触应力。在长期的交变应力作用下，各元件产生接触应力的部位均会产生接触疲劳破坏。从而使轴承运转时产生振动、噪声，效率降低，运转精度下降。

(2) 塑性变形。低速、间歇摆动、静载荷较大和冲击载荷作用下的轴承，尽管不常发生疲劳破坏，但在滚道和滚动体接触处的局部会产生塑性变形凹坑，导致摩擦增大，运转精度降低。

(3) 磨损。在开式传动或润滑不良的情况下，滚动体和内、外滚道的工作面会产生磨损。速度过高时，也可能因发热量过大而出现胶合磨损。磨损同样会使轴承效率下降，运转精度降低。

此外，安装、拆卸、维护不当引起的损伤，以及锈蚀和化学腐蚀等，也会引起轴承失效。

2) 设计准则

为保证轴承在预定期限内可靠地工作，对于一般转速的轴承，为防止疲劳点蚀发生，主要应进行寿命计算；对于不转动、摆动或转速低的轴承，要求控制塑性变形，应做静强度计算；对于高速运转的轴承，要防止发热引起胶合磨损和烧伤，既要进行寿命计算，也应验算其极限转速。

5. 滚动轴承的寿命

轴承寿命是指轴承中任一滚动体或内、外圈滚道上出现疲劳点蚀扩展迹象前所经历的总转数或在一定转速下所经历的工作小时数。

由于材料和制造工艺中可能存在各种偶然性误差或缺陷，即使是一批同样型号轴承，在同样的工况条件下运转，各轴承的寿命也不完全相同，寿命长短有时可相差 20～40 倍。所以，通常以基本额定寿命作为计算标准。基本额定寿命是指一批相同的轴承，在相同的运转条件(相同大小和方向的载荷、相同的转速、相同的润滑剂和润滑方式等)下，其中 90% 在发生疲劳点蚀前所转过的总转数，或在一定的转速下所能运转的总小时数。滚动轴承的寿命计算可参照有关机械设计手册。

9.3　联　轴　器

联轴器是轴与轴或轴与其他传动零件之间的连接件，可使它们同步旋转，并传递运动和扭矩。在某些场合，联轴器也可兼作安全防护装置来使用。

9.3.1　联轴器的类型

联轴器的种类很多，结构各异，其中大部分已经标准化。按照是否具有补偿能力，可将联轴器分为刚性联轴器和挠性联轴器两大类。

1. 刚性联轴器

刚性联轴器不能补偿两根轴的轴线偏移，只能用于两根轴之间能够严格对中并在工作中不发生相对偏移的场合。

在刚性联轴器中应用最广的是凸缘联轴器，如图 9.22 所示。它由两个带凸缘的半联轴器和一组螺栓组成。两个半联轴器分别装在两根轴的轴端，借助螺栓在其凸缘部分进行连接，从而实现两根轴之间的连接。轴和半联轴器的传递动力则通过键来实现。

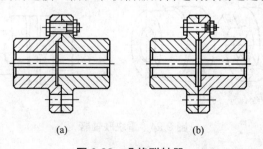

(a)　　　　　　　　　(b)

图 9.22　凸缘联轴器

这种联轴器有两种结构形式。一种是采用普通螺栓进行连接。在装配的时候，依靠两个半联轴器上的凸肩和凹槽相互嵌合实现对中。当螺栓拧紧之后，由两个半联轴器接触面之间产生的摩擦力来传递转矩，如图9.22(a)所示。另一种是采用铰制孔用螺栓进行对中和连接，如图9.22(b)所示，工作时依靠螺栓承受剪切和挤压来传递转矩。

凸缘联轴器的结构简单、装拆方便、传递的转矩大、成本低。但是，没有补偿轴线偏移的能力。因此，只适用于载荷平稳、两轴对中良好的场合。

2. 挠性联轴器

挠性联轴器具有一定的补偿被连接两轴轴线偏移的能力。根据补偿偏移的方式又可分为无弹性元件联轴器和弹性联轴器。

无弹性元件联轴器是利用联轴器本身的工作元件之间构成动连接来实现偏移的补偿，常用的有齿式联轴器、滑块联轴器和万向联轴器等。弹性联轴器利用联轴器中弹性元件的变形进行偏移的补偿，常用的有弹性套柱销联轴器、弹性柱销联轴器和梅花形弹性联轴器等。

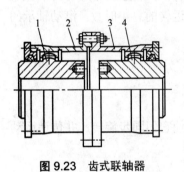

图9.23　齿式联轴器

1、4—内套筒；2、3—外套筒

(1) 齿式联轴器。齿式联轴器在无弹性元件联轴器中应用较广。它由两个带有外齿的内套筒1和4以及两个带有内齿及凸缘的外套筒2和3所组成，如图9.23所示。两个外套筒用螺栓连成一体，两个内套筒用键分别与两根轴进行连接。利用内、外齿的相互啮合实现两根轴之间的连接。由于轮齿间留有间隙，且外齿轮的齿顶呈鼓形，所以能补偿两轴的不对中和偏斜。为了减小轮齿的磨损和相对移动时的摩擦阻力，在外壳内储有润滑油，用设在外壳与套筒之间密封圈防止润滑油泄漏。

这种联轴器的特点是结构紧凑，能传递较大的转矩，补偿偏移的能力较强。但是，制造和安装精度要求较高，成本高，适用于高速、重载的场合。

(2) 滑块联轴器。滑块联轴器由两个在端面上开有径向凹槽的半联轴器1、3和一个在两端面上均带有凸榫的中间盘2组成，如图9.24(a)所示。两个半联轴器分别固定在主动轴和从动轴上，中间盘两端面上的凸榫位于相互垂直的两个直径方向上，并在空间呈现一个十字形。工作时，由于滑块的凸榫能在半联轴器的凹槽中移动，因而可补偿两根轴之间的偏移，如图9.24(b)所示。

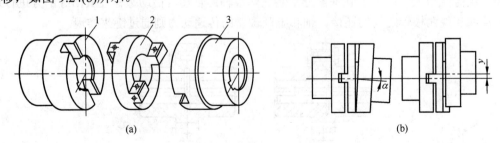

(a)　　　　　　　　　　　　(b)

图9.24　滑块联轴器

1、3—半联轴器；2—中间盘

滑块联轴器结构简单，径向尺寸小。但是，转动时滑块有较大的离心惯性力，适用于两根轴径向偏移较大、转矩较大且低速、无冲击的场合。

(3) 万向联轴器。它由两个固定在轴端的叉形半联轴器 1、2 和一个十字形中间连接件 3 组成，如图 9.25 所示。十字形中间连接件的中心与两个叉形半联轴器的轴线交于一点，两轴线所夹的锐角为 α。由于十字形中间连接件分别与叉形半联轴器之间用铰链进行连接，从而形成可动连接。

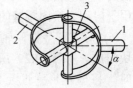

图 9.25　万向联轴器

1、2—半联轴器；3—连接件

用单个万向联轴器连接轴线相交的两根轴时，它们的瞬时角速度并非时时相等。在传动过程中，当主动轴以等角速度回转时，从动轴的角速度并非常数，而是作周期性的变化，从而引起附加动载荷对传动产生不利影响。因此，在实际应用中，为了改善这种状况，常将万向联轴器成对使用，使其串接在一起组成双万向联轴器，如图 9.26 所示。

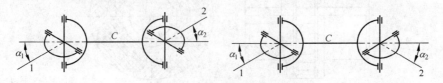

图 9.26　双万向联轴器

1、2—万向联轴器

万向联轴器的特点是径向尺寸小，维修方便，能够补偿较大的角偏移。适用于夹角较大的两根轴之间的连接，在汽车、拖拉机等中获得广泛的应用。

(4) 弹性套柱销联轴器。它的结构与凸缘联轴器类似，不同之处是用一端带有弹性套的柱销代替了刚性的螺栓，如图 9.27 所示。弹性套常用橡胶或皮革制造，作为吸收振动和缓和冲击的元件，安装在两个半联轴器的凸缘孔中，以实现两个半联轴器之间的连接。利用弹性套的弹性变形来补偿两根轴的轴线偏移，并具有吸收振动与缓和冲击的能力。

弹性套柱销联轴器质量轻、结构简单、成本较低；但弹性套容易磨损，寿命较低。因此，常用于冲击载荷小、启动和换向频繁的高、中速场合。

(5) 弹性柱销联轴器。这种联轴器的结构与弹性套柱销联轴器十分相似，只是采用非金属材料制成的柱销取代了带有弹性套的柱销，如图 9.28 所示。柱销通常用具有一定弹性的尼龙制成。在载荷平稳、安装精度要求较高的情况下，可采用圆柱销。为了防止柱销的脱落，在柱销的两端设置有挡板。

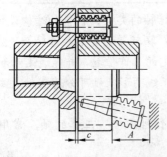

图 9.27　弹性套柱销联轴器

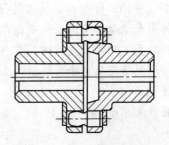

图 9.28　弹性柱销联轴器

弹性柱销联轴器的优点是能够传递较大的转矩、结构简单、成本低廉，且具有一定的补偿两轴轴线偏移、吸振和缓冲的能力；它的主要缺点是柱销的材料限制其工作温度。一般用于启动、换向频繁的高速轴之间的连接。

(6) 梅花形弹性联轴器。梅花形弹性联轴器由两个半联轴器和一个形状似梅花的弹性块组成，如图 9.29 所示。半联轴器与轴的配合孔可做成圆柱形或圆锥形。联轴器装配时，将梅花形弹性元件的花瓣部分夹紧在两半联轴器的凸齿所形成的交错齿侧空间内，以便在联轴器工作时起到缓冲减振的作用。半联轴器多用铸铁或铸钢制造，弹性元件可选用不同硬度的聚氨酯橡胶、尼龙等材料制造。该类联轴器很容易在市场上买到，价格低廉。

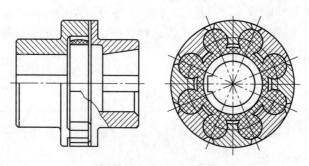

图 9.29   梅花形弹性联轴器

9.3.2   联轴器的选择

绝大多数联轴器都已标准化，设计时只需根据工作条件和使用要求，合理选择联轴器的类型、型号和尺寸，必要时应对主要传动零件进行强度校核计算。

载荷平稳、两根轴能够精确对中、轴的刚度较大、速度较低时，一般可以选用凸缘联轴器。载荷不稳定、两轴对中性差、轴的刚度较小时，可以选用弹性联轴器。转矩较大的轴，可选用齿式联轴器。径向偏移较大、转速较低时，可选用滑块联轴器。轴线相交的两轴，可选用万向联轴器。当工作温度超过 70℃时，一般不宜选用具有橡胶或尼龙弹性元件的弹性联轴器。在满足使用性能的前提下，应优先选用容易获得、价格低廉、易于检修的联轴器。

本 章 小 结

本章对轴、轴承和联轴器进行了详细阐述，包括轴的类型、材料和结构设计，滑动轴承和滚动轴承的结构及滚动轴承的选型计算，联轴器的类型和选择等。

轴的主要功用是支承回转零件，使零件具有确定的工作位置，并传递运动和动力。按承载情况轴可分为转轴、心轴和传动轴。按轴线的形状轴可分为直轴、曲轴和挠性钢丝轴。

轴最常用的材料是 45 钢。对强度要求高和腐蚀性条件下工作的轴，常用合金钢。

　　轴的结构设计是确定合理的形状和结构尺寸。设计时既要使轴的结构满足工作精度、强度和刚度等功能要求，还要综合考虑轴与轴上零件、轴与支承、轴与密封等的位置关系，使轴上的零件定位准确、固定可靠，确保轴和轴上的零件能正常工作，并兼顾制造和装配工艺性。

　　轴承的功用是支承轴和轴上的零件，保证轴的旋转精度，减小轴与支承之间的摩擦和磨损。按工作时的摩擦性质不同，轴承可分为滑动轴承和滚动轴承两大类。

　　滑动轴承结构简单，易于制造和装拆，耐冲击性和吸振性好，运行平稳，旋转精度高。适用于高速、重载、冲击和高精度场合，也适合于低速、有较大冲击场合。

　　滚动轴承摩擦阻力小，启动灵活，效率高，安装维护方便，成本低廉。滚动轴承已标准化，设计和选型方便，适用范围较广。

　　滚动轴承的设计计算主要是选型或寿命计算。

　　联轴器的功用是将轴与轴联成一体，使它们一起回转并传递运动和扭矩。根据是否具有补偿能力可将联轴器分为刚性联轴器和挠性联轴器两大类。刚性联轴器一般不具有补偿能力。无弹性元件挠性联轴器只具有补偿两轴相对位移的能力，而有弹性元件的挠性联轴器因含有弹性元件，不仅能补偿两轴间的偏移，而且还可缓冲和减振。

　　本章的教学目标是使学生了解轴、轴承和联轴器的功用、类型、材料、适用场合和结构特点，掌握轴的结构设计要点，了解滚动轴承的失效形式和设计准则。

推荐阅读资料

1. 黄平，朱文坚. 机械设计基础. 北京：科学出版社，2009.
2. 胥宏，同长虹. 机械设计基础. 北京：机械工业出版社，2008.

习　　题

简答题

9-1 轴有哪些类型？轴是否一定要转动？

9-2 轴上的零件都有哪些轴向和周向定位方式？

9-3 为何一般转轴都设计成阶梯轴？

9-4 举例说明轴的结构工艺性通常指什么？

9-5 深沟球轴承、圆柱滚子轴承、角接触轴承、圆锥滚子轴承和推力球轴承在结构上有何不同？它们分别能承受何种载荷？

9-6 滚动轴承失效的主要形式有哪几种？计算准则是什么？

9-7 与滚动轴承相比，滑动轴承有哪些特点？在哪些情况下，必须使用滑动轴承？

9-8 在滑动轴承的轴瓦上为何要开油槽？一般要开在什么位置？

9-9 为何要在轴瓦的内表面衬以轴承衬？

9-10 联轴器有哪些类型？它们的特点是什么？分别适用于什么场合？

9-11 联轴器的选择原则有哪些？

第 10 章　过程装备材料

教学目标

通过本章的学习，了解材料的主要性能指标，掌握常用钢和铸铁的性能与应用及影响性能的因素，掌握常用合金钢的性能与应用，了解常用有色金属、非金属材料的性能与应用，掌握过程装备的腐蚀机理、破坏形式及防腐措施，初步具备选择设备材料的能力。

教学要求

能力目标	知识要点	权重	自测分数
了解材料的主要性能指标	材料的力学性能与化学性能	10%	
掌握常用钢和铸铁的性能与应用及影响性能的因素	铁碳合金，钢和铸铁的性能与应用，以及影响性能的因素	25%	
掌握常用低合金钢、合金钢的性能与应用	低合金钢、合金钢的分类、性能与应用	25%	
了解常用有色金属的性能与应用	铝、铜及其合金的性能与应用	10%	
了解常用非金属材料的性能与应用	无机非金属材料和有机非金属材料	10%	
理解过程装备的腐蚀机理、破坏形式及防腐措施	过程装备的腐蚀机理、破坏形式及防腐措施	20%	

引例

正确选择设备材料是保证安全运行的关键。选择材料不当会导致设备腐蚀，影响正常生产。

案例：天津某厂水加热器腐蚀严重，为了改善其抗腐蚀性能，水加热器采用奥氏体不锈钢材质，然而使用几个月后水加热器就出现了漏液现象。经过认真分析，发现热水中含有氯离子和氧。不锈钢在一定温度下不能耐氯离子腐蚀，特别是介质中有氧存在的条件下，氧的存在能加速腐蚀。在实际生产中还发现，氯离子在一定浓度和温度时，不锈钢的耐腐蚀性还不如碳钢；但在氯离子含量很低或者含量高、温度不高的条件下，还是远比碳钢好。在这一点上，温度对耐蚀性的影响比氯离子浓度的影响更大。所以在选材时，除了考虑氯离子的浓度外，特别要注意温度的影响。

请思考：常用的过程装备材料有哪些？选择设备材料时应考虑哪些因素？

10.1　材料的性能

材料的性能主要包括材料的力学性能、物理性能、化学性能和加工工艺性能等。

10.1.1　力学性能

材料在外力作用下表现出来的抵抗变形与破坏等方面的性能，称为材料的力学性能，如强度、塑性、硬度、冲击韧性等。这些性能是过程装备设计中选择材料和计算时决定许用应力的依据。材料的力学性能一般通过试验测定。对于常用材料，也可以通过标准、手册查得。

一般金属材料的力学性能随温度的升高会发生显著的变化。图 10.1 为低碳钢的力学性能随温度变化的情况。从图 10.1 中看出，当温度超过 350℃时，强度降低，而塑性提高。

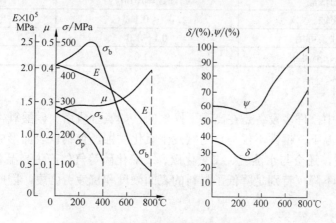

图 10.1　温度对低碳钢力学性能的影响

材料在高温下承受某一固定拉伸应力时，会随着时间的延续而不断发生缓慢增长的塑性变形，这种现象称为蠕变。因而高温下承受较高应力时，材料的抗蠕变性能是关键指标。有时零部件的总变形不能改变，但因蠕变变形的增加，而引起总变形中的弹性变形随时间而减小，因而应力随时间而降低，这种现象称为应力松弛。蒸汽管道上的法兰螺栓，常因应力松弛使其拉应力随时间增长而降低，最后引起法兰漏气。

材料在低温下强度往往升高，而冲击韧性值则陡降。材料由韧性转变为脆性，这种现象称为材料的冷脆性。材料的冷脆性使得设备在低温下操作时产生脆性破裂，而脆性破裂前通常不产生明显的塑性变形。在设计及使用低温设备时，应对材料的冷脆现象给予足够重视。

10.1.2　物理性能

金属材料的物理性能指密度、熔点、热膨胀系数、导热系数及导电性等。材料使用场合的不同，对其物理性能要求不同。如换热设备要求换热管材料有很好的导热性，同时由于管、壳的温差，计算温差应力时线膨胀系数是一个主要物理性能参数。材料的物理性能可以通过查阅机械设计手册得到。

10.1.3　化学性能

金属的化学性能主要指金属在室温或高温时抵抗各种介质化学侵蚀的能力。化学性能主要有耐蚀性和抗氧化性等。

1. 耐腐蚀性

金属和合金对周围介质，如大气、水汽、各种电解液侵蚀的抵抗能力称为耐腐蚀性。金属的耐腐蚀性能通常可以采用两种方法来描述。第一种是年均腐蚀速率 a，单位是 mm/y；第二种是单位时间在单位面积减少的质量，用 K 表示，单位是 $g/(m^2 \cdot h)$。

根据金属的年均腐蚀速率 a 可以将金属分为耐腐蚀、尚耐腐蚀和不耐腐蚀 3 种，见表 10-1。

表 10-1　金属耐腐蚀性能的三级标准

耐腐蚀性能	腐蚀速率/(mm/y)	耐腐蚀等级
耐腐蚀	<0.1	1
尚耐腐蚀、可用	0.1~1.0	2
不耐腐蚀、不可用	>1.0	3

2. 抗氧化性

在化工生产中，许多设备是在高温下操作的，如氨合成塔、硝酸氧化炉、工业锅炉、汽轮机等。在高温下，钢铁不仅与自由氧发生氧化腐蚀，使钢铁表面形成结构疏松容易剥落的 FeO 氧化皮，还会与水蒸气、二氧化碳、二氧化硫等气体产生高温氧化与脱碳作用，使钢的力学性能下降，特别是降低了材料的表面硬度和抗疲劳强度。因此，高温设备必须选用耐热材料。

10.1.4　加工工艺性能

制造机械零件时，对金属材料要进行各种加工，为了使加工工艺简便并保证质量、降低成本，要求材料具有良好的加工工艺性能。

金属材料的加工工艺性能包括可锻性、铸造性能、焊接性能和切削加工性能等。在设计机械零件和选择工艺方法时，都要考虑材料的加工工艺性能。

10.2　碳钢和铸铁

钢和铸铁是工程应用最广泛、最重要的金属材料。它们是由 95% 以上的铁和 0.02%~4.3% 的碳及 1% 左右的杂质元素所组成的合金，称为铁碳合金。一般含碳量在 0.02%~2% 者称为钢，大于 2% 者称为铸铁。含碳量小于 0.02% 时称为工业纯铁，强度、硬度很低，含碳量大于 4.3% 的铸铁极脆，二者的工程应用价值都很小。

10.2.1　碳钢

1. 碳钢中常存杂质元素对钢性能的影响

(1) 硅和锰。对钢是有益物质。

锰是炼钢时作为脱氧剂加入钢中的，锰可以与硫形成高熔点(1600℃)MnS，消除硫的有害作用。锰具有很好的脱氧能力，能使钢中的 FeO 成为 MnO 进入炉渣，从而改善钢的品质，特别是降低钢的脆性，提高钢的强度和硬度。

硅也是炼钢时作为脱氧剂而加入钢中的元素。硅与钢水中的 FeO 能结成密度较小的硅酸盐炉渣而被除去。硅在钢中溶于铁素体内使钢的强度、硬度提高，塑性、韧性降低。由于钢中的含硅量不超过 0.5%，对钢的性能影响不大。

(2) 硫和磷。在钢中都是有害物质。

硫导致钢热脆。液态钢溶硫能力很强，固态几乎不溶。钢水中残存的 S 在凝固时几乎全部以 FeS(熔点 1190℃)存在。这些 FeS 又可与 Fe 形成低熔点(985℃)共晶物(FeS+Fe)存在于奥氏体的晶界上。当将钢加热到 1000～1200℃进行压力加工时，由于 FeS+Fe 共晶体和 FeS 的融化，导致钢沿着晶界开裂。这种现象称热脆。

磷导致钢冷脆。磷在钢中全部溶于铁素体中，可提高钢的强度，但在室温时钢的塑性和韧性急剧下降。这种现象称为冷脆。当磷含量达 0.3%时，钢在室温下冲击韧性值几乎等于零。

由此可见，硫和磷的含量应越少越好。因此，钢中的硫、磷含量是衡量钢的质量的最重要标志。

(3) 氧。在钢中是有害物质。

在炼钢过程中需要加入大量氧以完成氧化过程，使钢中含有较多的氧。尽管在炼钢末期要加入锰铁、硅铁、碳和铝等脱氧剂进行脱氧，但不可能除尽。脱氧剂使溶解于钢水中的氧化铁还原，生成不溶于钢水的氧化物熔渣，然后上浮排除。少量的氧化物如 FeO、MnO、SiO_2、Al_2O_3 等夹杂形式存在，使钢的强度、塑性和冲击韧性降低。

按照脱氧程度不同，钢可分为特殊镇静钢、镇静钢、沸腾钢和半镇静钢。特殊镇静钢、镇静钢组织致密，成分均匀力学性能较好。脱氧不完全的钢称为沸腾钢。沸腾钢凝固前发生氧化反应，生成大量 CO 气泡，引起钢水沸腾，因此其成分、性能不均匀，强度也较低，不适于制造重要零件。脱氧程度介于镇静钢和沸腾钢之间的钢称为半镇静钢。

2. 碳钢的分类、牌号和应用

在实际生产中，对碳钢是综合其用途、质量和成分 3 方面特点进行分类并加以命名的。

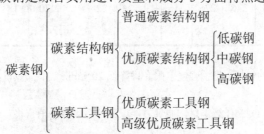

(1) 普通碳素结构钢。这种钢的牌号由代表屈服强度的字母 Q(屈的拼音字母字首)、屈服强度值、质量等级符号和脱氧方法符号 4 个部分组成，例如 Q235AF，但镇静钢、特殊镇静钢可略去符号 TZ 或 Z。普通碳素结构钢的牌号和化学成分见表 10-2，力学性能见表 10-3。这种钢应确保力学性能符合要求，一般在供应状态下直接使用。

表 10-2　普通碳素结构钢的牌号和化学成分

牌号	等级	厚度(或直径)/mm	脱氧方法	化学成分(质量分数，%)，不大于				
				C	Si	Mn	P	S
Q195	—	—	F、Z	0.12	0.30	0.50	0.035	0.040
Q215	A	—	F、Z	0.15	0.35	1.20	0.045	0.050
	B							0.045
Q235	A	—	F、Z	0.22	0.35	1.40	0.045	0.050
	B			0.20				0.045
	C		Z	0.17			0.040	0.040
	D		TZ				0.035	0.035
Q275	A	—	F、Z	0.24	0.35	1.50	0.045	0.050
	B	≤40	Z	0.21			0.045	0.045
		>40		0.22				
	C		Z	0.20			0.040	0.040
	D		TZ				0.035	0.035

表 10-3　普通碳素结构钢的力学性能

牌号	等级	屈服强度[①] R_{eL}/(N/mm²)，不小于						抗拉强度[②] R_m/(N/mm²)	断后伸长率 A/(%)，不小于					冲击试验(V 型缺口)	
		厚度(或直径)/mm							厚度(或直径)/mm					温度/℃	冲击吸收功(纵向)/J 不小于
		≤16	>16~40	>40~60	>60~100	>100~150	>150~200		≤40	>40~60	>60~100	>100~150	>150~200		
Q195	—	195	185					315~430	33	—	—	—	—		
Q215	A	215	205	195	185	175	165	335~450	31	30	29	27	26	—	—
	B													+20	27
Q235	A	235	225	215	215	195	185	370~500	26	25	24	22	21	—	27[③]
	B													+20	
	C													0	
	D													-20	
Q275	A	275	265	255	245	225	215	410~540	22	21	20	18	17	—	27
	B													+20	
	C													0	
	D													-20	

① Q195 的屈服强度值仅供参考，不作交货条件。

② 厚度大于 100mm 的钢材，抗拉强度下限允许降低 20N/mm²。宽带钢(包括剪切钢板)抗拉强度上限不作交货条件。

③ 厚度不于 25mm 的 Q235B 级钢材，如供方能保证冲击吸收功值合格，经需方同意，可不作检验。

(2) 优质碳素结构钢。这类钢既保证化学成分，又保证力学性能，含硫、磷杂质元素较少，均匀性及表面质量都比较好。

优质碳素结构钢的牌号由两位数字组成，表示含碳量的万分数。如 45 钢表示钢中含碳量平均 0.45%。

含碳量小于 0.25% 的钢称为低碳钢，有 08、10、15、20、25 钢。它们强度较低，但塑性好，焊接性能好，在化工设备制造中常用于换热器列管、设备接管、法兰等焊件和冲压件。

含碳量 0.3%～0.55%的钢称为中碳钢，有 30、35、40、45 和 50 钢，经调质处理后具有良好的综合机械性能，但焊接性能较差，不适宜作化工设备的壳体，但可作为换热设备管板，强度较高的螺栓、螺母等。45 钢常用于化工设备中的传动轴。

含碳量大于 0.55%的钢称为高碳钢，有 60、65 钢，强度、硬度高，主要用于制造弹簧和钢丝绳等。

(3) 碳素工具钢。含碳量在 0.7%～1.3%的优质碳素钢称为碳素工具钢。其牌号用"T"及后面的一位或两位数字表示。钢号序号有 T7、T8、T9、T10、T11、T12、T13 等。"T"为"碳"的汉语拼音字首；数字表示平均含碳量的千分数。例如 T10 表示平均含碳量为 1.0%的碳素工具钢。如果是高级优质钢，则在数字后面加"A"。例如 T8A 表示平均含碳量为 0.8%的高级优质碳素工具钢。

碳素工具钢经淬火加低温回火后具有很高的硬度和耐磨性。但由于碳素钢的淬透性差，回火稳定性较低，工作温度高于 200～250℃时，硬度明显下降，因此只适合于制作手动和低速切削的工具和要求不高的量具、模具等。

T7、T8 用来制造中等硬度，有一定韧性的工具，例如冲头、凿子和锻造用工具等；T9、T10、T11 用来制造较高硬度、稍有韧性的工具，如钻头、丝锥等；T12、T13 用来制造高硬度而耐磨的工具，例如量规、锉刀等。

3. 碳钢的品种和规格

碳钢的品种有钢板、钢管、型钢、铸钢和锻钢。

(1) 钢板。钢板分薄钢板和厚钢板两种。薄钢板厚度有 0.2～4mm 的冷轧和热轧两种，厚钢板为热轧，常用厚度为 4～100mm。压力容器主要用热轧厚钢板制造。一般碳素钢板材有 Q235-B、08、10、15、20 等。压力容器专用钢板材料有 Q245R，R 是"容"的汉语拼音字首；压力容器专用钢材的含硫、磷量更为严格，$w_S \leqslant 0.015\%$(低温用钢为 0.012%)，$w_P \leqslant 0.025\%$。

(2) 钢管。钢管有无缝钢管和有缝钢管两类。无缝钢管有冷轧和热轧，冷轧无缝钢管外径和壁厚的尺寸精度均较热轧为高。普通无缝钢管常用材料有 10、15、20 等。有缝管即焊接钢管，适用于输送水、煤气、空气等一般较低压力的流体，又称水煤气管。按表面质量分为镀锌管(白铁管)和不镀锌管(黑铁管)两种。

(3) 型钢。型钢主要有圆钢、方钢、扁钢、角钢、工字钢和槽钢。圆钢与方钢主要用来制造各种轴；扁钢常用于各种桨叶；角钢、工字钢及槽钢可制作各种设备的支架、塔盘支承及各种加强结构。

(4) 铸钢和锻钢。铸钢用 ZG 表示，牌号有 ZG230-450、ZG270-500 等，两组数字分别表示屈服强度和强度极限值，用于制造各种承受重载荷的复杂零件，如泵壳、阀门、泵叶轮等。锻钢有 08，10，15，…，50 等牌号。石油化工容器用锻件一般采用 20、25 钢等材料，用以制作管板、法兰、顶盖等。

4. 钢的热处理

钢的热处理是将钢在固态下加热到预定的温度，保温一定时间，然后以预定的方式冷却到室温的一种操作工艺。其目的是改变钢的内部组织，获得所需的力学性能。根据热处理加热和冷却条件的不同，钢的热处理可以分为普通热处理和表面热处理。普通热处理有退火、正火、淬火和回火；表面热处理有表面淬火和化学热处理。

1) 退火和正火

(1) 退火。退火是将钢件放在炉中加热到某一温度，保温一定时间，然后随炉冷却，或在干砂中缓慢冷却的热处理工艺。退火的目的是调整钢的内部组织，细化晶粒，促进组织均匀化，为以后热处理做准备；降低硬度，提高塑性，便于冷加工；消除钢中的内应力，防止工件变形。

(2) 正火。正火是将钢件加热到某一温度，保温一段时间，然后从炉中取出置于空气中冷却的热处理工艺。正火与退火作用相似，由于正火冷却速度要比退火快一些，因而晶粒变细，钢的强度提高。

(3) 退火和正火的选择。一般情况下，对于含碳量小于0.25%的低碳钢，可以采用正火代替退火，可以提高低碳钢的强度，同时改善钢的切削加工性能；对于含碳量在0.25%～0.5%的中碳钢，也可以用正火代替退火，虽然硬度偏高，但尚能进行切削加工，而且正火成本低，效率高；对于含碳量大于0.5%的高碳钢和钢结构，应采用退火，降低硬度，改善切削加工性能。

2) 淬火和回火

(1) 淬火。淬火是将钢加热到一定温度，并保温一段时间，然后迅速放入淬火液中快速冷却的热处理工艺。淬火的目的是提高钢的硬度和耐磨性。常用的淬火液有油、水、盐水等，其冷却能力依次递增。淬火后得到的组织马氏体。马氏体是碳在铁素体中形成的过饱和固溶体。马氏体具有很高的硬度，但很脆，塑性差，难以承受冲击载荷。因此，淬火后必须配合不同温度的回火，以适应各类零件不同机械性能的需要。

(2) 回火。回火是将淬火后的钢加热到某一较低温度，保温后在空气中冷却的热处理工艺。按照加热温度不同，回火分为低温回火、中温回火和高温回火。

低温回火是将淬火后的钢件加热到150～250℃的回火称为低温回火。淬火后再低温回火的工件，具有较高的硬度和耐磨性，内应力和脆性有所降低。因此，对于要求硬度高、耐磨的零件，如刃具、量具，一般要进行低温回火处理。

中温回火的加热温度为300～450℃。中温回火后的零件具有较高的弹性极限和屈服极限，有一定的韧性和中等硬度，常用于弹簧、刀杆和轴套等的热处理。

高温回火的加热温度在500～650℃，目的是要获得强度高、韧性和塑性都好的综合机械性能。淬火加高温回火的热处理操作称为调质处理。调质处理通常用于轴类零件、连杆、齿轮等的最终热处理。

10.2.2　铸铁

工业上常用的铸铁为含碳量2%～4.3%的铁碳合金，另外还含有硫、磷和锰、硅等杂质。铸铁是一种脆性材料，抗拉强度较低，但是有优良的铸造性、减振性、耐磨性和切削加工性。铸铁生产工艺和熔化设备简单，成本低廉，因此在工业中得到普遍应用。常用的铸铁有以下几种。

1. 灰铸铁

灰铸铁中碳大部或全部以自由状态的片状石墨形式存在，断口呈暗灰色，故称灰铸铁。灰铸铁的抗压强度较大，但抗拉强度、冲击韧性很低，不适于制造承受弯曲、拉伸、剪切和冲击载荷的零件。灰铸铁的耐磨性、耐蚀性好，同时具有良好的铸造性、减振性，可用来铸造承受压力，要求消振、耐磨的零件，如支架、阀体、泵体、机座、管路附件，或受力不大的铸件。

2. 可锻铸铁

可锻铸铁是白口铁在固态下经长时间石墨化退火而得到的具有团絮状石墨的一种铸铁。与灰铸铁相比，可锻铸铁具有较好的塑性和韧性，又比钢具有更好的铸造性能，常用于截面较薄而形状复杂的轮壳、管接头等。这里"可锻"并非指可以锻造。

采用不同的退火工艺，可以获得铁素体和珠光体两种不同基体的可锻铸铁。前者称为黑心可锻铸铁，主要特点是塑性好；后者称为珠光体可锻铸铁，与铁素体可锻铸铁相比，具有更高的硬度，但塑性、韧性较差。

3. 球墨铸铁

在浇铸前往铁水中加入少量球化剂(如 Mg、Ca 和稀土元素等)，形成的球状石墨分布在钢基体中的铸铁材料，称为球墨铸铁。球墨铸铁在强度、塑性和韧性方面大大超过灰铸铁，甚至接近于钢，仍具有灰铸铁的许多优点，如铸造性、耐磨性、切削工艺性好等，是目前最好的铸铁，但价格低于钢。由于球墨铸铁兼有普通铸铁和钢的优点，因而过去用碳钢和合金钢制造的重要零件，如曲轴、连杆、主轴、中压阀门等，目前不少改用球墨铸铁。

10.3　低合金钢与合金钢

随着现代工业和科学技术的不断发展，对设备零件的强度、硬度、韧性、塑性以及物理、化学性能的要求越来越高，碳钢已不能完全满足要求。为了提高或改善钢的某些性能，在炼钢时有意识地向钢中加入一些合金元素，根据合金元素的含量这些铁的合金被称为低合金钢和合金钢。

10.3.1　合金元素对钢材性能的影响

目前在合金钢中常用的合金元素有铬(Cr)、锰(Mn)、镍(Ni)、硅(Si)、硼(B)、钨(W)、铝(Al)、钼(Mo)、钒(V)、钛(Ti)和稀土元素(Re)等。

铬是合金结构钢主加元素之一，在化学性能方面不仅能提高金属耐腐蚀性能，也能提高抗氧化性能。当其含量达到13%时，能使钢的耐腐蚀能力显著提高，并增加钢的热强性。铬能提高钢的淬透性，显著提高钢的强度、硬度和耐磨性，但它使钢的塑性和韧性降低。

锰可提高钢的强度，增加锰含量对提高低温冲击韧性有好处。

镍对钢的性能有良好的作用。它能提高淬透性，使钢具有很高的强度，而又保持良好的塑性和韧性。镍能提高耐腐蚀性和低温冲击韧性。镍基合金具有更高的热强性能。镍被广泛应用于不锈耐酸钢和耐热钢中。

硅可提高强度、高温疲劳强度、耐热性及耐 H_2S 等介质的腐蚀性。硅含量增高会降低钢的塑性和冲击韧性。

铝为强脱氧剂，显著细化晶粒，提高冲击韧性，降低冷脆性。铝还能提高钢的抗氧化性和耐热性，对抵抗 H_2S 介质腐蚀有良好作用。铝的价格比较便宜，所以在耐热合金钢中常以它来代替铬。

钼能提高钢的高温强度、硬度，细化晶粒，防止回火脆性，还能抗氢腐蚀。

钒用于固溶体中可提高钢的高温强度，细化晶粒，提高淬透性。铬钢中加少量钒，在保持钢的强度情况下，能改善钢的塑性。

钛为强脱氧剂，可提高强度，细化晶粒，提高韧性，减小铸锭缩孔和焊缝裂纹等倾向。钛在不锈钢中起稳定碳的作用，减少铬与碳化合的机会，防止晶间腐蚀，还可提高耐热性。

稀土元素可提高强度，改善塑性、低温脆性、耐腐蚀性及焊接性。

10.3.2　低合金钢、合金钢的分类与牌号

1. 低合金结构钢的牌号

低合金结构钢的牌号由 4 部分组成。第 1 部分为前缀加上以 MPa 为单位的屈服强度数值，通用低合金结构钢的前缀为 Q，例如 Q345；第 2 部分为质量等级符号，用英文字母 A，B，C，…表示；第 3 部分为脱氧方式，以 F、b、Z、TZ 表示；第 4 部分为用途、特性及工艺方法标示，比如锅炉与压力容器用钢用符号 R 表示。低合金结构钢牌号的第 2 到第 4 部分在需要时才进行标注。

根据需要，低合金结构钢也可以采用两位阿拉伯数字(表示平均碳含量，以万分之几计)加上合金元素符号表示，必要时在后面附加用途、特性及工艺方法等标示符。当合金元素符号小于 1.5% 时只标注符号，当元素符号大于 1.5% 时，以百分数列在元素符号后面，例如 16MnR(Q345R)表示平均含碳量 0.16%、Mn 含量小于 1.5% 的锅炉与压力容器用钢。

2. 合金钢的分类及牌号

合金钢的分类方法很多，但最常用的是按照用途进行分类。

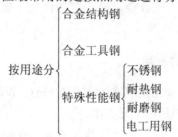

国家标准规定，我国合金钢牌号采用化学元素符号和汉语拼音字母并用的原则，以含碳量、合金元素的种类及含量、质量等级来编号，实用简单。

(1) 合金结构钢的牌号。合金结构钢的牌号由 4 部分组成，第 1 部分为两位阿拉伯数字，表示平均碳含量的万分数；第 2 部分为元素符号+数字，元素符号表示所包含的合金元素，数字表示合金元素含量的百分数，当合金元素含量小于 1.5% 时只需标出合金元素，无需标注数字；第 3 部分为质量等级符号，若为高级优质则标 A，若为特级优质则标 E；第 4 部分为用途、特性及加工工艺表示。例如，40Cr 钢表示平均含碳量为 0.4%、主要合金元素铬含量小于 1.5% 的铬钢；12CrNi3A 表示平均含碳量为 0.12%、铬含量小于 1.5%、镍平均含量为 3% 的高级优质合金结构钢。

(2) 合金工具钢的牌号。合金工具钢的牌号表示方法为"一位数字＋化学元素符号＋数字"。"一位数字"表示平均钢含碳量的千分数，当含碳量大于等于 1%时，为了不与合金结构钢混淆，牌号前的含碳量就不予表示。合金元素及其含量的标注方法与合金结构钢相同。例如，9SiCr 钢表示平均含碳量为 0.9%，主要合金元素硅、铬含量均小于 1.5%的合金工具钢；CrWMn 钢表示其含碳量大于 1%，铬、钨、锰 3 种元素含量均小于 1.5%的合金工具钢。

(3) 不锈钢及耐热钢的牌号。不锈钢和耐热钢钢牌号以两位或者三位阿拉伯数字表示碳含量的万分数或者十万分数表示最佳控制碳含量，表示方法为，当只对碳含量的上限值有要求且小于 0.10%时，以上限值的 3/4 标示碳含量，超过 0.10%时以上限值的 4/5 标示碳含量；当对碳含量的上下限均作出要求时，以平均碳含量标示。对于超低碳不锈钢(碳含量不大于 0.030%)采用 3 位阿拉伯数字标示其最佳控制碳含量。

不锈钢和耐热钢牌号的第二部分与合金结构钢标示方法相同，但对于一些专门加入的合金元素如铌、钛、锆、氮等，虽然含量较低，但也需要进行标示。

不锈钢同时还具有一个统一数字代号标示。

例如，含碳量不大于 0.15%、铬含量为 17%～19%、镍含量为 8%～10%的不锈钢牌号为 12Cr18Ni9，统一数字代号 S30210；含碳量小于 0.030%、铬含量为 10.5%～12.5%、镍含量为 0.3%～1.0%的不锈钢，应标记为 022Cr12Ni，统一数字代号为 S11213。

低合金钢及合金钢的种类和牌号繁多，这里仅介绍过程设备较为常用的普通低合金结构钢和不锈钢。

10.3.3　普通低合金结构钢

普通低合金结构钢含碳量通常小于 0.25%，合金总含量小于 5%。与碳钢相比，普通低合金结构钢具有较高的屈服强度(σ_s=300～1000MPa)和屈强比(σ_s/σ_b=0.65～0.95)，因此又称为低合金高强度结构钢。同时，低合金高强度结构钢具有较好的冷、热加工性能，良好的焊接性能，较低的冷脆倾向，以及较好的抗大气、海水等腐蚀能力。

采用低合金钢制造过程设备，不仅可以减小容器的厚度，减轻重量，节约钢材，而且能解决大型压力容器在制造、检验、运输、安装中因厚度太大带来的各种困难。例如，大型化工容器采用 Q345R 制造，质量比用碳钢减轻 1/3。

压力容器常用的低合金钢，包括专用钢板 Q345R、15CrMoR、16MnDR、15MnNiDR、09MnNiDR 等；钢管 Q345、09MnD；锻件 16Mn、20MnMo、16MnD、09MnNiD、12Cr1MoV 等。D 表示低温用钢。

Q345R 是屈服强度为 340MPa 级的压力容器专用钢板，也是中国压力容器行业使用量最大的钢板，具有良好的综合力学性能和制造工艺性能，主要用于制造中低压容器和多层高压容器。

16MnR、15MnNiDR、09MnNiDR 3 种钢板是工作在-20℃及更低温度的压力容器专用钢板，即低温压力容器用钢。

15CrMoR 属低合金热强钢，是中温抗氢钢板，常用于制造温度不超过 560℃的压力容器。

20MnMo 锻件有良好的热加工和焊接工艺性能，常用于制造使用温度为-40～470℃的重要大中型锻件。09MnNiD 锻件有优良的低温韧性，用于制造使用温度为-60～-45℃的低温容器。12Cr1MoV 锻件具有较高的热强性、抗氧化性和良好的焊接性能，常用于制造高温(350～480℃)、高压(25MPa 左右)、临氢压力容器。中国已将此钢用于制造壁厚达 284mm、重达 1000t 的锻焊结构加氢裂化反应器。

10.3.4　不锈钢

不锈钢是指在大气、蒸汽、水、酸、碱和盐溶液或其他腐蚀性介质中具有高度化学稳定性的合金钢的总称。在酸、碱和盐等腐蚀性强的介质中能抵抗腐蚀作用的钢，又进一步称为耐蚀钢或耐酸钢。在空气中不易生锈的钢，不一定耐酸、耐蚀，而耐酸、耐蚀的钢一般都有良好的耐大气腐蚀性能。

1. 不锈钢的合金特点

(1) 含碳量较低。从耐腐蚀的角度考虑，不锈钢的耐蚀性要求愈高，其含碳量则应愈低。这是由于钢中碳与铬形成铬的碳化物(如 $Cr_{23}C_6$)而消耗了铬，致使钢中铬的有效含量减少，降低了钢的耐腐蚀性。因此，希望含碳量越低越好，只是在需要较高强度时，才适当提高含碳量，此时必须相应地提高铬含量。

(2) 主加合金元素为铬。铬是不锈钢中获得耐蚀性的主要元素。当钢中含铬量超过 12%时，能使钢表面生成一层极薄且致密的铬氧化膜，阻止了钢基体被继续侵蚀。使钢在氧化性介质中的耐腐蚀性突变性上升。

(3) 同时加入镍元素。把铬和镍同时加入钢中，才能提高钢的强度、韧性、耐蚀性和焊接性能。

(4) 加入钼、铜、钛、铌、锰和氮等合金元素。加入钼、铜元素可提高钢在非氧化性酸中的耐蚀能力；加入钛、铌元素，使其能优先同碳形成稳定的碳化物，使铬保留在基体中，避免晶界贫铬从而减轻钢的晶界腐蚀倾向；加入锰、氮可部分代镍以获得奥氏体组织，并提高铬不锈钢在有机酸中的耐蚀性。

2. 常用不锈钢

常用的不锈钢主要有铬不锈钢和铬镍不锈钢。按照不锈钢的显微组织，铬不锈钢分为马氏体不锈钢和铁素体不锈钢，而铬镍不锈钢也称奥氏体不锈钢。

1) 马氏体不锈钢

马氏体不锈钢又称 Cr13 型不锈钢，因其淬火组织为马氏体而得名。这类钢的主要合金元素铬的含量为 12%～14%，含碳量一般为 0.1%～0.4%。大量的铬元素使钢具有良好的耐腐蚀性。而碳元素则保证钢具有一定的强度和硬度。

2) 铁素体不锈钢

典型的铁素体不锈钢是 Cr17 钢，含碳量小于 0.12%，含铬量 16%～18%，加热时没有奥氏体相变过程，组织为单相铁素体，故称为铁素体不锈钢。铁素体不锈钢的耐腐蚀性好，与奥氏体不锈钢大致相同，成本较低，塑性好，但强度低，不能热处理强化。

常用铬不锈钢的化学成分、组织、力学性能及用途见表 10-4。

表 10-4　常用铬不锈钢的化学成分、组织、力学性能及用途

| 类别 | 钢号 | $W_E \times 100\%$ | | 组织 | 机械性能 | | | | | | 用途 |
		C	Cr		σ_b / MPa	σ_s / MPa	δ /(%)	ψ /(%)	A_{kv} /J	硬度	
马氏体型	12Cr13	≤0.15	11.5～13.5	回火索氏体	≥600	≥420	≥20	≥60	≥72	HB187	制作能抗弱腐蚀性介质、能承受冲击负荷的零件，如汽轮机叶片、水压机阀、结构架、螺栓等
	20Cr13	0.16～0.25	12.0～14.0	回火索氏体	≥600	≥450	≥16	≥55	≥64	—	
	30Cr13	0.26～0.35	12.0～14.0	回火马氏体						HRC48	制作具有较高硬度和耐磨性的医疗工具、量具和滚珠轴承等
	40Cr13	0.36～0.45	12.0～14.0	回火马氏体						HRC50	与30Cr13钢用途相同
铁素体型	10Cr17	≤0.12	16.0～18.0	铁素体	≥400	≥250	≥20	≥50			制作硝酸工厂设备，如吸收塔、热交换器、酸槽、输送管道，以及食品工厂设备等

3) 奥氏体不锈钢(18-8 型)

奥氏体不锈钢含碳量较低，钢中的主要合金元素为铬和镍，其中含铬量为 18%左右，镍含量大于 8%，因此常被称为 18-8 型不锈钢。

由于含有大量的铬、镍元素，使钢在热处理后获单一的奥氏体组织，从而使钢具有良好的塑性、韧性、耐蚀性、焊接性和低温韧性。虽然强度不高，但可通过冷变形强化。

铬镍不锈钢除像铬不锈钢一样具有氧化铬薄膜的保护作用外，还因镍能使钢形成单一奥氏体，使其在很多介质中比铬不锈钢更具耐蚀性，如对浓度 65%以下、温度低于 70℃或浓度 60%以下、温度低于 100℃的硝酸，以及苛性碱(熔融碱除外)、硫酸盐、硝酸盐、硫化氢、醋酸等都很耐蚀。但对还原性介质如盐酸、稀硫酸则是不耐蚀的。在含氯离子的溶液中，有发生晶间腐蚀的倾向，严重时往往引起钢板穿孔腐蚀。

在 400～800℃，碳从奥氏体中以碳化铬($Cr_{23}C_6$)形式沿晶界析出，使晶界附近的合金元素(铬与镍)含铬量降低到耐腐蚀所需的最低含量(12%)以下，腐蚀就在此贫铬区产生。这种沿晶界的腐蚀称为晶间腐蚀。发生晶间腐蚀后，钢材变脆、强度很低，破坏无可挽回。为了防止晶间腐蚀，可采取以下几种方法。

(1) 在钢中加入与碳亲合力比铬更强的钛、铌等元素，以形成稳定的 TiC、NbC 等，将碳固定在这些化合物中，可大大减少产生晶间腐蚀的倾向。如 06Cr18Ni11Ti、06Cr18Ni11Nb 等钢种，它们具有较高的抗晶间腐蚀能力。

(2) 减少不锈钢中的含碳量以防止产生晶间腐蚀。当钢中的含碳量降低后，铬的析出也将减少，如 06Cr19Ni10 钢。当含碳量小于 0.03%时，即使在缓冷条件下，也不会析出碳化铬，这就是所谓的超低碳不锈钢，如 022Cr19Ni10。超低碳不锈钢冶炼困难、价格很高。

(3) 对某些焊接件可重新进行热处理，使碳、铬再固溶于奥氏体中。

另外，为了提高对氯离子 Cl^{-1} 的耐蚀能力，可在铬镍不锈钢中加入合金元素 Mo，如 06Cr17Ni12Mo2Ti。同时加入 Mo、Cu 元素，则在室温、浓度为 50%以下的硫酸中也具有

较高的耐蚀性，也可提高在低浓度盐酸中的抗腐蚀性，如 06Cr18Ni18Mo2Cu2Ti。

奥氏体不锈钢产品以板材和带材为主，主要用于制造在强腐蚀介质中工作的各种设备和零件，如储槽、吸收塔、化工容器和管道等。此外，由于奥氏体不锈钢没有磁性，还可用于制造仪表、仪器中的防磁零件。

常用奥氏体不锈钢的化学成分、机械性能及用途见表 10-5。

表 10-5　常用奥氏体不锈钢的化学成分、机械性能及用途

钢号	成分 $W_E \times 100\%$				机械性能				特性及用途
	C	Cr	Ni	Ti	σ_b/MPa	σ_s/MPa	δl/(%)	ψl/(%)	
06Cr19Ni10	<0.08	18.0~20.0	8.0~11.0	~	≥490	≥180	≥40	≥60	良好的耐蚀和耐晶间腐蚀性能，是化学工业的良好耐腐蚀材料
12Cr18Ni9	<0.15	17.0~18.0	8.0~10.0	~	≥550	≥200	≥45	≥50	制作耐硝酸、冷磷酸、有机酸及盐、碱溶液腐蚀的设备零件
06Cr18Ni11Ti	<0.08	17.0~19.0	9.0~12.0	$5W_C\%$~0.70	≥550	≥200	≥40	≥55	制作耐酸容器及设备衬里，输送管道等设备和零件，抗磁仪表、医疗器械，具有较好的耐晶间腐蚀性能
17Cr19Ni11Ti	0.04~0.10	17.0~20.0	9.0~13.0	$4W_C\%$~0.60					

由于含镍量高，因而奥氏体不锈钢价格较高。为节约镍并使钢种仍具有奥氏体组织，以用容易得到的锰和氮代替不锈钢中的镍，发展出了铬锰镍氮系和铬锰氮系不锈钢。例如 Cr18Mn8Ni5、Cr18Mn10Ni5Mo3N。而用于制造尿素生产设备的 0Cr17Mn13Mo2N 比从国外进口的 06Cr17Ni12Mo2Ti 及 06Cr18Ni12Mo3Ti 在耐蚀性能上更强。

10.4　有 色 金 属

通常把非铁金属及其合金称为有色金属及其合金。与黑色金属相比，有色金属的产量及使用都较少，价格也贵。但由于它们具有某些特殊的性能，例如良好的导电性、导热性，密度小，熔点高，有低温韧性，在空气、海水以及一些酸、碱介质中耐腐蚀，良好的工艺性和一定的力学性能等，因此是现代工业生产中不可缺少的材料，许多化工设备及其零部件经常采用有色金属及其合金。常用的有色金属有铝及铝合金、铜及铜合金、钛及钛合金、轴承合金等。

10.4.1　铝及铝合金

铝是一种银白色金属，密度小($2.7g/cm^3$)，约为铁的三分之一，属于轻金属。铝的导电性、导热性能好，仅次于金、银和铜；塑性好、强度低，可进行各种压力加工，并可进行焊接和切削。铝在氧化性介质中易形成 Al_2O_3 保护膜，因此在干燥或潮湿的大气中，在氧化剂的盐溶液中，在浓硝酸以及干氯化氢、氨气中，都是耐腐蚀的。但含有卤素离子的盐类、氢氟酸以及碱溶液都会破坏铝表面的氧化膜，所以铝不宜在这些介质中使用。

铝在化工生产中有许多特殊的用途。如铝不会产生火花，故常用于制作含易挥发性介质的容器；铝不会使食物中毒，不污染物品，不改变物品颜色，因此，在食品工业中可代

替不锈钢制作有关设备。铝的导热性能好，适合于作换热设备。

根据铝合金的成分和工艺特点可分为形变铝合金和铸造铝合金两类。

1. 形变铝及铝合金

(1) 工业纯铝。其含铝量不小于 99.0%。工业高纯铝可用来制造对耐腐蚀要求较高的浓硝酸设备，如高压釜、槽车、储槽、阀门、泵等。工业纯铝还可用于制造含硫石油工业设备、橡胶硫化设备及含硫药剂生产设备中，同时也大量用于食品工业和制药工业中要求耐腐蚀、防污染而不要求强度的设备，例如反应器、热交换器、深冷设备、塔器等。

(2) 防锈铝。主要有铝-锰系、铝-镁系合金。防锈铝合金耐腐蚀性强，塑性及焊接性能较好。防锈铝常用来制造需冷弯、冷拉或冲压的零件，如油箱、管道、低压容器。

常用铝-镁系防锈铝合金能耐潮湿大气的腐蚀，有足够的塑性，强度比铝-锰系防锈铝合金高，常用来制造各式容器、分馏塔、热交换器等。可用于制造中等强度的零件或设备、铆钉及部分受力零件和焊制容器。

2. 铸造铝合金

铸造铝合金的铸造性能较好，常用铸造方法生产毛坯或零件。铸造铝合金有 Al-Si、Al-Cu、Al-Mg、Al-Zn 系 4 个系列。其中以 Al-Si 系铸造铝合金应用最广，常称为硅铝明，可用于制造泵的壳体、仪表壳体与支架、发动机的气缸头等。

10.4.2　铜及铜合金

铜属于半贵重金属，密度为 $8.94g/cm^3$，铜及其合金具有高的导电性和导热性，较好的塑性、韧性及低温力学性能，在许多介质中具有很好的耐蚀性。因此在化工生产中得到广泛应用。

1. 纯铜

纯铜呈紫红色，又称紫铜。纯铜有良好的导电、导热和耐蚀性，同时具有良好的塑性，并且在低温时可保持较高的塑性和冲击韧性，用于制作深冷设备和高压设备的垫片。

铜耐稀硫酸、亚硫酸、稀的和中等浓度的盐酸、醋酸、氢氟酸及其他非氧化性酸等介质的腐蚀，对淡水、大气、碱类溶液的耐蚀能力很好。铜不耐各种浓度的硝酸、氨和铵盐溶液。在氨和铵盐溶液中，会形成可溶性的铜氨离子$[Cu(NH_4)_2]^{2+}$，故不耐腐蚀。所以在氨生产中使用的仪表、泵、阀门等均不能用铜制造。

纯铜可用于制造电线，配制高纯度合金，制作垫片、铆钉紧固件；无氧纯铜主要用作真空器件；磷脱氧铜，多以管材供应，主要用于冷凝器、蒸发器、换热器、热交换器的零件等。

2. 铜合金

由于纯铜的塑性好、强度低，很少用于制造结构零件，常加入其他元素制成铜合金，以提高力学性能。铜合金是指以铜为基体加入其他元素所组成的合金。铜合金可分为黄铜、白铜、青铜 3 大类。

(1) 黄铜。铜与锌的合金称黄铜。它的铸造性能良好，力学性能比纯铜高，耐蚀性能与纯铜相似，在大气中耐腐蚀性比纯铜好，价格也便宜，在化工上应用较广。

黄铜的力学性能取决于含锌量，当含锌量小于 32%时，强度和塑性都随着含锌量的增加而提高；当含锌量大于 32%时，随含锌量的增加，强度继续提高，而塑性降低；但含锌量大于 45%后，强度与塑性都急剧下降。

(2) 白铜。镍的质量分数含量低于 50%的铜镍合金称为简单(普通)白铜。再加入锰、铁、锌或铝等元素的白铜称为复杂(特殊)白铜。白铜是工业铜合金中耐腐蚀性能最优者，抗冲击腐蚀、应力腐蚀性能亦良好，是海水冷凝管的理想材料。

(3) 青铜。除黄铜、白铜外，其余的铜合金均称为青铜。根据添加元素不同，有多种青铜。铜与锡的合金称为锡青铜，它是最古老且应用较广的青铜；铜与铝、硅、铅、铍、锰等组成的合金称无锡青铜。

锡青铜主要用来铸造耐腐蚀和耐磨零件，如泵壳、阀门、轴承、蜗轮、齿轮、旋塞等。

无锡青铜(如铝青铜)的力学性能比黄铜、锡青铜好。具有耐磨、耐蚀特点，无铁磁性，冲击时不生成火花，主要用于加工成板材、带材、棒材和线材。

10.4.3　钛及钛合金

钛的密度小($4.51g/cm^3$)、熔点高(1668℃)、耐腐蚀性好。这些特点使钛在军工、航空、化工领域中日益得到广泛应用。

纯钛塑性好，易于加工成型，冲压、焊接、切削加工性能良好；在大气、海水、氧化性酸和大多数有机酸中，其抗腐蚀性超过不锈钢，但钛不耐热强碱、氢氟酸以及还原性酸(硫酸、盐酸等)等的腐蚀。钛也是很好的耐热材料。它常用于飞机骨架、耐海水腐蚀的管道、阀门、泵体、热交换器、蒸馏塔及海水淡化系统装置与零部件。

在钛中添加锰、铝或铬钼等元素，可获得性能优良的钛合金。

10.5　非金属材料

除金属以外的所有工程材料，统称为非金属材料。非金属材料具有优良的耐腐蚀性、原料来源丰富、品种多样、造价便宜等优点。非金属材料既可以用作过程装备的结构材料，又能作金属设备的保护衬里、涂层，还可作设备的密封材料、保温材料和耐火材料，是一种有着广阔发展前途的过程装备材料。

非金属材料分为无机非金属材料、有机非金属材料和复合材料。

10.5.1　无机非金属材料

1. 陶瓷

(1) 化工陶瓷。化工陶瓷是以黏土为主要原料，按比例加入长石、石英等，用水混合，经过成型、干燥和高温焙烧，形成表面光滑、断面像细密石质的材料。化工陶瓷具有良好的耐腐蚀性，除氢氟酸、氟硅酸及热或浓碱液外，几乎能耐包括硝酸、硫酸、盐酸、王水、盐溶液、有机溶剂等介质的腐蚀，具有足够的不透性、耐热性和一定的机械强度。

在过程装备中，化工陶瓷设备和管道的应用越来越多。化工陶瓷主要用于制造接触强腐蚀介质的塔、储槽、容器、反应器、搅拌器、过滤器、泵、风机、阀门、旋塞和管道、管件等。

化工陶瓷最大的缺点是抗拉强度低、脆性大、导热系数小、热膨胀系数大，受碰击或温差急变而易破裂。因此，化工陶瓷不宜制作应力高、温度波动大、尺寸太大的设备。

(2) 工程陶瓷。工程陶瓷的原料是经过人工采用化学制备的高纯度或纯度可控的粉料，不像日用陶瓷和化工陶瓷直接取自天然原料，因此材料的成分配比可以控制，制品质量稳定，所获得的陶瓷材料的性能比传统陶瓷优异。工程陶瓷的共同特点是均具有极好的化学稳定性，硬度高，耐磨损，但抗冲击韧性低，脆性大。过程装备上应用较广的工程陶瓷主要有氧化铝陶瓷、碳化硅陶瓷和氮化硅陶瓷，应用于机械密封的摩擦副。

2. 搪瓷

化工搪瓷由含硅量高的瓷釉通过 900℃左右的高温煅烧，使瓷釉密着在金属表面。化工搪瓷具有优良的耐腐蚀性能、力学性能和电绝缘性能，但易碎裂。

搪瓷的热导率不到钢的 1/4，热膨胀系数大。故搪瓷设备不能直接用火焰加热，以免损坏搪瓷表面，可以用蒸汽或油浴缓慢加热，使用温度为-30～270℃。

目前我国生产的搪瓷设备有反应釜、储罐、换热器、蒸发器、塔和阀门等。

3. 不透性石墨

石墨具有特别高的化学稳定性及良好的导电性、导热性。石墨是用焦炭粉和石墨粉作基料，用沥青作粘接剂，经模压成型在高温下烧结而成。但在制造过程中，由于高温烧结而逸出挥发物，造成石墨中有很多微孔，影响它的机械强度和加工性能，直接应用会出现介质的渗透性泄漏。因此，用于制造过程装备的石墨，常用浸渍处理以获得不透性石墨，并提高其强度。浸渍剂的性质决定了浸渍石墨的化学稳定性、热稳定性、机械强度和应用温度范围。目前常用的浸渍剂有合成树脂和金属两大类。当使用温度低于 170℃时，可选用浸合成树脂的石墨；当使用温度大于 170℃时，应选用浸金属的石墨，浸锑石墨是高温介质环境常选用的一种浸金属石墨。

不透性石墨的导热性比碳钢大 2.5 倍，比不锈钢大 5 倍，热膨胀系数小，耐温急变性好，易切削加工，多用来制造换热器。不透性石墨的抗压强度比抗拉、抗弯强度高几倍，使用时宜使之受压，应避免受拉应力和弯曲应力。因此机械密封中，浸树脂石墨密封环最为常用。

10.5.2　有机非金属材料

有机非金属材料又称有机高分子材料。有机高分子材料的种类繁多，这里仅介绍过程装备常用的有塑料、涂料和胶粘剂。

1. 工程塑料

塑料是用高分子合成树脂为主要原料，在一定温度、压力条件下塑制成的型材或产品(泵、阀等)的总称。在工业生产中广泛应用的塑料即为"工程塑料"。塑料作为一种应用最广泛的有机高分子材料，几乎占全部合成材料的 70%，是最主要的工程材料之一。

工程塑料一般具有良好的耐腐蚀性能、一定的机械强度、良好的加工性能和电绝缘性能，价格较低，因此广泛应用在化工生产中。

2. 胶粘剂

胶粘剂，又称为粘接剂、粘合剂。胶粘剂可代替传统的铆接、焊接和螺纹联接等，使各种不同材质的零件或结构件牢固地连接在一起。

胶接是不同于铆接、螺纹联接和焊接的一种新型连接工艺,其特点见表 10-6。

表 10-6　胶接的特点

特点	备注
适用范围广	一般不受材料种类和几何形状的限制,厚与薄、硬与软、大与小、不同材质之间、不同零件之间,都能胶接
胶接接头的应力分布均匀	能使承载能力在全部胶接面上比较均匀的分布,从而大大减弱了应力集中现象,使疲劳强度提高
胶接结构质量轻	可省去大量铆钉、螺栓,因而节省材料,且胶接结构的表面光滑、美观
具有密封作用	可堵住三漏(漏水、漏油、漏气),又由于大多数合成粘接剂主体成分是高分子材料,因而具有良好的抗腐蚀、耐溶剂性和电气绝缘性等
工艺温度低	可在较低温度(甚至室温)下进行,因此可以避免其他对热敏感的部位受到损害

10.5.3　复合材料

复合材料由两种或两种以上化学性质或组织结构不同的材料组合而成。复合材料一般由高强度、高模量的增强体和强度低、韧性好、低模量的基体组成。增强体承担结构使用中的各种载荷,基体则起到粘结增强体予以赋形,并传递应力的作用。复合材料的基体材料常用树脂、橡胶、金属陶瓷等;增强体材料常用玻璃纤维、碳纤维等物。化工生产中常用的复合材料是玻璃钢。

玻璃钢,即玻璃纤维-树脂基复合材料,以合成树脂为粘接剂,玻璃纤维为增强材料,按一定成型方法,在一定温度及应力下使树脂固化而制成的复合材料。因其比强度(抗拉强度与密度之比)高,可以和钢铁相比,故又称玻璃钢。玻璃钢根据所用的树脂不同而差异很大。目前应用在化工防腐方面的有环氧玻璃钢(成本低)、酚醛玻璃钢(耐酸性好)、呋喃玻璃钢(耐酸、碱腐蚀性好)、聚酯玻璃钢(施工方便)等。

由于玻璃钢具有优良的耐腐蚀性能,高强度和良好的工艺性能,在化工生产中可做容器、储罐、塔、鼓风机、槽车、搅拌器、泵、管道、阀门等,应用越来越广泛。

10.6　过程装备的腐蚀与防腐措施

金属材料表面由于受到周围介质的作用而发生状态变化,从而使金属材料遭受破坏的现象称为腐蚀。金属的腐蚀给人类造成的危害是十分惊人的,几乎涉及国民经济的一切领域。据估计,全世界每年因腐蚀报废的钢铁约占其年产量的 30%,而在化工、石油化工、轻工与能源领域,约有 60%的设备失效与腐蚀有关。

10.6.1　金属腐蚀的原理

按照腐蚀机理,金属的腐蚀可分为化学腐蚀和电化学腐蚀两类。

1. 化学腐蚀

化学腐蚀是金属与干燥气体或非电解质溶液直接发生化学作用而引起的破坏。化学腐蚀过程是一种单纯的化学反应过程，腐蚀产物形成一层膜覆盖在腐蚀金属的表面上。其特点是腐蚀过程中没有电流产生。化学腐蚀有以下几种。

1) 金属的高温氧化与脱碳

对于工作在高温下的设备，如氨合成塔、硫酸氧化炉、石油裂解炉等，会发生高温氧化和脱碳，它是过程设备中常见的化学腐蚀之一。

(1) 金属的高温氧化。一般当钢材和铸铁的温度高于 300℃时，在其表面就会出现可见的氧化皮。随着温度的升高，其氧化速度大大提高。在 570℃以下氧化时，氧化所形成的氧化物中不含 FeO，其氧化层由 Fe_3O_4 和 Fe_2O_3 构成。这两种氧化物所构成的氧化层组织致密、稳定，附着在钢材表面上不易脱落，能起到保护膜的作用。在 570℃以上时，钢材表面所形成的氧化物有 3 种，即 Fe_2O_3、Fe_3O_4、FeO，其厚度比大约为 $Fe_2O_3 : Fe_3O_4 : FeO$ =1 : 10 : 100，由于 FeO 的结构疏松，晶体内部缺陷多，因此容易剥落，大大降低了氧化层对材料的保护作用。

因此，为了提高钢材的高温抗氧化能力，必须设法阻止或减弱钢材表面 FeO 的形成。在冶金工业中，通过在钢中加入适量的合金元素，如铬、硅或铝，可以使钢材具有较强的抗氧化能力。

(2) 钢的脱碳。钢中的碳以渗碳体形式存在。钢的脱碳是指在高温气体作用下，钢的表面在产生氧化皮的同时，金属表层发生渗碳体减少的现象。

当温度高于 700℃时，由于高温气体中含有 O_2、CO_2、H_2O、H_2 等，钢中的渗碳体 Fe_3C 与这些气体发生如下化学反应。

$$2Fe_3C + O_2 = 6Fe + 2CO$$
$$Fe_3C + CO_2 = 3Fe + 2CO$$
$$Fe_3C + H_2O = 3Fe + CO + H_2$$

钢材脱碳使材料表面的碳含量降低，力学性能下降，特别是降低了表面硬度和抗疲劳强度。同时由于气体的析出，破坏了钢表面膜的完整性，使耐腐蚀性进一步降低。改变气体的成分，以减少气体的侵蚀作用是防止钢脱碳的有效方法。

2) 氢腐蚀

在合成氨工业、石油加氢和裂解等化工工艺中，常遇到氢在反应介质中占有很大比例的混合气体，而且这些化学反应过程又多是在高温、高压下进行的，例如合成氨的压力通常在 31.4MPa，温度一般在 470～500℃。

在较低温度和压力(温度≤200℃；压力≤4.9MPa)下，氢气对普通碳钢及低合金钢不会有明显的腐蚀作用。但是，在高温高压下则会对材料产生腐蚀，结果使材料的机械强度和塑性显著下降，甚至鼓泡和开裂，形成氢腐蚀。

氢腐蚀过程可分为氢脆和氢侵蚀。

(1) 氢脆。金属中溶入氢后引起的一系列损伤而使金属力学性能劣化的现象称为氢脆。在该阶段，氢在与钢材直接接触时被钢材所吸附，并以原子状态向钢材内部扩散，溶解在铁素体中，形成固溶体。随着氢原子不断向钢中扩散，氢原子可能会在晶格缺陷处会合，形成氢气，氢气的不断积聚使钢材内发生很高的内应力。但是，在此阶段溶在钢中的氢并未与钢材发生化学作用，也未改变钢材的组织，钢材的强度极限和屈服极限也无大的改变，但它使钢材塑性和韧性显著降低。钢材的这种脆性与氢在其中的溶解量成正比。材料处于氢脆阶段只要将材料进行消氢处理，其性能又可恢复为原来状态。

(2) 氢侵蚀。在氢气环境和一定压力下，在 200～600℃时，低碳钢或低合金钢发生表面脱碳和皮下鼓泡或微裂纹的现象称为氢侵蚀。在该阶段，溶解在钢材中的氢气与钢中的渗碳体发生化学反应，生成甲烷气，从而改变了钢材的组织，其化学反应式为

$$Fe_3C+2H_2 = 3Fe+CH_4$$

该化学反应通常发生在晶界上。由于甲烷气体的生成与聚集，形成局部高压，使钢件表皮下出现鼓泡。甲烷气体形成的鼓泡会造成连续的晶间空洞，在外加应力下空洞会连接起来而使钢开裂。

铁碳合金的氢腐蚀随着压力和温度的升高而加剧，这是因为高压有利于氢气在钢中的溶解，而高温则提高氢气在钢中的扩散速度和脱碳反应的速度。例如合成氨、石油加氢及合成苯的设备，由于反应介质是氢占很大比例的混合气体，而且这些过程又多是在高温高压下进行的，故发生氢腐蚀。通常铁碳合金产生氢腐蚀有一起始温度和起始压力，它是衡量钢材抵抗氢腐蚀能力的一个指标。

为了防止氢腐蚀的发生，可以降低钢中的含碳量，使其没有碳化物(Fe_3C)析出。也可在钢中加入合金元素，如铬、钛、铝、钨、钒等，与钢中的碳元素形成稳定的碳化物，使碳不与氢作用，以避免氢腐蚀的发生。

2. 电化学腐蚀

金属与电解质溶液间产生电化学作用所发生的腐蚀称电化学腐蚀。它的特点是在腐蚀过程中有电流产生。金属在电解质溶液中，在水分子作用下，使金属本身呈离子化，当金属离子与水分子的结合能力大于金属离子与其电子的结合能力时，一部分金属离子就从金属表面转移到电解液中，形成了电化学腐蚀。金属在各种酸、碱、盐溶液、工业用水中的腐蚀，都属于电化学腐蚀。

1) 电化学腐蚀原理

金属在电解质溶液中的腐蚀过程与电池中的电化学反应过程完全类同。现以 Zn-Cu 原电池说明电化学腐蚀的原理。将 Zn、Cu 放入盛有稀 H_2SO_4 溶液的容器中，并用导线通过电流表将两者相连，发现有电流通过，如图 10.2 所示。

由于 Zn 的电极电位低于 Cu 的电极电位，Zn 为阳极，Cu 为阴极。在阳极，Zn 被溶解并释放出电子，所放出的电子经过外部导线流到阴极。在阴极，从阳极流来的电子被溶液中的阳离子 H^+ 吸收，并释放出氢气。两极发生的原电池反应如下。

阳极：$Zn \rightarrow Zn^{2+} + 2e$。

阴极：$2H^+ + 2e \rightarrow H_2$。

上述过程使 Zn 不断溶解，即 Zn 被腐蚀。这就是金属发生电化学腐蚀的实质。

2) 微电池

工业用金属或合金表面因电化学不均一性而存在大量微小的阴极和阳极，它们在电解质溶液中就会构成短路的微电池系统。系统中的电极不仅很小，并且它们的分布以及阴、阳极面积比都无一定规律。图 10.3 为含杂质铅的锌在硫酸中时微电池腐蚀示意图。

构成金属表面电化学不均一性的主要原因有以下几方面。

(1) 化学成分不均一。工业用的金属常常含有各种杂质，有时为了改善金属的力学或物理性能，还人为地加入某些微量元素。实际上绝对纯的金属不仅在冶金技术上难以做到，并且也无使用价值。因此工业用金属或合金的化学成分不均一总是存在的，这些微量组分或杂质相对基体金属可能是阴极也可能是阳极。显然不同组分对金属微电池腐蚀的影响是不一样的。

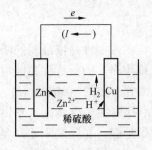
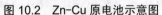
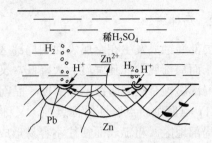

图 10.2　Zn-Cu 原电池示意图　　　　　　　图 10.3　微电池腐蚀示意图

(2) 组织结构不均一。金属和合金微观组织结构的不均一性是显而易见的。例如，铸铁存在着铁素体、渗碳体和石墨三相，各种组织结构在溶液中常常具有不同的电极电位。

(3) 物理状态不均一。金属在机械加工过程中，由于受力、变形不均而引起残余应力，这些高应力区通常具有更低的电位而成为阳极，例如铆钉头、铁板弯曲处、焊缝附近的热影响区等。

(4) 表面膜不完整。金属表面具有的保护性薄膜(金属镀层、钝化膜等)如果不完整，则膜与被覆盖的金属基体的电极电位将是不同的，也是引起金属表面电化学不均一性的一个原因。

3) 电化学腐蚀的条件

由上述电化学腐蚀过程原理可以发现，电化学腐蚀过程是由阳极反应过程、电子流动及阴极反应过程等 3 个环节组成，三者缺一不可。其中阻力最大的环节决定着整个腐蚀过程的速度。也可以看出，电化学腐蚀进行的过程必须具备下列 3 个条件。

(1) 同一金属上有不同电位的部分，或不同金属之间存在着电位差。

(2) 阴极和阳极互相连接。

(3) 阳极和阴极处在互相连通的电解质溶液中。

10.6.2　金属腐蚀破坏的形式

按照腐蚀破坏的形态，金属腐蚀破坏的形式可分为均匀腐蚀和局部腐蚀。

1.　均匀腐蚀

均匀腐蚀，也称全面腐蚀，是指金属在腐蚀介质的作用下，整个表面发生均匀的腐蚀破坏，如图 10.4(a)所示。这种腐蚀由于发生在整个腐蚀表面，设备截面尺寸的减少是均匀的，在定期厚度检测中很容易被发现，因此，这是一种危险性较小的腐蚀破坏形式。为了减少腐蚀破坏所带来的严重后果，保证设备有一定的使用寿命，在设备设计时可通过适当增加设备厚度的方法来解决这种腐蚀问题。

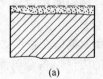

　　　　(a)　　　　　　　　　(b)　　　　　　　　　(c)　　　　　　　　(d)

图 10.4　腐蚀破坏的形式

(a)均匀腐蚀；(b) 区域腐蚀；(c) 点腐蚀；(d) 晶间腐蚀

2. 局部腐蚀

局部腐蚀只发生在金属表面的局部区域，因为整个设备或零件是依最弱的断面强度而定的，而局部腐蚀能使强度大大降低，又常常无先兆、难预测，因此这种腐蚀很危险。常见的局部腐蚀有区域腐蚀、点腐蚀、晶间腐蚀、应力腐蚀等，如图 10.4(b)、(c)、(d)所示。

(1) 点腐蚀。点腐蚀俗称点蚀，又称孔蚀、坑蚀或小孔腐蚀。点腐蚀只发生在金属表面的局部地区。粗糙表面往往不容易形成连续而完整的保护膜，在膜缺陷处，容易产生点蚀。加工过程中的锤击坑或表面机械擦伤部位将优先发生和发展点蚀。当然，点蚀的发生不一定非要表面初始状态存在机械伤痕或缺陷，尤其是对于点蚀敏感的材料，即使表面非常光滑同样也会发生点蚀。易钝化的金属，如 18-8 不锈钢，在含有活性阴离子(最常见的是 Cl^-)的介质中，最容易发生点蚀。

点蚀时，虽然金属失重不大，但由于腐蚀集中在某些点、坑上，阳极面积很小，因而有很高的腐蚀速度；加之检验蚀孔比较困难，因为多数蚀孔很小，通常又被腐蚀产物所遮盖，直至设备腐蚀穿孔后才被发现，所以点蚀是隐患性很大的腐蚀形态之一。点腐蚀会导致设备或管线穿孔、泄漏物料、污染环境，容易引起火灾；在有应力时，蚀孔往往是裂纹的发源处。

(2) 晶间腐蚀。晶间腐蚀是指金属或合金的晶粒边界受到腐蚀破坏的现象。金属由许多晶粒组成，晶粒与晶粒之间称为晶间或晶界。当晶界或其临界区域产生局部腐蚀，而晶粒的腐蚀相对很小时，这种局部腐蚀形态就是晶间腐蚀。晶间腐蚀沿晶粒边界发展，破坏了晶粒间的连续性，因而材料的机械强度和塑性急剧降低。而且这种腐蚀不易检查，易造成突发性事故，危害性极大。大多数金属或合金在特定的腐蚀介质中都可能发生晶间腐蚀，其中奥氏体不锈钢、铁素体不锈钢等均属于晶间腐蚀敏感性高的材料，如 18-8 不锈钢与含氯介质接触，在 500～800℃时，有可能产生晶间腐蚀。

(3) 应力腐蚀。应力腐蚀是材料在腐蚀和一定拉应力的共同作用下发生的破裂。材料应力腐蚀对环境有高度选择性。例如奥氏体不锈钢在含 Cl^- 的水中产生应力腐蚀，而在只含 NO_3^- 的水中不产生应力腐蚀；普通碳钢在含 NO_3^- 的水中产生应力腐蚀，而在含 Cl^- 的水中不产生应力腐蚀。另外在发生应力腐蚀的体系中必须存在拉应力。拉应力来源于焊接、冷加工、热处理，装配、使用过程中，多数破裂发生在焊接残余应力区。

10.6.3　金属设备的防腐措施

为了防止生产设备被腐蚀，除选择合适的耐腐蚀材料制造设备外，还可以采用多种防腐蚀措施对设备进行防护。具体措施有以下几种。

1. 涂覆保护层

在金属表面生成一保护性覆盖层，使金属与腐蚀介质隔开，这是防止金属腐蚀普遍采用的方法。保护性覆盖层分为金属涂层和非金属涂层两大类。

(1) 金属保护层。金属保护层是用耐腐蚀性较强的金属或合金覆盖在耐腐蚀性较弱的金属上。大多数采用电镀(镀铬、镀镍等)或热镀(镀铅、镀锌等)的方法制备金属保护层，常见的其他方法还有喷镀、渗镀、化学镀等。

(2) 非金属保护层。常用的非金属保护层是在金属设备内部衬以非金属衬里或防腐蚀涂层。在金属设备内部衬砖、板是行之有效的非金属防腐方法。常用的砖、板衬里材料有酚醛胶泥衬瓷板、瓷砖、不透性石墨、水玻璃胶泥衬瓷砖、瓷板等。

在金属设备内部施以涂料涂层、塑料涂层和橡胶涂层等也是很好的非金属保护层。

2. 电化学保护

根据金属腐蚀的电化学原理，如果把处于电解质溶液中的某些金属的电位提高，使金属钝化，人为地使金属表面生成难溶而致密的氧化膜，可降低金属的腐蚀速度；同样，如果使某些金属的电位降低，使金属难以失去电子，也可大大降低金属的腐蚀速度，甚至使金属的腐蚀完全停止。这种通过改变金属-电解质的电极电位来控制金属腐蚀的方法称为电化学保护。电化学保护法包括阴极保护与阳极保护。

(1) 阴极保护。阴极保护又称牺牲阳极保护。近年来，阴极保护在我国已广泛应用到石油和化工生产中，主要用来保护受海水、河水腐蚀的冷却设备和各种输送管道，如卤化物结晶槽、制盐蒸发设备。

把盛有电解液的金属设备和直流电源的负极相连，电源正极与一个辅助阳极相连，如图 10.5 所示。当电路接通后，电源便给金属设备以阴极电流，使金属设备的电极电位向负方向移动，当电位降至腐蚀电池的阳极起始电位时，金属设备的腐蚀即可停止。

外加电流阴极保护的实质是整个金属设备被外加电流极化为阴极，而辅助电极为阳极，称为辅助阳极。辅助阳极的材料必须是良好的导电体，在腐蚀介质中耐腐蚀，常用的有石墨、硅铸铁、废钢铁等。

(2) 阳极保护。阳极保护是把被保护设备与外加的直流电源正极相连，在一定的电解质溶液中，把阳极的金属极化到一定电位，使金属表面生成钝化膜，从而减少金属腐蚀，使设备受到保护。阳极保护只有当金属在介质中能钝化时才能应用，否则，阳极极化会加速阳极金属溶解。阳极保护应用时受条件限制较多，且技术复杂，使用不多。

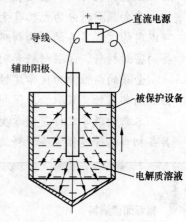

图 10.5　阴极保护示意图

3. 添加缓蚀剂

在腐蚀性介质中加入少量能使金属腐蚀速度降低甚至完全抑止的物质称为缓蚀剂。加入的缓蚀剂不应该影响化工工艺过程的进行，也不应该影响产品质量。同一种缓蚀剂对各种介质的效果是不一样的，对某种介质能起缓蚀作用，对其他介质则可能无效，甚至是有害的，因此，需严格选择合适的缓蚀剂。选择缓蚀剂的种类和用量，需根据设备所处的具体操作条件通过试验来确定。

缓蚀剂有重铬酸盐、过氧化氢、磷酸盐、亚硫酸钠、硫酸锌、硫酸氢钙等无机缓蚀剂，以及生物碱、有机胶体、氨基酸、酮类、醛类等有机缓蚀剂。

缓蚀剂的使用分 3 种情况：在酸性介质中常用硫脲、若丁(二甲苯硫脲)、乌洛托品(六亚甲基四胺)；在碱性介质中常用硝酸钠；在中性介质中常用重铬酸钠、亚硝酸钠、磷酸盐等。

本 章 小 结

　　本章对过程装备常用材料进行了较详细的阐述，包括材料性能、分类、牌号及应用等。

　　材料的性能主要有力学性能、物理性能、化学性能和加工工艺性能等。力学性能主要包括强度、塑性、硬度和冲击韧性等。化学性能包括耐腐蚀性和抗氧化性。

　　根据含碳量，将铁碳合金分为钢和生铁。杂质元素对钢的性能有很大影响。过程装备常用塑性好的低碳钢制造。通过不同的热处理可以改变钢的性能。常用铸铁有灰铸铁、可锻铸铁和球墨铸铁。

　　添加合金元素后，碳钢成为低合金钢、合金钢。过程装备常用的合金钢有普通低合金结构钢和不锈钢，其力学性能和耐腐蚀能力显著提高。

　　常用的有色金属有铝、铜及其合金。它们具有良好的物理性能、低温韧性和耐腐蚀性能、良好的工艺性和一定的力学性能。

　　非金属材料分为无机非金属材料、有机非金属材料和复合材料。非金属材料既可以用作过程装备的结构材料，又能用作金属设备的保护衬里、涂层，还可用作设备的密封材料、保温材料和耐火材料。

　　金属的腐蚀分为化学腐蚀和电化学腐蚀两类。金属腐蚀破坏的形式分为均匀腐蚀和局部腐蚀。采取涂覆保护层、电化学保护和添加缓蚀剂等措施防止金属腐蚀。

　　本章的教学目标是使学生了解材料的性能指标，熟悉常用材料的性能与应用，具备初步选择过程装备材料的能力。

 推荐阅读资料

1. 戈晓岚. 机械工程材料. 北京：北京大学出版社，2007.
2. 陈匡民. 过程装备腐蚀与防护. 北京：化学工业出版社，2000.

习　　题

简答题

10-1　材料的性能主要有哪些？

10-2　什么是材料的力学性能？常用的力学性能指标有哪些？温度对材料力学性能有哪些影响？

10-3　材料的化学性能主要有哪些？

10-4　什么是铁碳合金？钢和铸铁是如何区分的？

10-5　钢中常见的杂质有哪些？它们对钢的性能有什么影响？

10-6　碳钢是怎样进行分类的？不同钢种的牌号是怎样规定的？

10-7　Q235 钢有 A、B、C、D 4 个等级，它们的区别体现何在？

10-8　制造压力容器的专用钢板(如 Q245R、Q345R)与一般钢板(如 Q245、Q345)有什么区别？

10-9　什么是钢的热处理？普通热处理有哪些？它们对钢的性能各有什么影响？

10-10　什么是表面淬火和化学热处理？它们构件的性能有什么影响？

10-11　常用的铸铁有哪些？它们的性能各有什么特点？主要用于制造何种零件？

10-12　什么是低合金钢及合金钢？低合金钢及合金钢中常用的合金元素有哪些？它们对其的性能有什么作用？

10-13　与碳钢相比，低合金钢和合金钢有哪些优越性能？

10-14　铝、铜、钛及其合金的主要性能特点是什么？它们主要用在何处？

10-15　常用的非金属材料有哪些？其性能有什么特点？各适用于制造哪些过程设备？

10-16　化学腐蚀和电化学腐蚀的主要区别是什么？

10-17　局部腐蚀有哪几种？它们各自发生在哪些场合？

10-18　常见金属设备的防腐蚀方法有哪些？

10-19　金属腐蚀的评定方法有哪些？

10-20　选择过程装备材料时应考虑哪些因素？

10-21　下列钢号各代表何种钢？其中的数字各有什么意义？

Q235A、Q235AF、20、45、T12、Q245R、Q345、Q345R、16MnDR、12Cr13、06Cr19Ni9。

第 11 章　内压容器设计基础

教学目标

通过本章的学习，了解压力容器基本组成和主要零部件；掌握压力容器的分类方法；掌握回转薄壳的无力矩理论及其在几种典型薄壁壳体上的应用；了解边缘应力的概念、边缘应力的特性及处理方法；了解弹性失效设计准则，掌握基于弹性失效设计准则的内压圆筒及封头的设计，掌握有关设计参数的定义及选取；掌握试验压力的计算及应力校核。

教学要求

能力目标	知识要点	权重	自测分数
了解压力容器基本组成和主要零部件	压力容器基本组成和主要零部件	5%	
掌握压力容器的分类方法	介质的危害性及压力容器的分类方法	10%	
掌握回转薄壳的无力矩理论及其在几种典型薄壁壳体上的应用	无力矩理论基本方程及其在几种典型薄壁壳体上的应用	25%	
了解边缘应力的概念、特性及处理方法	边缘应力的概念、特性及处理方法	10%	
掌握基于弹性失效设计准则的内压圆筒及封头的设计	基于弹性失效设计准则的内压圆筒及封头的设计	40%	
掌握试验压力的计算及应力校核	压力试验的目的、方法、试验压力的确定及应力校核	10%	

引例

压力容器发生事故的主要原因包括：设计错误，制造缺陷，安装不符合技术要求，以及运行中的超压、超温、超负荷和操作不当，没有执行在用压力容器定期检验和安全等级评定等。

案例：1992 年 6 月 27 日，通辽市油脂化工厂癸二酸车间两台正在运行的蓖麻油水解釜突然发生爆炸，设备完全炸毁，事故造成 8 人死亡，4 人重伤，13 人轻伤。水解釜筒体直径 1800mm，材质为 20g，筒体壁厚 14mm，封头壁厚 16mm，容积为 15.3m³。工作压力为 0.78MPa，工作温度为 175℃，工作介质为蓖麻油、氧化锌、蒸汽、水及水解反应后生成的甘油和蓖麻油酸。釜顶装有安全阀和压力表，设备类别为一类压力容器，每台釜实际累计运行时间约为 19 个月。事故原因是由于水解釜内介质在加压和较高温度下，对釜壁的腐蚀以及介质对釜内壁的冲刷和磨损造成釜体壁厚迅速减薄，使水解釜不能承受工作压力。

设计单位在设计这两台水解釜时，对介质造成水解釜的内壁腐蚀和磨损考虑不够；检验人员对该两台设备进行外部检查时，没有测量设备的实际壁厚；爆炸设备中有一台在爆炸前四天曾发生泄漏，但生产车间没有引起重视，在泄漏原因未查明之前，即自主决定进行补焊后继续使用。

为确保压力容器的安全可靠，防止事故发生，有必要学习压力容器的相关知识。

11.1　概　　述

压力容器是内部或外部承受气体或液体压力，并对安全性有较高要求，一般泛指在工业生产中用于完成反应、传质、传热、分离和储存等生产工艺过程的密封容器。压力容器在化工、炼油、轻工、食品、制药、能源、宇航、国防、海洋工程等部门得到广泛的应用，其中尤以石油化学工业应用最为普遍，石油化工企业中的塔、釜、槽、罐都是以一个密闭的容器作为设备的外壳，且绝大多数是在一定的压力和温度下运行。

压力容器的操作条件十分复杂，甚至近于苛刻。压力从真空到超高压，温度从-196℃的低温到超过1000℃的高温；而处理介质则包括易燃、易爆、有毒、辐射、腐蚀、磨损等数千个品种。操作条件的复杂性使压力容器从设计、制造、安装到使用、维护都不同于一般机械设备，而成为一类特殊设备。

11.1.1　压力容器基本结构

1. 基本结构

由于生产过程的多种需要，压力容器的种类繁多，具体结构也多种多样，但其共同的特点是它们都有一个承受一定压力的各种不同形状的外壳，这个外壳称为容器。压力容器一般由筒体、封头、法兰、密封元件、开孔与接管、安全附件及支座等部分组成，如图11.1所示。

2. 主要零部件

(1) 筒体。筒体是储存或完成化学反应所需的压力空间。常见的筒体外形有圆柱形和球形两种。压力容器的筒体，通常是用钢板卷成筒节后焊接而成，对于小直径的压力容器一般采用无缝钢管制成。

(2) 封头。封头的形式较多，以它的纵剖曲线形状来分，有半球形、碟形、椭圆形、无折边球形、锥形和平板封头等。

(3) 法兰。法兰是容器的封头与筒体及管口与外部管道连接的重要部件。它通过螺栓连接，并通过拧紧螺栓使密封元件压紧而保证密封。法兰按其所连接的部件分为容器法兰和管道法兰。

(4) 开孔与接管。由于工艺要求和检修的需要，常在压力容器的筒体或封头上开设各种大小的孔或安装接管，如人孔、手孔、视镜孔、物料进出口接管，以及安装压力表、液面计、安全阀、测温仪表等接管开孔。

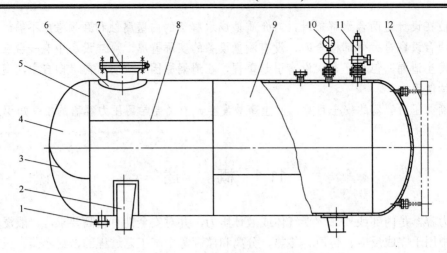

图 11.1　压力容器的基本结构

1—法兰；2—支座；3—封头拼接焊缝；4—封头；5—环焊缝；6—补强圈；
7—人孔；8—纵焊缝；9—筒体；10—压力表；11—安全阀；12—液面计

(5) 支座。压力容器靠支座支承并固定在基础上。随安装位置不同，容器支座分为立式容器支座和卧式容器支座。立式容器支座又分为腿式支座、支承式支座、耳式支座和裙式支座。卧式容器支座又分为鞍座、圈座和支腿 3 种。

11.1.2　压力容器分类

压力容器的使用范围广、数量多、工作条件复杂，发生事故所造成的危害程度各不相同。危害程度与多种因素有关，如设计压力、容器容积、介质危害性、使用场合和安装方式等。危害程度越高，压力容器材料、设计、制造、检验、使用和管理的要求也越高。因此，需要对压力容器进行合理分类。

1. 介质的危害性

介质的危害性是指介质的毒性、易燃性、腐蚀性和氧化性等，其中影响压力容器分类的主要是毒性和易燃性，而腐蚀性和氧化性则从材料方面考虑。

(1) 毒性。毒性是指某种化学毒物引起肌体损伤的能力。毒性大小一般以化学物质引起实验动物某种毒性反应所需要的剂量来表示。气态毒物，以空气中该物质的浓度表示。我国将化学介质的毒性程度分为四级，其最高容许浓度如下。

极度危害(Ⅰ级)　最高容许浓度<0.1mg/m³。

高度危害(Ⅱ级)　最高容许浓度 0.1～1.0mg/m³。

中度危害(Ⅲ级)　最高容许浓度 1.0～10mg/m³。

轻度危害(Ⅳ级)　最高容许浓度≥10mg/m³。

属Ⅰ、Ⅱ级毒性程度的介质有氟、氢氰酸、光气、氟化氢、碳酸氟氯。

属Ⅲ级毒性程度的介质有二氧化硫、氨、一氧化碳、氯乙烯、甲醇、氧化乙烯、硫化烯、二硫化碳、乙炔、硫化氢。

属Ⅳ级毒性程度的介质有氢氧化钠、四氟乙烯、丙酮。

介质的毒性程度愈高，压力容器爆炸或泄漏造成的危害就愈严重，对容器的设计、材料选用、制造、检验、使用和管理的要求就愈高。

(2) 易燃性。易燃性是指介质与空气混合后发生燃烧或爆炸的难易程度。介质与空气混合后是否会发生燃烧和爆炸与介质的浓度和温度有关，通常将可燃气体与空气的混合物遇明火能够发生爆炸的浓度范围称为爆炸浓度极限。发生爆炸时的最低浓度称为爆炸下限。爆炸下限小于 10%，或爆炸上限和下限之差值大于等于 20% 的介质，称为易燃介质，如甲胺、乙烷、乙烯、氯甲烷、环氧乙烷、环丙烷、氢气、丁烷、三甲胺、丁二烯、丁烯、丙烷、丙烯、甲烷等都为易燃气体。

压力容器中的介质为混合物时，应以介质的组分并按上述毒性程度或易燃介质的划分原则，由设计单位的工艺设计或使用单位的生产技术部门提供介质毒性程度或是否属于易燃介质的依据。无法提供依据时，按毒性危害程度或爆炸危险程度最高的介质确定。

2. 压力容器分类

根据不同的需要，压力容器的分类方式有很多种，比较常见的有以下几种。

1) 按压力等级分类

按承压方式，压力容器可分为内压容器与外压容器。内压容器又可按设计压力 p 大小分为 4 个压力等级，具体划分如下。

低压(代号 L)容器　$0.1\text{MPa} \leqslant p < 1.6\text{MPa}$。

中压(代号 M)容器　$1.6\text{MPa} \leqslant p < 10.0\text{MPa}$。

高压(代号 H)容器　$10\text{MPa} \leqslant p < 100\text{MPa}$。

超高压(代号 U)容器　$p \geqslant 100\text{MPa}$。

2) 按容器在生产中的作用分类

反应压力容器(代号 R)：用于完成介质的物理、化学反应。

换热压力容器(代号 E)：用于完成介质的热量交换。

分离压力容器(代号 S)：用于完成介质的流体压力平衡缓冲和气体净化分离。

储存压力容器(代号 C，其中球罐代号 B)：用于储存、盛装气体、液体、液化气体等介质。

在一种压力容器中，如同时具备两个以上的工艺作用原理时，应按工艺过程中的主要作用来分类。

3) 按安装方式分类

固定式压力容器：有固定安装和使用地点，工艺条件和操作人员也较固定的压力容器。

移动式压力容器：使用时不仅承受内压或外压载荷，搬运过程中还会受到由于内部介质晃动引起的冲击力，以及运输过程带来的外部撞击和振动载荷，因而在结构、使用和安全方面均有其特殊的要求。

4) 按安全技术管理分类

上述几种分类方法仅仅考虑了压力容器的某个设计参数或使用状况，还不能综合反映压力容器的危险程度。压力容器的危险程度还与介质危害性及其设计压力 p 和全容积 V 的乘积有关，pV 值越大，则容器破裂时爆炸能量越大，危害性也越大，对容器的设计、制造、检验、使用和管理的要求愈高。中国 TSG R0004—2009《固定式压力容器安全技术监察规程》根据介质、设计压力、容积 3 个因素将所适用范围内的压力容器分为第 I 类压力容器、第 II 类压力容器和第 III 类压力容器。其适用范围是指同时满足以下条件的固定式压力容器：工作压力大于等于 0.1MPa(不含液体静压力)，工作压力与容积的乘积大于等于 2.5MPa·L，盛装介质为气体、液化气体或介质最高工作温度高于或等于其标准沸点的液体。

(1) 介质分组：压力容器的介质按其毒性危害程度和爆炸危险程度分为两组。

第一组介质：毒性程度为极度、高度危害的化学介质，易爆介质，液化气体。

第二组介质：除第一组以外的介质。

介质毒性程度和爆炸危险程度按 HG 20660—2000《压力容器中化学介质毒性危害和爆炸危险程度分类》确定；HG 20660 中没有规定的，参照 GBZ 230—2010《职业性接触毒物危害程度分级》确定。

(2) 压力容器分类：压力容器分类应当先按照介质特性选择相应的分类图，再根据设计压力 p (单位 MPa) 和容积 V (单位 L) 标出坐标点，确定容器类别。

对于第一组介质，压力容器类别划分如图 11.2 所示。

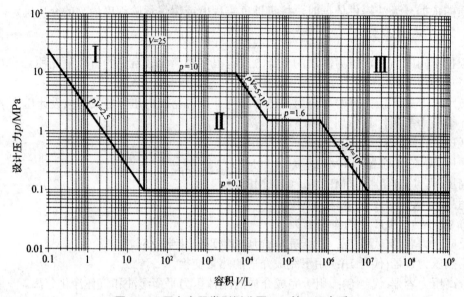

图 11.2　压力容器类别划分图——第一组介质

对于第二组介质，压力容器类别划分如图 11.3 所示。

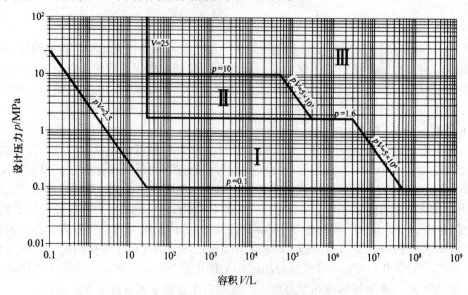

图 11.3　压力容器类别划分图——第二组介质

固定式压力容器的使用管理和定期检验详见 TSG R0004—2009《固定式压力容器安全技术监察规程》。

11.2　内压容器设计理论基础

压力容器分为薄壁容器和厚壁容器，通常根据容器外径 D_o 与内径 D_i 的比值 K 来判断，$K>1.2$ 为厚壁容器，$K \leqslant 1.2$ 为薄壁容器。工程实际中的压力容器大多为薄壁容器，薄壁容器通常为一回转壳体。

11.2.1　回转壳体的几何概念

1. 基本几何概念

壳体以内外两个曲面为界，曲面之间的距离远比其他方向的尺寸小得多，与壳体内外两个曲面等距离的点组成的曲面称为壳体的中面。回转壳体指中面是由一条平面曲线或直线绕同平面内的轴线回转而成。压力容器常用的壳体形式有圆柱壳、球壳、椭球壳、锥壳以及由它们构成的组合壳，这些壳体都属于回转壳体。图 11.4(a)表示一般回转壳体的中面，它是由平面曲线 OA 绕同平面内的轴 $Z—Z$ 旋转而成的，$Z—Z$ 轴称为回转轴，回转轴与中面的交点 O 称为极点，曲线 OA 称为母线。母线绕轴旋转时的任意位置 OB 称为经线。显然，经线与母线的形状是完全相同的。经线的位置可以由母线平面 OAO' 为基准，绕轴旋转 θ 角来确定。经线与回转轴构成的平面称为经线平面。

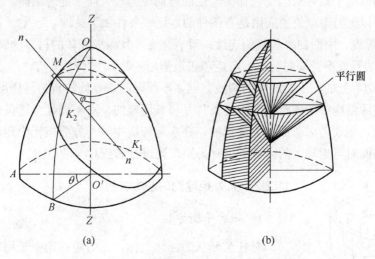

(a)　　　　　　　　　　　　　(b)

图 11.4　回转壳体中面的几何要素

通过经线上任意一点 M 作垂直于中面的直线，称为中面在该点的法线($n—n$)。任意一点的法线绕回转轴旋转一周所形成的曲面叫做旋转法截面，如图 11.4(b)所示。过 M 点作垂直于回转轴的平面与中面相割形成的圆称为平行圆，该圆的半径称为平行圆半径，平行圆的位置可由中面的法线与回转轴的夹角 φ 来确定(当经线为一直线时，平行圆的位置可由离直线上某一给定点的距离确定)。通过中面上任一点 M 处经线的曲率半径为该点的第一主

曲率半径 R_1，即 $R_1=MK_1$。通过经线上一点 M 的法线作垂直于经线的平面与中面相割形成一曲线，此曲线在 M 点处的曲率半径称为该点的第二主曲率半径 R_2，第二主曲率半径的中心 K_2 落在回转轴上，其长度等于法线段 MK_2，即 $R_2=MK_2$。同一点的第一与第二主曲率半径都在该点的法线上。

2. 回转壳体的无力矩理论

计算壳壁应力的理论包括无力矩理论和有力矩理论。

无力矩理论假定壳壁如同薄膜一样，故又称薄膜理论，认为壳壁只承受拉应力或压应力，完全不能承受弯矩和弯曲应力，壳壁内的应力即为薄膜应力。

有力矩理论认为壳壁内除存在拉应力或压应力外，还存在弯曲应力。工程中使用的压力容器多数是组合体且安装有法兰、接管、支座等，当容器整体受压时这些相互连接的部位相互之间产生了约束，这时需全面考虑各种因素的影响。考察受力平衡、几何变形、应力应变关系等方面，建立各量之间的关系式，再结合边界和变形协调条件，求出各种应力，这种方法称为有力矩理论。

在工程实际中，理想的薄壁壳体是不存在的，因为即使壳壁很薄，壳体中还会或多或少地存在一些弯曲应力，所以无力矩理论有其近似性和局限性。由于弯曲应力一般很小，如略去不计，其误差仍在工程计算的允许范围内，而计算方法大大简化，所以工程计算中常采用无力矩理论。

无力矩理论由于简单易行，而且在一般的工程应用中有足够的精确度，因而得到了广泛的应用。然而由于某种原因使壳体中产生的弯曲应力较大而不能忽略时，就不宜再用无力矩理论。所以无力矩理论的应用是有条件的，这些条件如下。

(1) 壳体厚度、中面曲率和载荷连续，没有突变，且构成壳体的材料的物理性能相同。

(2) 壳体边界处不受横向剪力、弯矩和扭矩作用。

(3) 壳体边界处的约束沿经线的切线方向，不得限制边界处的转角与挠度。

显然，实际结构中能同时满足上述条件是极其困难的，对不满足上述条件的情况，如容器的支座处，则要考虑弯曲应力的影响。在实际应用中，一方面按无力矩理论求出问题的解，另一方面对弯矩较大的区域再用有力矩理论进行修正。

11.2.2　无力矩理论的基本方程

1. 微元平衡方程

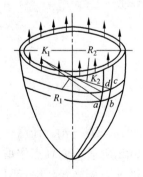

图 11.5　回转壳体中的微元体

对任意形状的回转壳体，无力矩理论中采用对微元体建立平衡的方法。用两个相邻且夹角为 $\mathrm{d}\theta$ 的经线平面和两个垂直于经线的旋转法截面截取一个微元体 $abcd$，如图 11.5 所示。

微元体中：$ad = bc = \mathrm{d}l_1 = R_1\mathrm{d}\varphi$，$ab = dc = \mathrm{d}l_2 = R_2\mathrm{d}\theta$。

垂直于 ab 和 dc 截面上的力 σ_φ 称为经向应力，垂直于 ad 和 bc 截面上的力 σ_θ 称为周向应力，如图 11.6 所示。

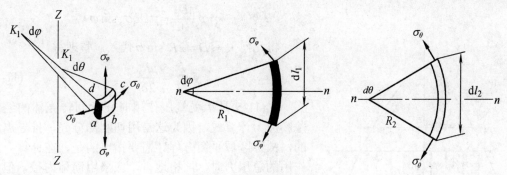

图 11.6 微元体的力平衡

作用于微元体上的介质压力 p 在法线方向上的合力 F 可写为

$$F = p\mathrm{d}l_1\mathrm{d}l_2 \tag{11-1}$$

式中，p 为介质压力(MPa)；$\mathrm{d}l_1$、$\mathrm{d}l_2$ 为微元体边长(mm)。

经向应力 σ_φ 在法线方向上的分量 F_φ

$$F_\varphi = 2\sigma_\varphi\delta\mathrm{d}l_2\sin\frac{\mathrm{d}\varphi}{2} \tag{11-2}$$

周向应力 σ_θ 在法线方向上的分量 F_θ

$$F_\theta = 2\sigma_\theta\delta\mathrm{d}l_1\sin\frac{\mathrm{d}\theta}{2} \tag{11-3}$$

式中，δ 为壳体厚度(mm)。

由于 $\mathrm{d}\varphi$、$\mathrm{d}\theta$ 很小，故可取 $\sin\dfrac{\mathrm{d}\varphi}{2}\approx\dfrac{\mathrm{d}\varphi}{2}$，$\sin\dfrac{\mathrm{d}\theta}{2}\approx\dfrac{\mathrm{d}\theta}{2}$。

将几何关系 $\dfrac{\mathrm{d}\varphi}{2}=\dfrac{\mathrm{d}l_1}{2R_1}$，$\dfrac{\mathrm{d}\theta}{2}=\dfrac{\mathrm{d}l_2}{2R_2}$ 代入式(11-2)、式(11-3)，得

$$F_\varphi = 2\sigma_\varphi\delta\mathrm{d}l_1\mathrm{d}l_2 / 2R_1$$

$$F_\theta = 2\sigma_\theta\delta\mathrm{d}l_1\mathrm{d}l_2 / 2R_2$$

由微元体的力平衡，得

$$F = F_\varphi + F_\theta$$

$$p\mathrm{d}l_1\mathrm{d}l_2 = \frac{\sigma_\varphi\delta\mathrm{d}l_1\mathrm{d}l_2}{R_1} + \frac{\sigma_\theta\delta\mathrm{d}l_1\mathrm{d}l_2}{R_2}$$

等式两边同除以 $\delta\mathrm{d}l_1\mathrm{d}l_2$，得

$$\frac{\sigma_\varphi}{R_1} + \frac{\sigma_\theta}{R_2} = \frac{p}{\delta} \tag{11-4}$$

式(11-4)表达了壳体上任一点处的经向应力 σ_φ、周向应力 σ_θ 与介质压力 p 的关系，称为微元平衡方程，此式由拉普拉斯首先导出，故又称为拉普拉斯方程。

2. 区域平衡方程

微元平衡方程(11-4)中有两个未知量 σ_φ 和 σ_θ，需要再找出一个方程才能求解。

对于任意壳体，用垂直于母线的旋转法截面切割壳体，如图 11.7 所示，取截面以上部分为研究对象，建立轴向平衡方程：

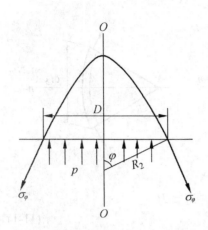

图 11.7　部分壳体的静力平衡

$$p\frac{\pi D^2}{4} = \pi D \delta \sigma_\varphi \sin\varphi$$

将几何关系 $D = 2R_2\sin\varphi$ 代入，整理得

$$\sigma_\varphi = \frac{pR_2}{2\delta} \tag{11-5}$$

式(11-5)是承受气压作用时任意回转壳体的经向薄膜应力计算式，因为这是用切割部分壳体推导出来的，故称区域平衡方程。需要指出的是，在计算介质作用的总压力时，严格地讲，应采用筒体内径，但为了使计算公式简化，在这里近似采用平均直径。

11.2.3　无力矩理论的应用

下面讨论微元平衡方程和区域平衡方程对不同形状的容器在承受气体内压作用时的应用。

1.　圆筒形壳体

受气体内压作用的圆筒如图 11.8 所示，圆筒的第一曲率半径 $R_1 = \infty$，第二曲率半径 $R_2 = D/2$，代入方程(11-4)和(11-5)得

$$\sigma_\theta = \frac{pR_2}{\delta} = \frac{pD}{2\delta} \tag{11-6}$$

$$\sigma_\varphi = \frac{pR_2}{2\delta} = \frac{pD}{4\delta} \tag{11-7}$$

由以上两式可以看出：σ_φ 和 σ_θ 与气体压力 p 和 δ/D 有关；筒壁上各点(除端盖外)的应力大小不随位置而改变，即应力均布；周向(环向)应力 σ_θ 是经向(轴向)应力 σ_φ 的 2 倍。所以筒体上开椭圆孔时，其长轴应垂直于筒体轴线，如图 11.9 所示。

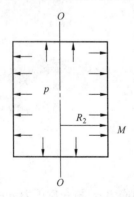

图 11.8　受气体内压作用的圆筒形壳体

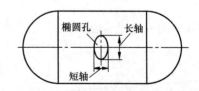

图 11.9　圆筒上的椭圆开孔

2.　球形壳体

球壳的 $R_1 = R_2 = \dfrac{D}{2}$，由式(11-4)和式(11-5)得

$$\sigma_\varphi = \sigma_\theta = \frac{pR}{2\delta} = \frac{pD}{4\delta} \tag{11-8}$$

由式(11-8)可知：当球体内部受均匀气体压力时，球壳上任意一点的经向应力和周向应力相等；在直径与内压相同的情况下，球壳内的应力仅是圆筒形壳体环向应力的一半，即球形壳体的厚度仅需圆筒容器厚度的一半，所以球壳的承载能力比圆柱壳大。当容器容积相同时，球表面积最小，故大型储罐制成球形较为经济。

3. 圆锥形壳体

如图 11.10 所示为一圆锥形壳体，半锥角为 α，M 点处半径为 r，厚度为 δ，则在 M 点处

$$R_1 = \infty \qquad R_2 = \frac{r}{\cos\alpha}$$

图 11.10　圆锥形壳体的应力

将 R_1、R_2 代入式(11-4)和式(11-5)可得 M 点处的应力

$$\sigma_\theta = \frac{pr}{\delta\cos\alpha} = \frac{py\tan\alpha}{\delta\cos\alpha} \tag{11-9}$$

$$\sigma_\varphi = \frac{pr}{2\delta\cos\alpha} = \frac{py\tan\alpha}{2\delta\cos\alpha} \tag{11-10}$$

由式(11-9)和式(11-10)可知，圆锥形壳体的周向应力是经向应力的两倍，与圆筒形壳体相同。并且圆锥形壳体的应力，随半锥角 α 的增大而增大；当 α 角很小时，其应力值接近圆筒形壳体的应力值。所以在设计制造圆锥形容器时，α 角要选择合适，不宜太大。同时还可以看出，周向应力和经向应力是随 r 改变的，在圆锥形壳体大端时，应力最大，在圆锥顶处，应力为零。因此，一般在圆锥顶开孔。

4. 椭球形壳体

椭球形壳体的经线为一椭圆，如图 11.11 所示。设其经线方程为

$$\frac{x^2}{a^2} + \frac{y^2}{b^2} = 1$$

式中，a、b 分别为椭圆的长、短半轴。

由此方程可得第一、第二曲率半径分别为

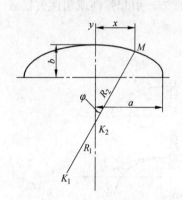

图 11.11　椭球形壳体的应力

$$R_1 = \frac{\left[1 + \left(\dfrac{\mathrm{d}y}{\mathrm{d}x}\right)^2\right]^{\frac{3}{2}}}{\dfrac{\mathrm{d}^2 y}{\mathrm{d}x^2}} = \frac{\left[a^4 - x^2(a^2 - b^2)\right]^{\frac{3}{2}}}{a^4 b}$$

$$R_2 = \frac{x}{\sin\varphi} = \frac{\left[a^4 - x^2(a^2 - b^2)\right]^{\frac{1}{2}}}{b}$$

将 R_1、R_2 代入式(11-4)和式(11-5)，可得应力计算式

$$\sigma_\varphi = \frac{p}{2\delta b}\left[a^4 - x^2(a^2 - b^2)\right]^{\frac{1}{2}} \tag{11-11}$$

$$\sigma_\theta = \sigma_\varphi\left[2 - \frac{a^4}{a^4 - x^2(a^2 - b^2)}\right] \tag{11-12}$$

由式(11-11)和式(11-12)可知：椭球壳体上的应力是随点的位置变化的，且应力值大小

还受椭圆壳本身几何形状的影响，a/b 值不同，应力大小也不同。下面对经向应力和周向应力的分布情况进行讨论。

(1) 经向应力 σ_φ。壳体顶点处：$x = 0$

$$\sigma_\varphi = \frac{pa^2}{2\delta b} = \frac{pa}{2\delta}\left(\frac{a}{b}\right) \tag{11-13}$$

赤道处：$x = a$

$$\sigma_\varphi = \frac{pa}{2\delta} \tag{11-14}$$

(2) 周向应力 σ_θ。壳体顶点处：$x = 0$，则有

$$\sigma_\theta = \sigma_\varphi = \frac{pa}{2\delta}\left(\frac{a}{b}\right) \tag{11-15}$$

赤道处：$x = a$

$$\sigma_\theta = \sigma_\varphi\left(2 - \frac{a^2}{b^2}\right) = \frac{pa}{2\delta}\left(2 - \frac{a^2}{b^2}\right) \tag{11-16}$$

(3) 经向应力与周向应力随长轴与短轴之比的变化。经向应力与周向应力在椭球壳上随长轴与短轴之比的变化规律如图 11.12 所示。

当 $a/b = 1$ 时，椭球壳变成球壳，$\sigma_\varphi = \sigma_\theta = pa/2\delta$。

当 $a/b = \sqrt{2}$ 时，在顶点处 $\sigma_\varphi = \sigma_\theta = \sqrt{2}pa/2\delta$，在赤道处 $\sigma_\theta = 0$。

当 $a/b = 2$ 时，在顶点处 $\sigma_\varphi = \sigma_\theta = pa/\delta$，在赤道处 $\sigma_\theta = -pa/\delta$。

在任何 a/b 值下，经向应力 σ_φ 恒为正值，即拉伸应力，且由顶点(最大)到赤道逐渐递减到最小值。当 $a/b > \sqrt{2}$ 时，周向应力从拉应力变为压应力，且最大压应力随 a/b 值的增大而迅速增大。对大直径封头，会因压缩应力过大而被压出褶皱，引起弹性或塑性失稳破坏，因此，一定要引起注意。

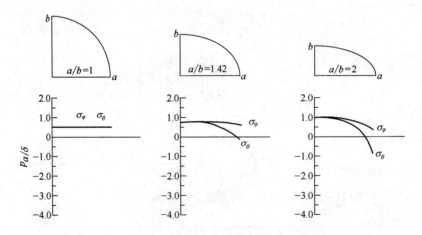

图 11.12　椭球壳中的应力随长轴与短轴之比的变化规律

(4) 标准椭圆形封头。工程上常用标准椭圆形封头，其 $a/b = 2$，周向应力的数值在顶点处和赤道处大小相等但符号相反，即顶点处：pa/δ，赤道处：$-pa/\delta$。经向应力恒是

拉应力，在顶点处达最大值为 pa/δ 。

【例 11.1】有一圆筒形容器，一端为球形封头，另一端为椭圆形封头，如图 11.13 所示。已知圆筒平均直径 $D=2000$mm，筒体和封头壁厚均为 20mm，最高工作压力 $p=2$MPa，试确定：

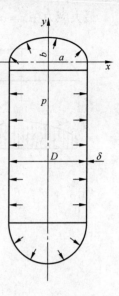

图 11.13　圆筒形壳体

(1) 筒体经向应力和周向应力。

(2) 球形封头上的经向应力和周向应力。

(3) 如果椭圆形封头的 a/b 分别为 2、$\sqrt{2}$ 和 3，封头上最大经向应力与周向应力及最大应力所在的位置。

解：(1) 筒体应力的确定。

经向应力：$\sigma_\varphi = \dfrac{pD}{4\delta} = \dfrac{2\times 2000}{4\times 20} = 50$MPa 。

周向应力：$\sigma_\theta = \dfrac{pD}{2\delta} = \dfrac{2\times 2000}{2\times 20} = 100$MPa 。

(2) 球形封头上的应力的确定。

$$\sigma_\varphi = \sigma_\theta = \frac{pD}{4\delta} = \frac{2\times 2000}{4\times 20} = 50\text{MPa}$$

(3) 椭圆形封头上的应力的确定。

① 当 $a/b=2$ 时，$a=1000$mm，$b=500$mm。

在 $x=0$ 处　$\sigma_\varphi = \sigma_\theta = \dfrac{pa}{2\delta}(\dfrac{a}{b}) = \dfrac{2\times 1000}{2\times 20}\times 2 = 100$MPa 。

在 $x=a$ 处　$\sigma_\varphi = \dfrac{pa}{2\delta} = \dfrac{2\times 1000}{2\times 20} = 50$MPa 。

$$\sigma_\theta = \frac{pa}{2\delta}(2 - \frac{a^2}{b^2}) = \frac{2\times 1000}{2\times 20}\times(2-4) = -100\text{MPa}$$

最大应力有两处：一处在椭圆形封头的顶点，即 $x=0$ 处；一处在椭圆形封头的赤道，即 $x=a$ 处。如图 11.14(a)所示。

② 当 $a/b=\sqrt{2}$ 时，$a=1000$mm，$b=707$mm。

在 $x=0$ 处　$\sigma_\varphi = \sigma_\theta = \dfrac{pa}{2\delta}(\dfrac{a}{b}) = \dfrac{2\times 1000}{2\times 20}\times\sqrt{2} = 70.7$MPa 。

在 $x=a$ 处　$\sigma_\varphi = \dfrac{pa}{2\delta} = \dfrac{2\times 1000}{2\times 20} = 50$MPa 。

$$\sigma_\theta = \frac{pa}{2\delta}(2 - \frac{a^2}{b^2}) = \frac{2\times 1000}{2\times 20}\times(2-2) = 0$$

最大应力在 $x=0$ 处，如图 11.14(b)所示。

③ 当 $a/b=3$ 时，$a=1000$mm，$b=333$mm。

在 $x=0$ 处　$\sigma_\varphi = \sigma_\theta = \dfrac{pa}{2\delta}(\dfrac{a}{b}) = \dfrac{2\times 1000}{2\times 20}\times 3 = 150$MPa 。

在 $x=a$ 处　$\sigma_\varphi = \dfrac{pa}{2\delta} = \dfrac{2\times 1000}{2\times 20} = 50$MPa 。

$$\sigma_\theta = \frac{pa}{2\delta}\left(2 - \frac{a^2}{b^2}\right) = \frac{2\times 1000}{2\times 20}\times(2-3^2) = -350\text{MPa}$$

最大应力在 $x=a$ 处，如图 11.14(c)所示。

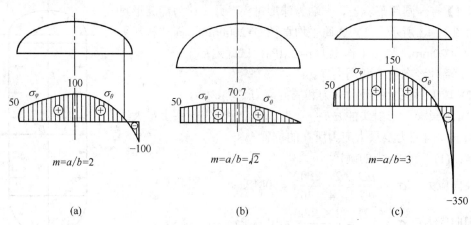

$m=a/b=2$　　　　　　$m=a/b=\sqrt{2}$　　　　　　$m=a/b=3$

(a)　　　　　　　　　(b)　　　　　　　　　(c)

图 11.14　椭圆形封头中的应力

11.3　边　缘　应　力

11.3.1　边缘应力的概念

在采用无力矩理论进行内压容器受力分析时，不考虑壳体的弯曲变形，这样的简化是可以满足工程设计精度要求的，但这只适用于壳体厚度、曲率、载荷没有突变等条件。而实际工程中的壳体是由圆筒、球壳、椭球壳、圆锥壳等几种简单壳体组成的，在连接处可能会出现厚度、曲率的突变，也可能会出现材料的改变。若允许各自在连接处独立自由变形，则各自的位移和转角一般不等；而实际上，作为一个整体，在边缘处壳体必定是连续的，两部分最终会达到变形协调(即位移和转角必须相等)。例如，球形封头、圆筒及平盖的连接，如图 11.15 所示，若平盖具有足够的刚度，受内压作用时在半径方向的变形很小，而圆筒壳壁较薄，在半径方向的变形量较大，两者连接在一起，达到变形协调。在连接处(即边缘部分)筒体的变形受到平盖的约束，由此便产生了附加力和力矩，这种附加力和力矩称为边缘力和边缘力矩，由边缘力和边缘力矩引起的应力称为边缘应力或不连续应力。

尽管在壳体与平盖连接处存在着边缘力和边缘力矩，但只要连接处不破裂，壳体与平盖在边界上的变形始终是连续的。因此壳体在边界上的连续性是求解边缘力和边缘力矩的基本条件。

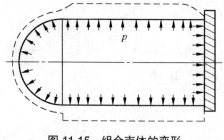

图 11.15　组合壳体的变形

边缘应力数值的大小与连接处的几何形状及离开连接处的距离有关。不同形式的封头与筒体连接时，由于相互间约束的情况不同，所产生的边缘应力也不一样。以厚平板与圆柱形薄壳连接为例，由边缘力矩 M 引起的最大边缘应力在连接处的数值如下。

经向弯曲应力

$$\sigma_{\varphi}^{M} = \pm \frac{6(1-0.5\mu)}{2\sqrt{3(1-\mu^2)}} \frac{pR}{\delta} \tag{11-17}$$

对一般金属，取 $\mu = 0.3$，则

$$\sigma_\varphi^M = \pm 1.55 \frac{pR}{\delta} \tag{11-18}$$

周向弯曲应力

$$\sigma_\theta^M = \mu \sigma_\varphi^M = \pm 0.47 \frac{pR}{\delta} \tag{11-19}$$

11.3.2　边缘应力的特性

连接边缘处的边缘应力具有局限性和自限性两个基本特性。

1. 局限性

不同形式的连接边缘产生大小不同的边缘应力，但边缘应力仅局限在不连续处和连接点附近，且具有明显的衰减波特性，随着离开边缘的距离增大，边缘应力迅速衰减，如图 11.16 所示。

对钢制圆筒，边缘应力的作用范围只限于距边缘为 $x = 2.5\sqrt{R \cdot \delta}$ 的范围内。再远，则衰减到很小值，可不必考虑。例如，一直径为 1000mm，壁厚为 10mm 的薄壁圆筒与平盖连接，当离开连接边缘的距离 $x = 2.5\sqrt{500 \times 10} = 177$mm 时，其边缘应力只是连接边缘处的 4.3%，其影响可以忽略不计。

2. 自限性

由于边缘应力是两连接件弹性变形不一致，相互制约而产生的，因此对于用塑性材料制造的

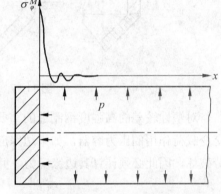

图 11.16　厚平板与圆筒连接处的边缘应力

壳体，当边缘应力达到材料的屈服极限时，连接边缘的局部区域就会产生塑性变形，这种弹性约束也就开始缓解，变形不会连续发展，边缘应力也自动受到限制，这种性质称为边缘应力的自限性。由于边缘应力具有自限性，所以边缘应力导致压力容器直接发生破坏的危险性较小。

11.3.3　边缘应力的处理

1. 结构调整

边缘应力具有局部性，且边缘应力的大小与连接形式有关。因此，设计中在结构上作局部调整，可以降低边缘应力。常用的结构调整方法如图 11.17 所示，连接不同几何形状的结构尽量采用圆滑过渡；相对接的两板，当厚度差超过一定值时，对厚板进行削薄；边缘处尽量避开焊缝区。另外还可以对连接边缘处采取局部加强，以及尽量减少不必要的附加应力等措施。

2. 不同材料的不同处理

压力容器一般都是采用塑性较好的材料制成，即使连接边缘某些点的应力达到或超过

材料的屈服极限，邻近尚未屈服的弹性区能够抑制塑性变形的发展，一般不会对容器安全构成严重威胁。因此，用塑性好的材料制造壳体，可减少容器发生破坏的危险性。对受静载荷作用的塑性材料壳体，如低碳钢、奥氏体不锈钢、铜、铝等中低压容器，其边缘应力在设计中一般不作具体计算，仅采取结构上的局部处理，以限制其应力水平。

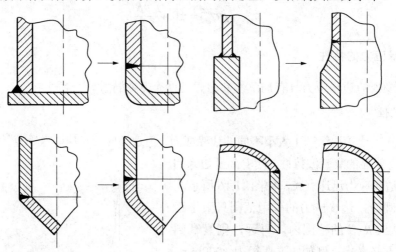

图 11.17　　连接边缘的结构调整方法

对塑性较差的高强度钢制造的重要压力容器，低温下铁素体钢制的重要压力容器，受交变载荷作用的压力容器，如果边缘应力过高，在边缘高应力区有可能导致脆性破坏或疲劳破坏，因此必须计算其边缘应力，并采取相应的控制措施。

11.4　内压容器设计

11.4.1　弹性失效设计准则

1. 压力容器的失效

压力容器在规定的使用环境和时间内，因尺寸、形状或者材料性能变化而危及安全或者丧失正常功能的现象，称为压力容器失效。虽然失效的原因多种多样，但失效的最终表现形式均为泄漏、过度变形和断裂。压力容器的失效准则主要有强度失效设计准则和刚度失效设计准则。如果不考虑载荷的交变性、高温蠕变以及钢材中实际可能存在的缺陷等影响，压力容器的强度失效可分为弹性失效和塑性失效；刚度失效是由于过度变形而导致受压元件丧失正常工作能力，如泄漏或结构丧失稳定性。

2. 压力容器的弹性失效设计准则

压力容器的常规设计中采用弹性失效设计准则。弹性失效设计准则把容器元件上远离结构或载荷不连续处的最大应力限制在所用材料的弹性范围内，即以内壁屈服作为容器达到极限承载能力的一种强度设计准则。这主要是考虑到内壁屈服后会使容器的塑性储备能力下降，一旦出现微裂纹，会降低抗腐蚀性能，所以要把总体部位的内壁应力控制在弹性范围以内。再考虑安全系数后，容器的最大相当应力应低于该材料在设计温度下的许用应力。工程上，常常将强度设计准则被中直接与许用应力相比较的量称为相当应力或应力强度，即

$$\sigma_{eq} \leqslant [\sigma]^t \tag{11-20}$$

式中，σ_{eq} 为相当应力(MPa)；$[\sigma]^t$ 为容器材料在设计温度下的许用应力(MPa)。

弹性失效设计准则的优点是计算简便，能满足强度要求，虽然没有考虑材料整体的极限承载能力，但由于有长期使用经验，在采用合适的强度计算公式及材料的许用应力后，使计算结果趋向合理。此设计准则被目前大多数国家(包括我国)压力容器设计规范所采用，但不适用于厚壁容器或超高压容器的设计。

3. 强度理论

弹性失效设计准则的强度理论有 4 个，其中的第一强度理论和第二强度理论适合于脆性材料，第三强度理论和第四强度理论适合于塑性材料。压力容器采用塑性好的材料制成，本应采用第三、第四强度理论，但是，第一强度理论在容器设计历史上使用最早，有成熟的实践经验；另一方面，其计算结果与第三强度理论相近，误差可在安全系数内考虑，所以至今在容器常规设计中仍采用第一强度理论。

第一强度理论也称最大拉应力理论，认为当材料中的最大拉应力达到材料的屈服极限时，材料就会屈服。因此，要把最大拉应力限制在许用应力以内，即

$$\sigma_{eq1} = \sigma_1 \leqslant [\sigma]^t \tag{11-21}$$

式中，σ_1 为器壁内的第一主应力，它是 3 个主应力中最大的一个。

第三强度理论也称最大剪应力理论，该理论认为引起材料屈服的是最大剪应力，因此，最大剪应力不得超过材料的许用应力，即

$$\sigma_{eq3} = \sigma_1 - \sigma_3 \leqslant [\sigma]^t \tag{11-22}$$

式中，σ_3 为器壁内的第三主应力，是 3 个主应力中最小的一个。

对于内压薄壁回转壳体，通常，第一主应力为周向应力，第二主应力为经向应力，第三主应力为径向应力。由于在薄壁回转壳体中 $\sigma_3 \ll \sigma_1$，故可认为 $\sigma_3 \approx 0$，因此采用式(11-21)和式(11-22)所得的计算结果是相近的。

11.4.2　内压圆筒和内压球壳的设计

1. 内压圆筒

第一强度理论的强度条件为 $\sigma_1 \leqslant [\sigma]^t$。对于承受内压的薄壁圆筒，已知其经向应力 $\sigma_\varphi = \dfrac{p_c D}{4\delta}$，周向应力 $\sigma_\theta = \dfrac{p_c D}{2\delta}$，$\sigma_1 = \sigma_\theta$，则有

$$\sigma_1 = \sigma_\theta = \frac{p_c D}{2\delta} \leqslant [\sigma]^t$$

将平均直径 D 换成筒体内径 D_i，即 $D = D_i + \delta$，代入上式，得

$$\frac{p_c(D_i + \delta)}{2\delta} \leqslant [\sigma]^t$$

筒体一般由钢板卷焊而成，在焊接接头中可能会出现夹渣、气孔、未焊透以及裂纹等缺陷，使得焊接接头的强度低于母材，为此引入焊接接头系数 ϕ，即

$$\frac{p_c(D_i + \delta)}{2\delta} \leqslant [\sigma]^t \phi$$

由上式可得以内径为基准的筒体计算厚度

$$\delta = \frac{p_c D_i}{2[\sigma]^t \phi - p_c} \tag{11-23}$$

式中，δ 为计算厚度(mm)；p_c 为计算压力(MPa)；ϕ 为焊接接头系数。

同样，若将平均直径 D 换成筒体外径 D_o，即 $D = D_o - \delta$，可得以外径为基准的筒体厚度计算式。

$$\delta = \frac{p_c D_o}{2[\sigma]^t \phi + p_c} \tag{11-24}$$

容器的计算厚度仅能满足强度上的要求，要保证容器的安全，还必须考虑介质对材料的腐蚀以及钢板在轧制过程中的负偏差，为此引入厚度附加量，即

$$C = C_1 + C_2 \tag{11-25}$$

式中，C 为厚度附加量(mm)；C_1 为钢板(管)的厚度负偏差(mm)；C_2 为腐蚀裕量(mm)。

根据 GB 150 压力容器中的规定，计算厚度与腐蚀裕量之和为容器的设计厚度 δ_d，即

$$\delta_d = \delta + C_2 \tag{11-26}$$

式中，δ_d 为容器的设计厚度(mm)。

在设计厚度的基础上，考虑钢板的负偏差 C_1，再向上圆整到钢板的标准规格，即得容器的名义厚度 δ_n，即

$$\delta_n = \delta_d + C_1 + \Delta \tag{11-27}$$

式中，Δ 为圆整值。

名义厚度 δ_n 减去钢板的厚度附加量为钢板的有效厚度 δ_e，即

$$\delta_e = \delta_n - C \tag{11-28}$$

使用中的容器，当已知圆筒的内径 D_i 或外径 D_o、有效厚度 δ_e，需要对圆筒进行强度校核时，筒壁的应力校核按式(11-29)或式(11-30)计算：

$$\sigma^t = \frac{p_c(D_i + \delta_e)}{2\delta_e} \leqslant [\sigma]^t \phi \tag{11-29}$$

$$\sigma^t = \frac{p_c(D_o - \delta_e)}{2\delta_e} \leqslant [\sigma]^t \phi \tag{11-30}$$

式中，σ^t 为设计温度下圆筒的计算应力(MPa)。

由式(12-29)或式(11-30)取等号得圆筒的最大允许工作压力

$$[p_w] = \frac{2\delta_e[\sigma]^t\phi}{D_i + \delta_e} \tag{11-31}$$

$$[p_w] = \frac{2\delta_e[\sigma]^t\phi}{D_o - \delta_e} \tag{11-32}$$

式中，$[p_w]$ 为圆筒的最大允许工作压力(MPa)。

2. 内压球壳

已知球壳中的应力

$$\sigma_\varphi = \sigma_\theta = \frac{p_c D}{4\delta}$$

则强度条件为

$$\sigma_1 = \sigma_\varphi = \sigma_\theta = \frac{p_c D}{4\delta} \leqslant [\sigma]^t$$

采用与圆筒相似的推导过程，得到以内径为基准的球壳厚度计算式

$$\delta = \frac{p_c D_i}{4[\sigma]^t\phi - p_c} \tag{11-33}$$

同样，将平均直径 D 换成球壳外径 D_o，即 $D = D_o - \delta$，可得以外径为基准的球壳计算厚度

$$\delta = \frac{p_c D_o}{4[\sigma]^t\phi + p_c} \tag{11-34}$$

应力校核按式(11-35)或式(11-36)计算

$$\sigma^t = \frac{p_c(D_i + \delta_e)}{4\delta_e} \leqslant [\sigma]^t\phi \tag{11-35}$$

$$\sigma^t = \frac{p_c(D_o - \delta_e)}{4\delta_e} \leqslant [\sigma]^t\phi \tag{11-36}$$

式中，σ^t 为设计温度下球壳的计算应力(MPa)。

由式(12-35)或式(11-36)取等号得球壳的最大允许工作压力

$$[p_w] = \frac{4\delta_e[\sigma]^t\phi}{D_i + \delta_e} \tag{11-37}$$

$$[p_w] = \frac{4\delta_e[\sigma]^t\phi}{D_o - \delta_e} \tag{11-38}$$

11.4.3　设计参数

1. 设计压力 p 与计算压力 p_c

设计压力指设定的容器顶部的最高压力，与相应的设计温度一起作为设计载荷条件，其值不低于工作压力 p_w。工作压力是指在正常操作情况下，容器顶部可能出现的最高压力。当容器上装有安全泄放装置时，其设计压力应根据不同形式的安全泄放装置确定。

(1) 装设安全阀的容器，考虑到安全阀开启动作的滞后，容器不能及时泄压，设计压力不应低于安全阀的开启压力，通常可取工作压力的 1.05～1.10 倍。

(2) 当容器内装有爆炸介质，或由于化学反应引起压力波动大时，需装设爆破片，设计压力取爆破片最低标定爆破压力加上所选爆破片制造范围的上限。

(3) 对于盛装液化气体的容器，由于容器内介质压力为液化气体的饱和蒸气压，在规定的装量系数范围内，与体积无关，仅取决于温度的变化，设计压力应根据容器工作条件下可能达到的最高金属温度确定。

计算压力指在相应设计温度下，用以确定元件厚度的压力，其中包括液柱静压力。当元件所承受的液柱静压力小于5%设计压力时，可忽略不计。

2. 设计温度

设计温度也是压力容器的设计参数之一，它是指容器在正常操作情况下，在相应设计压力下设定的受压元件的金属温度(沿元件金属截面的温度平均值)。当元件金属温度不低于0℃时，设计温度不得低于元件金属可能达到的最高金属温度；当元件金属温度低于0℃时，其值不得高于元件金属可能达到的最低金属温度。设计温度是选择材料及确定许用应力的一个基本参数。

工程实际中容器的壳壁温度可通过实测或由传热计算得到。当无法预计壳壁温度时，可参照以下不同情况确定。

(1) 容器内装有不被加热或冷却的介质时，容器的壳壁温度一般取介质本身的温度。

(2) 用蒸汽、热水或其他液体从外部间接加热或冷却内部介质的容器，器壁温度取加热介质的最高温度或冷却介质的最低温度。

(3) 用可燃性气体或电加热的器壁，有衬砌层或一侧裸露在大气中，其器壁温度取被加热介质温度加上20℃；直接受影响的器壁温度取介质温度加上50℃；若载热体温度大于600℃，器壁温度取介质温度加上100℃；器壁设计温度均应不低于250℃。

3. 许用应力

许用应力是容器壳体、封头等受压元件所用材料的许用强度，由材料的极限应力除以相应的安全系数确定。在蠕变温度以下，取最低抗拉强度R_m、常温或设计温度下的屈服强度R_{eL}或R_{eL}^t三者除以各自的安全系数后所得的最小值，按式(11-39)计算。

$$[\sigma] = \min\left\{\frac{R_m}{n_b}; \frac{R_{eL}}{n_s}; \frac{R_{eL}^t}{n_s}\right\} \tag{11-39}$$

式中，n_b、n_s为相应极限应力的安全系数。

当碳素钢或低合金钢的设计温度超过420℃，铬钼合金钢设计温度超过450℃，奥氏体不锈钢设计温度高于550℃时，在考虑强度极限和屈服极限的同时，还要考虑高温持久极限或蠕变极限。

为了使用方便和取值统一，GB 150中给出了常用材料在不同温度下的许用应力，可直接查用。常用钢板和钢管的许用应力见表11-1～表11-4。

表 11-1　碳素钢和低合金钢钢板许用应力

钢号	钢板标准	使用状态	厚度/mm	室温强度指标 R_m/MPa	R_{eL}/MPa	在下列温度(℃)下的许用应力/MPa ≤20	100	150	200	250	300	350	400	425	450	475	500	525	550	575	600
Q245R	GB 713	热轧，控轧，正火	3~16	400	245	148	147	140	131	117	108	98	91	85	61	41					
			>16~36	400	235	148	140	133	124	111	102	93	86	84	61	41					
			>36~60	400	225	148	133	127	119	107	98	89	82	80	61	41					
			>60~100	390	205	137	123	117	109	98	90	82	75	73	61	41					
			>100~150	380	185	123	112	107	100	90	80	73	70	67	61	41					
Q345R	GB 713	热轧，控轧，正火	3~16	510	345	189	189	189	183	167	153	143	125	93	66	43					
			>16~36	500	325	185	185	183	170	157	143	133	125	93	66	43					
			>36~60	490	315	181	181	173	160	147	133	123	117	93	66	43					
			>60~100	490	305	18]	181	167	150	137	123	117	110	93	66	43					
			>100~150	480	285	178	173	160	147	133	120	113	107	93	66	43					
			>150~200	470	265	174	163	153	143	130	117	110	103	93	66	43					
Q370R	GB 713	正火	10~16	530	370	196	196	196	196	190	180	170									
			>16~36	530	360	196	196	196	193	183	173	163									
			>36~60	520	340	193	193	193	180	]70	160	150									
18MnMoNbR	GB 713	正火加回火	30~60	570	400	211	211	211	211	211	211	211	207	195	177	117					
			>60~100	570	290	211	211	211	211	211	211	211	203	192	177	117					
16MnDR	GB 3531	正火，正火加回火	6~16	490	315	181	181	180	167	153	140	130									
			>16~36	470	295	174	174	167	157	143	130	120									
			>36~60	460	285	170	170	160	150	137	123	117									
			>60~100	450	275	167	167	157	147	133	120	113									
			>100~120	440	265	163	163	153	143	130	117	110									

（续表）

钢号	钢板标准	使用状态	厚度/mm	室温强度指标 R_m/MPa	R_{eL}/MPa	≤20	100	150	200	250	300	350	400	425	450	475	500	525	550	575	600
09MnNiDR	GB 3531	正火, 正火加回火	6~16	440	300	163	163	163	163	163	157	147									
			>16~36	440	280	163	163	163	160	153	147	137									
			>36~60	430	270	159	159	159	153	147	140	130									
			>60~120	420	260	156	156	156	150	143	137	127									
08Ni3DR		正火, 正火加回火	6~60	490	320	181	181														
			>60~100	480	300	178	178														
06Ni9DR		调质	5~30	680	575	252	252	252													
			>30~40	680	565	252	252	252													

表 11-2　高合金钢钢板许用应力

在下列温度(℃)下的许用应力/MPa

钢号	钢板标准	厚度/mm	≤20	100	150	200	250	300	350	400	450	500	525	550	575	600	625	650	675	700	725	750	775	800
S11306	GB 24511	1.5~25	137	126	123	120	119	117	112	109															
S11348	GB 24511	1.5~25	113	104	101	100	99	97	95	90															
S30408	GB 24511	1.5~80	①137	①137	137	130	122	114	111	107	103	100	98	91	79	64	52	42	32	27				
			137	114	103	96	90	85	82	79	76	74	73	71	67	62	52	42	32	27				
S30403	GB 24511	1.5~80	①120	①120	118	110	103	98	94	91	88													
			120	98	87	81	76	73	69	67	65													
S30409	GB 24511	1.5~80	①127	①137	137	130	122	114	111	107	103	100	98	91	79	64	52	42	32	27				
			137	114	103	96	90	85	82	79	76	74	73	71	67	62	52	42	32	27				
S31008	GB 24511	1.5~80	①137	①137	137	137	134	130	125	122	119	115	113	105	84	61	43	31	23	19	15	12	10	8
			137	121	111	105	99	96	93	90	88	85	84	83	81	61	43	31	23	1.9	15	12	10	8

（续表）

钢号	钢板标准	厚度/mm	在下列温度(℃)下的许用应力/MPa																					
			≤20	100	150	200	250	300	350	400	450	500	525	550	575	600	625	650	675	700	725	750	775	800
S31608	GB 24511	1.5~80	①137	127	137	134	125	118	113	111	109	107	106	105	96	81	65	50	38	30				
			137	117	107	99	93	87	84	82	81	79	78	78	76	73	65	50	38	30				
S31603	GB 24511	1.5~80	①120	120	117	108	100	95	90	86	84													
			120	98	87	80	74	70	67	64	62													

① 该行许用应力仅适用于允许产生微量永久变形的元件,对于法兰或其他有微量永久变形就会引起泄漏或故障的场合不能采用

表 11-3　碳素钢和低合金钢钢管许用应力

钢号	钢板标准	使用状态	壁厚/mm	室温强度指标		在下列温度(℃)下的许用应力/MPa															
				R_m/MPa	R_{eL}/MPa	≤20	100	150	200	250	300	350	400	425	450	475	500	525	550	575	600
10	GB/T 8163	热轧	≤8	335	205	124	121	115	108	98	89	82	75	70	61	41					
10	GB 9948	正火	≤16	335	205	124	121	115	108	98	89	82	75	70	61	41					
			>16~30	335	195	124	117	111	105	95	85	79	73	67	61	41					
20	GB/T 8163	热轧	≤8	410	245	152	147	140	131	117	108	98	88	83	61	41					
20	GB 9948	正火	≤16	410	245	152	147	140	131	117	108	98	88	83	61	41					
			>16~30	410	235	152	140	133	124	111	102	93	83	78	61	41					
			>30~50	410	225	150	133	127	117	105	97	88	79	74	61	41					
12CrMo	GB 9948	正火加回火	≤16	410	205	137	121	115	108	101	95	88	82	80	79	77	74	50			
			>16~30	410	195	130	117	111	105	98	91	85	79	77	75	74	72	50			
15CrMo	GB 9948	正火加回火	≤16	440	235	157	140	131	124	117	108	101	95	93	91	90	88	58	37		
			>16~30	440	225	150	133	124	117	111	103	97	91	89	87	86	85	58	37		
			>30~50	440	215	143	127	117	111	105	97	92	87	85	84	83	81	58	37		
12Cr2Mo1	—	正火加回火	≤30	450	280	167	167	163	157	153	150	147	143	140	137	119	89	61	46	37	37

表11-4　高合金钢管许用应力

钢号	钢板标准	厚度/mm	在下列温度(℃)下的许用应力/MPa																					
			≤20	100	150	200	250	300	350	400	450	500	525	550	575	600	625	650	675	700	725	750	775	800
0Cr18Ni9	GB 13296	≤14	①137	137	137	130	122	114	111	107	103	100	98	91	79	64	52	42	32	27				
0Cr18Ni9	GB/T 14976	≤28	137	114	103	96	90	85	82	79	76	74	73	71	67	62	52	42	32	27				
00Cr19Ni10	GB 13296	≤14	①117	117	117	110	103	98	94	91	88													
00Cr19Ni10	GB/T 14976	≤28	①117	117	117	110	103	98	94	91	88													
			117	97	87	81	76	73	69	67	65													
0Cr18Ni10Ti	GB 13296	≤14	①137	137	137	130	122	114	111	108	105	103	101	83	58	44	33	25	18	13				
0Cr18Ni10Ti	GB/T 14976	≤28	①137	137	137	130	122	114	111	108	105	103	101	83	58	44	33	25	18	13				
			137	114	103	96	90	85	82	80	78	76	75	74	58	44	33	25	18	13				
0Cr17Ni12Mo2	GB 13296	≤14	①137	137	137	134	125	118	113	111	109	107	106	105	96	81	65	50	38	30				
0Cr17Ni12Mo2	GB/T 14976	≤28	137	117	107	99	93	87	84	82	81	79	78	78	76	73	65	50	38	30				

① 该行许用应力仅适用于允许产生微量永久变形之元件，对于法兰或其他有微量永久变形就引起泄漏或故障的场合不能采用

4. 焊接接头系数

焊缝是容器和受压元件中的薄弱环节。由于焊缝热影响区有热应力存在，形成的粗大晶粒会使其强度和塑性降低；且焊缝中可能存在着夹渣、气孔、裂纹及未焊透等缺陷，使焊缝及热影响区的强度受到削弱。因此，需要引入焊接接头系数对材料强度进行修正。焊接接头系数表示接头处材料的强度与母材强度之比，反映容器强度受削弱的程度，用 ϕ 表示。焊接接头系数的取值与接头的形式及对其进行无损检测的长度比例有关，可按表 11-5 选取。

表 11-5　钢制压力容器的焊接接头系数 ϕ 值

焊接接头形式	无损检测比例	ϕ 值	焊接接头形式	无损检测比例	ϕ 值
双面焊对接接头和相当于双面焊的全焊透对接接头	100%	1.00	单面焊对接接头(沿焊缝根部有紧贴基本金属的垫板)	100%	0.90
	局部	0.85		局部	0.80

5. 厚度附加量

容器的壁厚不仅要满足强度和刚度的要求，还要考虑钢材的厚度负偏差和介质对容器的腐蚀，所以在确定容器厚度时引入了钢板或钢管的厚度负偏差 C_1 和腐蚀裕量 C_2，二者之和称为厚度附加量，用 C 表示。

(1) 钢板和钢管的厚度负偏差。当钢材的厚度负偏差不大于 0.25mm，且不超过名义厚度的 6%时，可取 $C_1=0$。GB 713—2008《锅炉和压力容器用钢板》和 GB 3531—2008《低温压力容器用低合金钢钢板》中列举的压力容器专用钢板的厚度负偏差为 0.30mm，其他常用钢板和钢管的厚度负偏差按表 11-6 和表 11-7 选取。

表 11-6　钢板厚度负偏差　　　　　　　　　　　(单位：mm)

钢板厚度	3.2~3.5	3.8~4.0	4.5~5.5	6~7	8~25	26~30	32~34	36~40	42~50	52~60
负偏差 C_1	0.25	0.3	0.5	0.6	0.8	0.9	1.0	1.1	1.2	1.3

表 11-7　钢管厚度负偏差

钢管种类	壁厚/mm	负偏差(%)
碳素钢	≤20	15
低合金钢	>20	12.5
不锈钢	≤10	15
	>10~20	20

(2) 腐蚀裕量。与腐蚀介质直接接触的筒体、封头、接管等受压元件，均应考虑材料的腐蚀裕量。腐蚀裕量可根据介质的腐蚀性及容器的设计寿命来确定。

$$C_2 = Ka \tag{11-40}$$

式中，K 为均匀腐蚀速率(mm/a)，可由腐蚀手册查得；a 为容器设计寿命年(a)，一般中低压容器的设计寿命为 10~15 年。

对介质为压缩空气、水蒸气及水的碳素钢、低合金钢容器，取 C_2 不小于 1mm；对于不锈钢，当介质的腐蚀性极微时，可取 $C_2=0$。当资料不全难以具体确定时，可参考表 11-8 选取。

需要强调的是，腐蚀裕量只对发生均匀腐蚀破坏有意义。对于应力腐蚀、氢腐蚀、晶间腐蚀和缝隙腐蚀等非均匀腐蚀，效果不佳，应着重选择耐腐蚀材料或进行适当防腐蚀处理。

表 11-8　腐蚀裕量　　　　　　　　　　　　　　　　　　　　　　　　　（单位：mm）

容器壳体类别	碳素钢低合金钢	铬钼钢	不锈钢	备注
塔器及反应器壳体	3	2	0	
容器壳体	1.5	1	0	
换热器壳体	1.5	1	0	
热衬里容器壳体	1.5	1	0	

6. 容器最小厚度

对于压力较低的容器，按强度公式计算出来的厚度很薄，往往会给制造、安装和运输带来困难。为此对容器规定了不包括腐蚀裕量在内的最小厚度 δ_{min}。对碳素钢、低合金钢制的容器，δ_{min} 不小于 3mm；对高合金钢制的容器，δ_{min} 不小于 2mm。

11.4.4　内压封头

封头是压力容器的重要组成部分。常用的有半球形封头、椭圆形封头、碟形封头、球冠形(无折边球形)封头、锥壳及平盖等。除平盖外，其他都属于回转壳体，其中半球形封头、椭圆形封头、碟形封头、球冠形封头统称为凸形封头，如图 11.18 所示。工程设计中采用哪种形式由工艺要求及封头的制造工艺等因素决定。

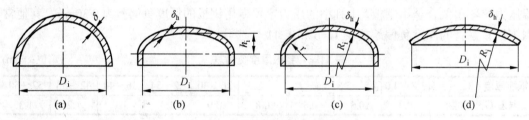

图 11.18　常见凸形封头的形式

(a) 半球形封头；(b) 椭圆形封头；(c) 碟形封头；(d) 球冠形封头

对承受均匀内压的封头，由于封头和圆筒相连，所以在确定封头厚度时，不仅要考虑封头本身因内压引起的薄膜应力，还要考虑封头与圆筒连接处的边缘应力。连接处的总应力大小与封头的几何形状、尺寸及封头与圆筒厚度的比值大小有关。但在推导封头厚度计算公式时，主要以内压引起的薄膜应力为依据，对于边缘应力的影响，则以应力增强系数的形式引入到厚度计算式中。

封头设计时，一般应优先选用封头标准中推荐的形式与参数，然后根据受压情况进行强度计算，确定封头的厚度。

1. 半球形封头

半球形封头为半个球壳，如图 11.18(a)所示。与其他封头相比，在相同的直径和压力下，半球形封头所需的厚度最薄，节省材料。由于半球形封头深度大，整体冲压较为困难，对大直径的半球形封头可用数块钢板先在液压机上用模具将每块冲压成形，然后再在现场拼焊而成,但尺寸的对准性较差,制造难度大。半球形封头多用于大型高压容器和压力较高的储罐上。对中、小直径的容器很少采用半球形封头。

半球形封头的厚度计算式与球壳相同,按式(11-33)或式(11-34)计算。虽然球形封头壁厚可较相同直径与压力的圆筒壳减薄一半,但在实际工作中,为了焊接方便以及降低边界处的边缘压力,通常将半球形封头和圆筒体的厚度取为相同。此时半球形封头具有较大的强度储备。

2. 椭圆形封头

椭圆形封头由半个椭球壳和一个短圆筒(直边段)组成,如图 11.18(b)所示。直边段的作用是使椭球壳和短圆筒的连接边缘与封头和圆筒连接的焊接接头错开,避免边缘应力与焊接残余应力叠加,改善封头和圆筒连接处的受力状况。因为封头的椭球部分经线曲率变化连续,所以应力分布比较均匀,而且椭圆形封头的深度比半球形封头小得多,易于冲压成型,是目前中、低压容器中应用较多的封头之一。

受内压椭圆形封头中的应力,包括由内压引起的薄膜应力和封头与圆筒连接处的边缘应力。椭圆形封头中的最大应力和圆筒周向薄膜应力的比值称为应力增强系数或形状系数,用 K 表示。研究表明,在一定条件下,应力增强系数与椭圆形封头长轴与短轴之比 a/b 有关。当 a/b 在 1.0~2.6 范围内时,工程上采用简化式来计算 K 值,即

$$K = \frac{1}{6}\left[2 + \left(\frac{D_i}{2h_i}\right)^2\right] \tag{11-41}$$

式中,h_i 为封头内表面深度(不含直边)。

由 K 的定义可知,椭圆形封头中的最大应力是圆筒周向薄膜应力的 K 倍,而圆筒周向薄膜应力又是球壳上薄膜应力的 2 倍,所以,椭圆形封头中的最大应力就是球壳上薄膜应力的 $2K$ 倍。故椭圆形封头的厚度计算式可以用半球形封头的厚度乘以 $2K$ 得到,按式(11-42)或式(11-43)计算。

$$\delta_h = \frac{Kp_c D_i}{2[\sigma]^t \phi - 0.5 p_c} \tag{11-42}$$

$$\delta_h = \frac{Kp_c D_o}{2[\sigma]^t \phi + (2K - 0.5) p_c} \tag{11-43}$$

式中,δ_h 为凸形封头计算厚度(mm)。

当椭圆形封头的 $D_i / 2h_i = 2$ 时,称为标准椭圆形封头,此时 $K=1$,厚度按式(11-44)或式(11-45)计算。

$$\delta_h = \frac{p_c D_i}{2[\sigma]^t \phi - 0.5 p_c} \tag{11-44}$$

$$\delta_h = \frac{p_c D_o}{2[\sigma]^t \phi + 1.5 p_c} \tag{11-45}$$

承受内压的标准椭圆形封头在过渡区存在着较高的周向压缩应力,有可能发生周向失稳而出现褶皱,导致失效。目前,工程上一般采用限制椭圆形封头最小厚度的方法来防止周向失稳的发生。如 GB 150 规定标准椭圆形封头的有效厚度应不小于封头内直径的 0.15%,非标准椭圆形封头的有效厚度应不小于 0.3%。

3. 碟形封头

如图 11.18(c)所示，碟形封头又称带折边的球形封头，是由半径为 R_i 的部分球面、半径为 r 的过渡环壳和短圆筒所组成。从几何形状看，碟形封头是一不连续曲面，在两个经线曲率突变处，存在较大边缘弯曲应力。边缘弯曲应力与薄膜应力叠加，使该部位的应力远远高于其他部位，故受力状况不佳。但过渡环壳的存在降低了封头深度，方便成形。

受内压的碟形封头，由于存在较大的边缘应力，在相同条件下碟形封头的厚度比椭圆形封头大。

R_i/r 越大，则封头的深度越浅，制造方便，但边缘应力也就越大。工程中规定碟形封头的球面半径 R_i 不超过封头内直径，过渡区半径 r 不小于封头内直径的 10%，且不小于 3 倍的封头名义厚度。

GB 150 中推荐采用标准碟形封头($R_i = 0.9D_i$ ， $r = 0.17D_i$)，这时球面部分的壁厚与圆筒相近，封头的深度也不大，便于制造。碟形封头中直边部分的作用与椭圆形封头相同。

内压作用下的碟形封头过渡区也存在周向压应力，为此 GB 150 规定，标准碟形封头的有效厚度不得小于封头内直径的 0.15%，非标准碟形封头的有效厚度不得小于封头内直径的 0.3%。

碟形封头与椭圆形封头相比，在相同直径和高度的情况下，椭圆形封头的应力分布较碟形封头均匀，因此，只有当加工椭圆形封头有困难或封头直径较大、压力较低的情况下才选用碟形封头。

4. 球冠形封头

为了进一步降低凸形封头的高度，将碟形封头的直边及过圆弧部分去掉，只留下球面部分。并把它直接焊在筒体上，这就构成了球冠形封头，如图 11.18(d)所示。这种封头也称为无折边球形封头。

球冠形封头结构简单、制造方便，常用作容器中两独立受压室的中间封头或端盖。但是由于无转角过渡，存在较大的不连续应力。

5. 锥形封头

锥形封头也称锥壳，在同等条件下，其受力状况比半球形封头、椭圆形封头和碟形封头都差，在与圆筒的连接处转折更为明显，曲率半径突变，产生较大的边缘应力。锥形封头主要用于不同直径圆筒的过渡连接和介质中含有固体颗粒或介质黏度较大时容器下部的出料口等，在中、低压容器中应用较为普遍。

如图 11.19 所示，锥壳有无折边锥壳、大端折边锥壳、折边锥壳 3 种形式。折边锥壳的受力状况优于无折边锥壳，但制造困难。

工程设计中根据锥壳半顶角 α 的不同采用不同的结构形式。当半顶角 $\alpha \leqslant 30°$ 时，可采用无折边结构。当半顶角 $30° < \alpha \leqslant 45°$ 时，小端可无折边，大端须有折边。当 $45° < \alpha \leqslant 60°$ 时，大、小端均须有折边。大端折边锥壳的过渡段转角半径不小于封头大端内直径 D_i 的 10%，且不小于该过渡段厚度的 3 倍，小端折边锥壳的过渡段转角半径不小于封头小端内直径 D_{is} 的 5%，且不小于该过渡段厚度的 3 倍。当半顶角 $\alpha > 60°$ 时，按平板封头考虑或用应力分析方法确定。

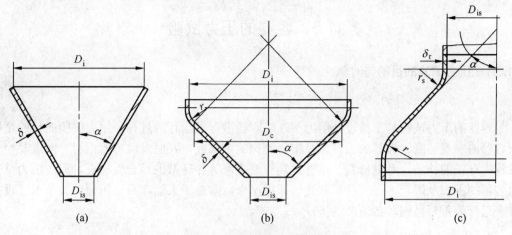

图 11.19　锥壳的结构形式

(a) 无折边锥壳；(b) 大端折边锥壳；(c) 折边锥壳

6. 平板封头

平板封头也称平盖，其几何形状有圆形、椭圆形、长圆形、矩形及正方形等。平盖与筒体常见的连接形式如图 11.20～图 11.23 所示。

平盖厚度的计算以薄圆平板应力分析为基础，受均布载荷的薄圆平板内产生径向和切向弯曲应力，应力沿壁厚是不均布的。圆平板的最大应力 $\sigma_{\max}$ 与 $(R/\delta)^2$ 成正比，而凸形、锥形封头中的 $\sigma_{\max}$ 与 (R/δ) 成正比。因此，在 (R/δ) 和 p_c 相同的情况下，圆平板中的应力要比凸形、锥形封头中的应力大得多，承载所需的厚度也大得多。尽管平盖的厚度大，但是平盖结构简单、制造容易，常用于直径较小的高压容器以及人孔、手孔盖等。

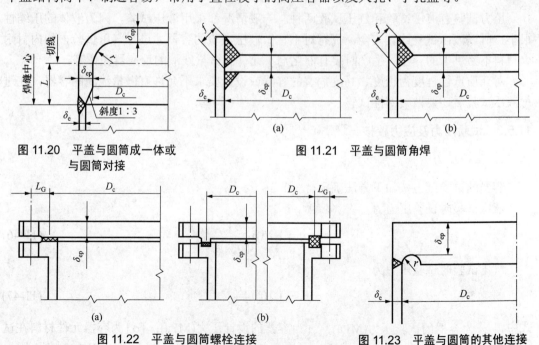

图 11.20　平盖与圆筒成一体或与圆筒对接

图 11.21　平盖与圆筒角焊

图 11.22　平盖与圆筒螺栓连接

图 11.23　平盖与圆筒的其他连接

11.5　容器的压力试验

11.5.1　压力试验的目的与对象

1. 压力试验的目的

容器的压力试验是在超设计压力下，对容器进行试运行的过程。压力试验的目的是检查容器的宏观强度、焊缝的致密性及密封结构的可靠性，及时发现容器钢材、制造及检修过程中存在的缺陷，是对材料、设计、制造及检修等各环节的综合性检查。通过压力试验将容器的不安全因素在正式使用前充分暴露出来，防患于未然。所以压力试验是保证设备安全运行的重要措施，必须严格执行。

2. 压力试验的对象

对下列容器应进行压力试验。
(1) 新制造的容器。
(2) 改变使用条件，且超过原设计参数并经强度校核合格的容器。
(3) 停止使用两年后重新启用的容器。
(4) 使用单位从外单位拆来新安装的或本单位内部移装的容器。
(5) 用焊接方法修理改造、更换主要受压元件的容器。
(6) 需要更换衬里(重新更换衬里前)的容器。
(7) 使用单位对安全性能有怀疑的容器。

11.5.2　试验方法

压力试验有液压试验和气压试验两种。一般情况都采用液压试验，因为液体的压缩性很小，所以液压试验比较安全。只有对不宜做液压试验的容器才进行气压试验，如内衬耐火材料不易烘干的容器、生产时装有催化剂不允许有微量残液的反应器壳体等。

对介质毒性程度为极度、高度危害的容器或设计要求不允许有微量泄漏的容器，在进行液压试验后还要做气密性试验。

11.5.3　试验压力及应力校核

1. 试验压力

容器的试验压力按如下方法确定。

液压试验时试验压力为

$$p_{\mathrm{T}} = 1.25 p \frac{[\sigma]}{[\sigma]^{\mathrm{t}}} \tag{11-46}$$

气压试验时试验压力为

$$p_{\mathrm{T}} = 1.10 p \frac{[\sigma]}{[\sigma]^{\mathrm{t}}} \tag{11-47}$$

式中，p_{T} 为容器的试验压力(MPa)；p 为容器的设计压力(MPa)；$[\sigma]$ 为容器元件材料在试验温度下的许用应力(MPa)；$[\sigma]^{\mathrm{t}}$ 为容器元件材料在设计温度下的许用应力(MPa)。

容器各元件(圆筒、封头、接管、法兰及紧固件等)所用材料不同时，应取各元件材料的$[\sigma]/[\sigma]^t$比值中最小者。

对于立式容器卧置进行液压试验时，其试验压力按式(11-46)确定的值，再加上容器立置时圆筒所承受的最大液柱静压力。

2. 应力校核

压力试验是在高于工作压力的情况下进行的，所以在进行试验前应对容器在规定的试验压力下的强度进行理论校核，满足要求时才能进行压力试验的实际操作。

液压试验时圆筒的应力及应满足的条件为

$$\sigma_T = \frac{p_T(D_i + \delta_e)}{2\delta_e} \leq 0.9\phi R_{eL} \tag{11-48}$$

气压试验时圆筒的应力及应满足的条件为

$$\sigma_T = \frac{p_T(D_i + \delta_e)}{2\delta_e} \leq 0.8\phi R_{eL} \tag{11-49}$$

式中，σ_T为试验压力下圆筒的周向应力(MPa)；R_{eL}为常温下的屈服强度(MPa)。

【例 11.2】某化工厂反应釜，内直径 1400mm，工作温度 5～150℃、工作压力 1.5MPa，釜体上装有安全阀。釜体材料 S30408 钢板，双面对接焊、全部无损检测。试确定反应釜筒体和封头的厚度。

解：(1) 设计参数确定。

设计压力 $p = 1.1 \times p_w = 1.1 \times 1.5 = 1.65 \text{MPa}$ 。

计算压力 $p_c = p = 1.65 \text{MPa}$ (题中未给出确定液柱静压力的条件，故取其为零)。

取设计温度 $t=170℃$；查表 11-2 得：S30408 钢在 20℃时，$[\sigma]=137\text{MPa}$，在 170℃时，$[\sigma]^t=134.2 \text{MPa}$。

焊接接头系数 $\phi = 1.0$ (对接双面焊、全部无损检测)；查表 11-8 得腐蚀裕量 $C_2=0$。

查表 11-6 得钢板厚度负偏差 $C_1=0.8\text{mm}$ (先假设钢板厚度在 8～25mm 之间)。

(2) 筒体厚度确定。

按式(11-23)得计算厚度为

$$\delta = \frac{p_c D_i}{2[\sigma]^t \phi - p_c} = \frac{1.65 \times 1400}{2 \times 134.2 \times 1.0 - 1.65} = 8.7\text{mm}$$

设计厚度 $\delta_d = \delta + C_2 = 8.7\text{mm}$

则

$$\delta_d + C_1 = 8.7 + 0.8 = 9.5\text{mm}$$

按钢板厚度规格向上圆整得名义厚度 $\delta_n = 10\text{mm}$ (在初始假设的 8～25mm 之内)。

(3) 封头厚度确定。

采用标准椭圆形封头，按式(11-44)计算厚度为

$$\delta_h = \frac{p_c D_i}{2[\sigma]^t \phi - 0.5p_c} = \frac{1.65 \times 1400}{2 \times 134.2 \times 1.0 - 0.5 \times 1.65} = 8.6\text{mm}$$

$$\delta_h + C_2 + C_1 = 8.6 + 0 + 0.8 = 9.4\text{mm}$$

按钢板厚度规格向上圆整得封头名义厚度 $\delta_{nh} = 10\text{mm}$ 。

封头有效厚度 $\delta_{eh} = \delta_{nh} - C = 10 - 0.8 = 9.2mm$，$0.15\%D_i = 0.15\% \times 1400 = 2.1mm$。

9.2mm＞2.1mm，满足标准椭圆封头有效厚度不得小于其内直径0.15%的要求。

【例11.3】某立式罐盛装密度1160kg/m³的液体。罐体材料Q245R，正常工作时罐内液面不超过3200mm，罐顶内表面离罐底的深度为5000mm，罐体内径2000mm。设计压力0.16MPa，设计温度为60℃，腐蚀裕量2mm，焊接接头系数0.85，罐体实测厚度为6mm，试校核该罐体的强度。

解：(1) 有关参数的确定。

由题意知：$p=0.16MPa$、$t=60℃$、$\phi=0.85$、$C_2=2mm$、$D_i=2000mm$、$\delta'=6mm$。

正常工作时罐体承受的最大液柱静压力为

$$p_L = \rho g H = 1160 \times 9.81 \times 3.2 \times 10^{-6} = 0.0364MPa$$

$$5\%p = 0.05 \times 0.16 = 0.008MPa$$

由于 $p_L > 5\%p$，所以计算压力

$$p_c = p + p_L = 0.16 + 0.0364 = 0.196MPa$$

按表11-1，Q245R在60℃时许用应力$[\sigma]^t=147.5MPa$，20℃时许用应力$[\sigma]=148MPa$；钢板厚度负偏差$C_1=0.3mm$，$C=C_1+C_2=0.3+2=2.3mm$

$$\delta_e = \delta' - C = 6 - 2.3 = 3.7mm$$

(2) 强度校核。

① 正常工作时，按式(11-31)罐体的最大允许工作压力为

$$[p_w] = \frac{2\delta_e[\sigma]^t\phi}{D_i + \delta_e} = \frac{2 \times 3.7 \times 147.5 \times 0.85}{2000 + 3.7} = 0.463MPa$$

0.463MPa＞0.196MPa，即$[p_w] > p_c$，故工作时罐体强度满足要求。

② 水压试验时，水压试验时罐体试验压力按式(11-46)为

$$p_T = 1.25p\frac{[\sigma]}{[\sigma]^t} = 1.25 \times 0.16\frac{148}{147.5} = 0.20MPa$$

按表11-1，Q245R在20℃时$R_{eL}=245MPa$，题中给出罐深为5000mm，所以水压试验时罐体受液柱静压力最大值为

$$p_{LT} = \rho g H = 1000 \times 9.81 \times 5 \times 10^{-6} = 0.049MPa$$

则水压试验时罐体强度校核条件按式(11-48)，并考虑水压试验时罐体所受液柱静压力，得

$$\sigma_T = \frac{(p_T + p_{LT})(D_i + \delta_e)}{2\delta_e} = \frac{(0.20 + 0.049)(2000 + 3.7)}{2 \times 3.7} = 67.4MPa$$

$$0.9\phi R_{eL} = 0.9 \times 0.85 \times 245 = 187.4MPa$$

67.4MPa＜187.4MPa，即 $\sigma_T = \dfrac{(p_T + p_{LT})(D_i + \delta_e)}{2\delta_e} \leqslant 0.9\phi R_{eL}$ 成立，故水压试验时罐体强度满足要求。

经以上校核可知罐体强度满足要求。

本 章 小 结

　　本章介绍了压力容器的基本结构、压力容器的分类方法、无力矩理论的基本方程、边缘应力、内压圆筒和封头的设计及容器的压力试验。

　　压力容器最基本的部件有筒体、封头、支座、人孔、接管 5 部分。

　　按安全技术管理，《固定式压力容器安全技术监察规程》根据介质、设计压力、容积 3 个因素将所适用范围内的压力容器分为第 Ⅰ 类压力容器、第 Ⅱ 类压力容器和第 Ⅲ 类压力容器。

　　无力矩理论的基本方程在几种典型薄壁壳体上的应用，包括圆柱壳、球壳、圆锥壳、椭球壳，通过分析这几种典型壳体受气压时壳壁中的应力值及分布情况，得出了对实际应用有指导意义的结论。

　　球壳应力：$\sigma_\theta = \sigma_\varphi = \dfrac{pD}{4\delta}$。

　　圆筒应力：$\sigma_\theta = \dfrac{pD}{2\delta}$，$\sigma_\varphi = \dfrac{pD}{4\delta}$，$\sigma_\theta = 2\sigma_\varphi$。

　　标准椭球壳应力：(1)顶点处　$\sigma_\theta = \sigma_\varphi = \dfrac{pD}{2\delta}$。

　　(2) 赤道处 $\sigma_\theta = -\dfrac{pD}{2\delta}$；$\sigma_\varphi = \dfrac{pD}{4\delta}$，$-\sigma_\theta = 2\sigma_\varphi$。

　　圆锥壳应力：(1)顶点处 $\sigma_\theta = \sigma_\varphi = 0$。

　　(2) 锥壳大端处有最大值 $\sigma_\theta = \dfrac{pD}{2\delta} \cdot \dfrac{1}{\cos\alpha}$，$\sigma_\varphi = \dfrac{pD}{4\delta} \cdot \dfrac{1}{\cos\alpha}$，$\sigma_\theta = 2\sigma_\varphi$。

结论：

(1) 圆筒体上开椭圆孔时，其短轴应与圆筒轴线平行。

(2) 圆锥壳的锥顶处应力为零，故在此开孔较好。

(3) 在压力 p、直径 D、壁厚 δ 相同的条件下，圆筒中的最大薄膜应力是球壳中的 2 倍，故用球壳可节省材料。

(4) 圆锥壳中的最大薄膜应力是圆筒的 $1/\cos\alpha$ 倍，故锥壳比圆筒要厚。

　　边缘应力具有局限性和自限性，一般不会对容器安全构成严重威胁。

　　内压圆筒及封头的设计包括圆筒、球形封头、椭圆形封头的厚度计算，以及设计公式中各参数的选取。

　　圆筒厚度计算式 $\delta = \dfrac{p_c D_i}{2[\sigma]^t \phi - p_c}$ 或 $\delta = \dfrac{p_c D_o}{2[\sigma]^t \phi + p_c}$

　　圆筒应力校核式 $\sigma^t = \dfrac{p_c(D_i + \delta_e)}{2\delta_e} \leqslant [\sigma]^t \phi$ 或 $\sigma^t = \dfrac{p_c(D_o - \delta_e)}{2\delta_e} \leqslant [\sigma]^t \phi$

　　球壳厚度计算式 $\delta = \dfrac{p_c D_i}{4[\sigma]^t \phi - p_c}$ 或 $\delta = \dfrac{p_c D_o}{4[\sigma]^t \phi + p_c}$

球壳应力校核式 $\sigma^t = \dfrac{p_c(D_i + \delta_e)}{4\delta_e} \leqslant [\sigma]^t\phi$ 或 $\sigma^t = \dfrac{p_c(D_o - \delta_e)}{4\delta_e} \leqslant [\sigma]^t\phi$

标准椭圆形封头厚度计算式 $\delta_h = \dfrac{p_c D_i}{2[\sigma]^t\phi - 0.5p_c}$ 或 $\delta_h = \dfrac{p_c D_o}{2[\sigma]^t\phi + 1.5p_c}$

压力试验包括试验目的、方法及试验压力的确定。

本章的教学目标是使学生掌握内压容器设计的基本理论和方法，通过例题对参数选取和计算过程进行了讲解。

推荐阅读资料

1. 郑津洋，董其伍，桑芝富. 过程设备设计. 北京：化学工业出版社，2011.
2. 潘永亮. 化工设备机械基础. 北京：科学出版社，2007.
3. 潘红良. 过程装备机械基础. 上海：华东理工大学出版社，2006.

习　　题

一、简答题

11-1　无力矩理论应用的条件是什么？

11-2　筒体上开椭圆孔有什么好处？椭圆孔的长轴应放在筒体轴线的什么方向上？

11-3　为什么大型储罐采用球形容器最合理？

11-4　试分析标准椭圆形封头取 $a/b=2$ 的原因。

11-5　碟形封头和椭圆形封头相比，哪种封头应力分布较均匀？

11-6　椭圆形封头、碟形封头为何均设置直边段？

11-7　从受力和制造两方面比较半球形封头、椭圆形封头、碟形封头、锥形封头和平板封头的特点，并说明其主要应用场合。

11-8　容器筒体和标准椭圆形封头均有最小厚度的规定，其原因是一样的吗？

11-9　为什么中、低压容器不推荐采用平盖？

11-10　什么是边缘应力？边缘应力有什么特点？

11-11　压力试验的目的是什么？为什么要尽可能采用液压试验？

11-12　简述计算厚度、设计厚度、名义厚度、有效厚度之间的关系。

二、计算题

11-1　一内压容器，设计(计算)压力为 1.1MPa，设计温度为 100℃；圆筒内径 D_i=1200mm，对接焊缝采用双面全熔透焊接接头，并进行局部无损检测；工作介质无毒性，非易燃，但对碳素钢、低合金钢有轻微腐蚀，腐蚀速率 $K \leqslant 0.1$mm/a，设计寿命 B=20 年，若选用 Q245R 作为圆筒材料，试计算圆筒厚度。

11-2　有一压力管道，材料为 12CrMo，钢管规格为 ϕ108mm×4mm，若厚度附加量为

1.2mm，在 325℃下使用，求钢管的最大允许工作压力是多少？

11-3　有一库存圆筒形容器，实测壁厚为 10mm，内径 D_i =1000mm，焊缝为双面对接焊，启用前经 100%射线探伤合格，筒体材料为 Q245R，现欲利用该容器承受操作压力 1MPa 的内压，工作温度为 225℃，取厚度附加量为 2mm，容器上装有安全阀。问该容器能否安全使用？

11-4　今欲设计一台容器，已知内径 D_i =1000mm，操作温度为 185℃，工作压力为 2.5MPa，容器为圆筒形，采用双面对接焊，局部无损探伤，圆筒两端配有标准椭圆形封头，容器顶部装有安全阀，材料选用 S30408，介质的腐蚀性极微。试确定筒体和封头的厚度。

11-5　某化工厂欲设计一台石油气分离工程中的乙烯精馏塔。已知：塔体内径 D_i =600mm，设计压力 p =2.2MPa，工作温度为 $t = -20 \sim -3℃$，选用材料为 Q345R 的钢板制造，采用单面焊，局部无损检测，试确定①塔体厚度；②分别采用半球形、椭圆形作为封头，计算其厚度。

11-6　某圆柱形容器的设计压力 p =0.85MPa，设计温度 t =50℃，内直径为 1200mm，总高 4000mm；对接焊缝采用双面全熔透焊接接头，并进行局部无损检测；容器盛装液体介质，介质密度 $\rho = 1500kg/m^3$，介质具有轻微的腐蚀性，腐蚀速率 $K \leqslant 0.1mm/a$，设计寿命 B =20 年；试回答以下问题：①该容器一般应选用什么材料？②若在设计温度下材料的许用应力为 $[\sigma]^t$ =189MPa，筒体厚度是多少？③应以多大压力进行水压试验？并进行应力校核。

11-7　今欲设计一台圆筒形反应器，已知筒体内径 D_i =800mm，工作压力为 2MPa，工作温度为 245℃，材料选用 Q345R，取腐蚀裕量为 2mm，试确定反应器筒体的壁厚。

第 12 章　外压容器设计

　　通过本章的学习，掌握外压容器稳定性的概念，理解临界压力及其影响因素；了解长圆筒、短圆筒的划分及其临界压力的计算式；掌握加强圈的作用与结构；理解外压算图的制作过程，掌握受外压的圆筒、半球形封头及椭圆形封头设计的图算法。

能力目标	知识要点	权重	自测分数
掌握外压容器的基本概念	外压容器的失稳，临界压力及其影响因素	20%	
了解外压圆筒的稳定性计算	长圆筒、短圆筒的划分及其临界压力的计算式，加强圈的作用与结构	40%	
掌握外压圆筒的设计计算	外压算图的制作过程，外压圆筒设计的图算法	30%	
掌握外压封头的设计计算	受外压的半球形封头及椭圆形封头设计的图算法	10%	

引例

　　工程实际中受外压容器的失稳往往容易被人疏忽而造成较大损失。

　　案例：2004 年河南省灵宝市某制药企业在对中药前处理车间实行 GMP 改造时，安装了 8 台带夹套的不锈钢罐。安装完毕后，该厂人员没有征得制造安装单位设备工程师的意见，擅自在釜内没有物料或水的情况下，往夹套内通入自来水进行试漏，结果造成 3 台反应釜内筒失稳压瘪，波纹数 n 为 5，严重变形，导致报废，直接损失近十万元；若在生产时发生，则还会引起停工和物料的损失。事故发生后，大多数人还认为设备制造商的产品质量问题是产生变形事故的唯一原因。乍看起来似乎还很有道理，图纸上明明标有夹套的操作压力是 0.25MPa，设计压力为 0.3MPa，而通入自来水后夹套显示的表压也只有 0.17～0.2MPa，没有超压却压瘪了？这是因为他们把内压和外压两个概念混为一谈。

　　为了保证外压容器的正常工作，我们有必要学习外压容器的相关知识。

12.1 概 述

外压容器是指容器的外部压力大于内部压力的容器。在石油、化工生产中，处于外压操作的设备很多，例如石油分馏中的减压蒸馏塔、多效蒸发中的真空冷凝器、带有蒸汽加热夹套的反应釜以及真空干燥、真空结晶设备等。

12.1.1 外压容器失稳

1. 失稳现象

当容器承受外压时，与受内压作用一样，也将在筒壁上产生经向和环向应力，其环向应力值为 $\sigma_\theta = -\dfrac{pD}{2\delta}$，是压缩应力。如果压缩应力超过材料的屈服极限或强度极限时，和内压圆筒一样，将发生强度破坏；然而，这种情况极少发生，往往是容器的强度足够却突然失去了原有的形状，筒壁被压瘪或发生褶皱，筒壁的圆环截面一瞬间变成了波形，如图 12.1 所示。在外压作用下，壳壁内的压应力远小于筒体材料的屈服极限时，筒体突然失去原有形状的现象称为弹性失稳。容器发生弹性失稳将使容器不能维持正常操作，造成容器失效。失稳是外压容器失效的主要形式，因此保证壳体的稳定是维持外压容器正常工作的必要条件。

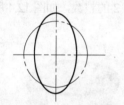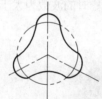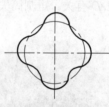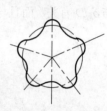

图 12.1 圆筒形壳体失稳后的波形

外压薄壁回转壳体通常发生弹性失稳。当回转壳体厚度增大时，壳体中的压应力超过材料屈服极限才发生失稳，这种失稳称为弹塑性失稳或非弹性失稳。弹塑性失稳的机理相当复杂，工程上一般采用简化计算方法。本章仅介绍外压容器的弹性失稳。

2. 失稳形式

外压容器的失稳分为整体失稳和局部失稳。

整体失稳按其受力方式又分为周向失稳和轴向失稳。圆筒由于受均匀周向外压引起的失稳叫做周向(侧向)失稳，周向失稳时壳体横断面由原来的圆形被压瘪成波形，其波数可为 2，3，4，…，如图 12.1 所示。如果薄壁容器承受轴向外压，当载荷达到某一数值时，也可能丧失稳定性，但在失去稳定时，圆筒仍然具有圆形的环截面，但母线产生了波形，即圆筒发生了褶皱，这种失稳形式称为轴向失稳，如图 12.2 所示。

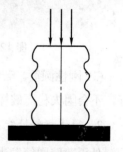

图 12.2 圆筒的轴向失稳

局部失稳一般发生在容器支座或其他支承处，在安装运输过程中由于过大的局部外压也可能引起局部失稳；另外，某些内压容器若存在较大的局部压应力也可能发生局部失稳，如椭圆形封头的过渡区。

12.1.2　临界压力

外压容器失稳时所承受的外压称为该容器的临界压力，以 p_{cr} 表示，临界压力是表征外压容器抵抗失稳能力的重要参数。筒体在临界压力作用下，筒壁内的周向压缩应力称为临界应力，以 σ_{cr} 表示。筒体所受外压力低于 p_{cr} 时，产生的变形在压力卸除后能恢复其原来的形状，即发生弹性变形。当外压力达到或高于 p_{cr} 时，产生的波形将是不可能恢复的。临界压力的大小与筒体几何尺寸、材料性能及筒体椭圆度等因素有关。

1. 筒体几何尺寸

外压圆筒的临界压力和筒体长度与直径之比 L/D 及筒体有效厚度与直径之比 δ_e/D 有关。当 L/D 相同时，δ_e 大者临界压力高；当 δ_e/D 相同时，L/D 小者临界压力高。工程上，根据失稳破坏的情况将承受外压的圆筒分为三类：长圆筒、短圆筒、刚性圆筒。

(1) 长圆筒。当筒体足够长，两端刚性较高的封头对筒体中部的变形不能起到有效支撑作用时，这类圆筒最容易失稳压瘪，称为长圆筒。长圆筒的 L/D 值较大，筒体两端边界约束可以忽略，失稳时的临界压力仅与 δ_e/D 有关，而与 L/D 无关。长圆筒失稳时的波数为 2，如图 12.3 所示。

(2) 短圆筒。若筒体两端边界对筒体有明显的支撑作用，此时边界约束不能忽略。其临界压力不仅与 δ_e/D 有关，而且与 L/D 有关。短圆筒失稳时的波数为大于 2 的整数，如图 12.4 所示。

图 12.3　长圆筒失稳　　　　　　　　　　　　图 12.4　短圆筒失稳

(3) 刚性圆筒。若筒体较短，筒壁较厚，即筒体的 L/D 较小，δ_e/D 较大，容器的刚性好，不会因失稳而破坏，筒体失效形式为压缩强度破坏。

2. 筒体材料性能

外压薄壁圆筒发生弹性失稳，器壁的压缩应力远低于材料的屈服极限，说明筒体失稳不是由于材料强度不足引起。实验表明，薄壁圆筒的临界压力与材料的屈服极限无关，而与材料的弹性模量 E 和泊松比 μ 有关。E、μ 值较大的材料抵抗变形的能力较强，其临界压力较高。但制造容器的各种钢材 E、μ 值相差不大，故对于外压容器，不同的钢材对其临界压力影响很小。

3. 筒体的椭圆度和材料的不均匀性

长圆筒与短圆筒临界压力的计算公式都是在认为圆筒截面是规则圆形及材料均匀的情况下得到的。而实际使用的筒体不可能是绝对圆的，都存在一定的椭圆度，所以实际筒体的临界压力值将低于由公式计算得到的理论值。筒体的椭圆度定义为筒体的最大直径与最小直径之差，即 $e = (D_{max} - D_{min})$。即使壳体的形状很精确和材料很均匀，当外压力达到一定数值时，也会失稳，只不过是筒体的椭圆度与材料的不均匀性可使其临界压力的数值降低，使失稳提前发生。容器在临界压力作用下产生失稳是外压容器固有的力学性质，不是由于筒体不圆或是材料不均匀所致。

12.2 外压圆筒的稳定性计算

12.2.1 长圆筒的临界压力

由于长圆筒中间部分不受两端封头或加强圈的支持作用，故长圆筒临界压力的计算方法与圆筒中远离边界处切出的圆环的临界压力计算方法相同。因此，在分析外压圆筒的稳定性时，可以从远离边界处切取一单位长度的圆环，如图 12.5 所示，根据圆环变形的几何关系和静力平衡关系得出圆环失稳时的临界压力：

$$p_{cr} = \frac{3EJ}{R^3} \qquad (12\text{-}1)$$

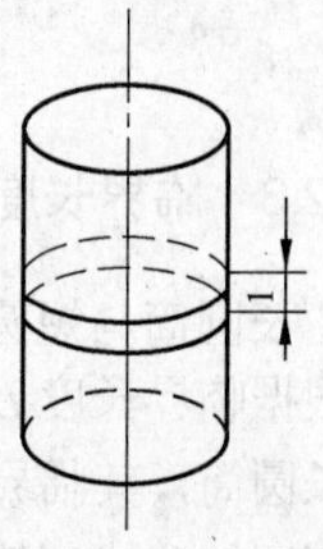

式中，p_{cr} 为圆环的临界压力(MPa)；EJ 为圆环的抗弯刚度，其中 E 为圆环材料的弹性模量，J 为圆环截面的轴惯性矩；R 为圆环的平均半径。

实际上，圆筒中单位长度圆环的变形必然受到两边相邻金属的抑制，所以，圆筒的抗弯刚度大于圆环的抗弯刚度，圆筒的临界压

图 12.5 单位长度圆环

力也就高于圆环的临界压力。用圆筒的抗弯刚度 $D' = EJ/(1 - \mu^2)$ 代替式(12-1)中圆环的抗弯刚度 EJ，即得长圆筒的临界压力计算式

$$p_{cr} = \frac{3D'}{R^3} = \frac{3EJ}{(1 - \mu^2)R^3} \qquad (12\text{-}2)$$

将 $J = \delta_e^3/12$ 代入式(12-2)，得

$$p_{cr} = \frac{E}{4(1 - \mu^2)}\left(\frac{\delta_e}{R}\right)^3 = \frac{2E}{1 - \mu^2}\left(\frac{\delta_e}{D}\right)^3 \qquad (12\text{-}3)$$

式中，μ 为泊松比；δ_e 为筒体有效厚度(mm)；D 为圆筒平均直径(mm)。

式(12-3)称为 Bresse 公式。

对于钢制圆筒，$\mu = 0.3$，则式(12-3)可写为

$$p_{cr} = 2.2E\left(\frac{\delta_e}{D}\right)^3 \qquad (12\text{-}4)$$

临界压力在筒壁中引起的周向压缩临界应力为

$$\sigma_{cr} = \frac{p_{cr}D}{2\delta_e} = 1.1E\left(\frac{\delta_e}{D}\right)^2 \qquad (12\text{-}5)$$

上述临界压力计算式只有在临界应力 σ_{cr} 小于材料的比例极限 σ_p^t 时才适用。

12.2.2　短圆筒的临界压力

短圆筒的变形比较复杂，由于两端的约束或刚性构件对筒体变形的支持作用较为显著，在失稳时会出现两个以上的波纹，其临界压力由 Mises 首先导出，即

$$p_{cr} = \frac{E\delta_e}{R(1-\mu^2)}\left\{\frac{1-\mu^2}{(n^2-1)\left(1+\frac{n^2L^2}{\pi^2R^2}\right)} + \frac{\delta_e^2}{12R^2}\left[(n^2-1) + \frac{2n^2-1-\mu}{1+\frac{n^2L^2}{\pi^2R^2}}\right]\right\} \tag{12-6}$$

式中，n 为波数；L 为筒体计算长度。

工程中采用近似方法，将式(12-6)简化为

$$p_{cr} = \frac{2.59E}{L/D}\left(\frac{\delta_e}{D}\right)^{2.5} \tag{12-7}$$

式(12-7)称为拉姆(B.M.Pamm)公式，仅适合于弹性失稳，即 $\sigma_{cr} < \sigma_s$。

短圆筒的临界应力

$$\sigma_{cr} = \frac{p_{cr}D}{2\delta_e} = \frac{1.3E}{L/D}\left(\frac{\delta_e}{D}\right)^{1.5} \tag{12-8}$$

12.2.3　临界长度

长圆筒与短圆筒的区别在于是否承受端部约束。实际的外压圆筒是长圆筒还是短圆筒，可根据临界长度 L_{cr} 来判定，临界长度即为长、短圆筒的分界线。当圆筒的计算长度 $L > L_{cr}$ 时为长圆筒，其临界压力按长圆筒公式计算；当圆筒的计算长度 $L < L_{cr}$ 时为短圆筒，临界压力按短圆筒公式计算。当圆筒处于临界长度，即 $L = L_{cr}$ 时，既可看成长圆筒，又可看成短圆筒，则用长圆筒公式计算所得的临界压力值和用短圆筒公式计算的临界压力值应相等，即

$$\frac{2.59E}{L_{cr}/D}\left(\frac{\delta_e}{D}\right)^{2.5} = 2.2E\left(\frac{\delta_e}{D}\right)^3$$

在上式中以筒体外径 D_o 代替中径 D，得临界长度

$$L_{cr} = 1.17D_o\sqrt{\frac{D_o}{\delta_e}} \tag{12-9}$$

12.2.4　加强圈

根据长圆筒和短圆筒的临界压力计算式可知，在设计外压圆筒时，若许用外压力小于计算外压力，则可通过增加圆筒的厚度或缩短圆筒的计算长度的方法来提高临界压力，从而提高许用外压力。从经济学角度看，用增加筒体厚度的办法来提高圆筒的许用外压力是不合算的。合适的办法是在外压圆筒的外部或内部装几道加强圈，这样既可以缩短圆筒的计算长度，增加圆筒的刚性，又能有效地减轻筒体重量。

加强圈通常采用扁钢、角钢、槽钢、工字钢或其他型钢制成，因为型钢截面惯性矩较大，刚性好，便于成形。加强圈可设置在圆筒的外侧或内侧，通常采用连续焊或间断焊的方式与筒体连接。加强圈两侧的间断焊缝可错开或并排布置，如图 12.6 所示。

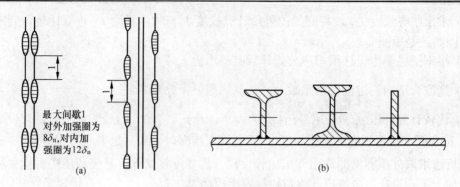

图 12.6 加强圈与圆筒的连接

筒体上设置加强圈后，为使加强圈真正起到加强作用，两加强圈之间的最大距离必须保证筒体为短圆筒。根据短圆筒的临界压力计算式，并将临界压力 p_{cr} 转换为 mp_c，可确定加强圈的最大间距 L_{max} 为

$$L_{max} = \frac{2.59ED_o}{mp_c}\left(\frac{\delta_e}{D_o}\right)^{2.5} \tag{12-10}$$

当加强圈是均匀分布时，则筒体所需设置的加强圈数 n 为

$$n = \frac{L}{L_{max}} - 1 \tag{12-11}$$

将 n 圆整为整数值后，相邻加强圈间的距离为

$$L_s = \frac{L}{n+1} \tag{12-12}$$

12.3 外压圆筒的设计计算

外压圆筒的计算常遇到两类问题，一类是已知圆筒的几何尺寸，求它的许用外压；另一类是已给定工作外压，确定所需厚度。

临界压力的计算式是在理想条件下推导出来的，而实际的圆筒在经历成型、焊接或焊后热处理后存在各种原始缺陷，如几何形状和尺寸的偏差、材料性能不均匀等，都会直接影响临界压力计算值的准确性。实践表明，当长圆筒或管子所受外压达到临界压力值的 $1/3 \sim 1/2$ 时就可能会被压瘪。此外，考虑到容器有可能承担大于计算压力的工况，因此，不允许在外压力等于或接近于临界压力下进行操作，必须留有一定的安全裕度，使许用外压 $[p]$ 比临界压力 p_{cr} 小，而计算外压 p_c 只能小于或等于 $[p]$，即

$$p_c \leqslant [p] = \frac{p_{cr}}{m} \tag{12-13}$$

式中，m 为稳定性安全系数，我国标准规定 $m=3$。

12.3.1 解析法

用解析法求取外压容器许用外压的步骤如下。

(1) 假设筒体的名义厚度 δ_n。

(2) 计算筒体的有效厚度 δ_e。

(3) 求出临界长度 L_{cr}，将圆筒的外压计算长度 L 与临界长度 L_{cr} 进行比较，判断圆筒属于长圆筒还是短圆筒。

(4) 根据圆筒类型，选用相应公式计算临界压力 p_{cr}。

(5) 选取合适的稳定性安全系数 m，计算许用外压 $[p] = \dfrac{p_{cr}}{m}$。

(6) 比较计算外压 p_c 和许用外压 $[p]$ 的大小。若 $p_c \leqslant [p]$，且较为接近，则假设的名义厚度 δ_n 符合要求；否则应重新假设 δ_n，重复以上步骤，直到满足要求为止。

解析法求取外压容器的许用外压比较烦琐，需要反复试算，且仅适用于弹性失稳的情况。为便于工程设计，各国设计规范均推荐采用图算法。

12.3.2 图算法

1. 图算法的原理

图算法的基础是解析法，将解析法的相关公式经过分析整理，绘制成两张图。一张图反映圆筒受外压力后，变形与几何尺寸之间的关系，称为外压应变系数 A 曲线；另一张图反映不同材质的圆筒在不同温度下，所受外压力与变形之间的关系，称为外压应力系数 B 曲线，不同的材料有不同的图。

(1) 外压应变系数 A 曲线图。在求解外压圆筒的临界压力时，以外径 D_o 代替中径 D，无论是长圆筒，还是短圆筒，其临界压力计算公式都可归纳成以下形式：

$$p_{cr} = KE(\frac{\delta_e}{D_o})^3 \tag{12-14}$$

式中，K 为外压圆筒的几何特征系数，长圆筒的 $K=2.2$，短圆筒的 K 值与 L/D_o、D_o/δ_e 有关。

外压圆筒在临界压力作用下，壳壁内产生的周向压缩应力称为临界应力，为

$$\sigma_{cr} = \frac{p_{cr}D_o}{2\delta_e} = \frac{KE}{2}(\frac{\delta_e}{D_o})^2 \tag{12-15}$$

因为在塑性状态时弹性模量 E 为变量，为避开 E，采用应变表征失稳时的特征。在此临界应力作用下产生的周向应变 ε_{cr}，外压容器设计中以外压应变系数 A 代替 ε_{cr}，即

$$A = \varepsilon_{cr} = \frac{\sigma_{cr}}{E} = \frac{K}{2}(\frac{\delta_e}{D_o})^2 = f(\frac{L}{D_o}, \frac{D_o}{\delta_e}) \tag{12-16}$$

将 A 与圆筒几何参数 L/D_o、D_o/δ_e 的关系绘成曲线，即为外压应变系数 A 曲线图，如图 12.7 所示。该图中的上部为垂直线簇，这是长圆筒情况，表明失稳时应变量与圆筒的 L/D_o 值无关；图的下部是倾斜线簇，属短圆筒情况，表明失稳时的应变与 L/D_o、D_o/δ_e 都有关。图中垂直线与倾斜线交接点处所对应的 L/D_o 是临界长度与外径的比。此算图与材料的弹性模量 E 无关，因此，对各种材料的外压圆筒都能适用。

(2) 外压应力系数 B 曲线图。对于不同材料的外压圆筒，还需找到 A 与 p_{cr} 的关系，才能求得圆筒的许用外压。由前述可知

$$[p] = \frac{p_{cr}}{m} = \frac{KE}{3}(\frac{\delta_e}{D_o})^3 \tag{12-17}$$

式(12-17)可写为

$$\frac{[p]D_{\mathrm{o}}}{\delta_{\mathrm{e}}} = \frac{KE}{3}\left(\frac{\delta_{\mathrm{e}}}{D_{\mathrm{o}}}\right)^2 = \frac{2}{3}\cdot\frac{KE}{2}\cdot\left(\frac{\delta_{\mathrm{e}}}{D_{\mathrm{o}}}\right)^2 = \frac{2}{3}\sigma_{\mathrm{cr}} = \frac{2}{3}AE$$

令外压应力系数 $B = \dfrac{[p]D_{\mathrm{o}}}{\delta_{\mathrm{e}}}$，得

$$B = \frac{2}{3}\sigma_{\mathrm{cr}} = \frac{2}{3}AE \tag{12-18}$$

故 A 与 B 的关系就是 A 与 $\dfrac{2}{3}\sigma_{\mathrm{cr}}$ 的关系，可以用材料拉伸曲线在纵坐标上按三分之二取值得到。将屈服极限相近钢种的 A-B 关系曲线画在同一张图上(即数种钢材合用一张图)，如图 12.8～图 12.10 所示。

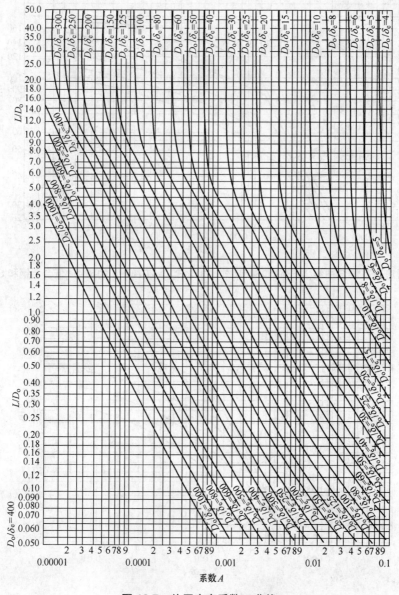

图 12.7　外压应变系数 A 曲线

由于材料的 E 值及拉伸曲线随温度不同而不同，所以每张图中都有一组与温度对应的曲线，表示该材料在不同温度下的 A-B 关系，称为材料的温度线。每一条 A-B 曲线的形状都与对应温度的 ε-σ 曲线相似，其直线部分表示应力 σ 与应变 ε 成正比，材料处于弹性阶段，曲线部分对应于非弹性范围，故该图对弹性、非弹性失稳都适用。

设计时，根据材料类别选择适合的外压应力系数 B 曲线图，由 A 查得 B，再按式(12-19)计算许用外压，即

$$[p] = B\frac{\delta_e}{D_o} \tag{12-19}$$

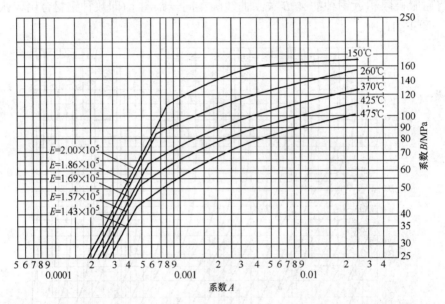

图 12.8　外压应力系数 B 曲线(用于除 Q345R 外，材料 $R_{eL}>207$MPa 的碳钢、低合金钢和 S11306 钢等)

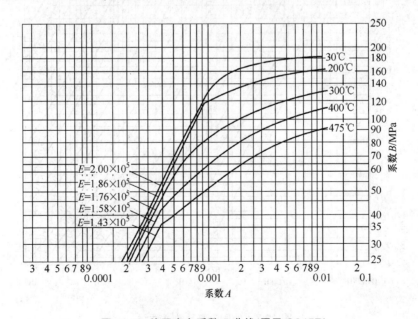

图 12.9　外压应力系数 B 曲线(用于 Q345R)

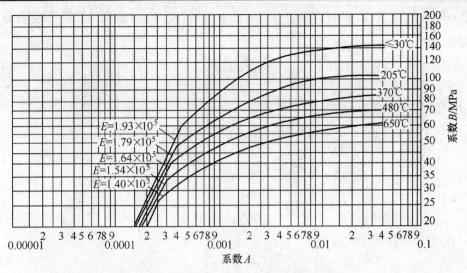

图 12.10　外压应力系数 B 曲线(用于 S30408)

2. 工程设计方法

工程上，根据 D_o/δ_e 值的大小，将外压圆筒划分为薄壁圆筒和厚壁圆筒。GB 150 以 $D_o/\delta_e = 20$ 为界限划分，即当 $D_o/\delta_e \geqslant 20$ 时为薄壁圆筒，$D_o/\delta_e < 20$ 时为厚壁圆筒。

1) $D_o/\delta_e \geqslant 20$ 的圆筒和管子

薄壁圆筒的外压计算仅考虑失稳问题，设计步骤如下。

(1) 假设圆筒的名义厚度 δ_n，计算 $\delta_e = \delta_n - C$，定出 L/D_o、D_o/δ_e 值。

(2) 在外压应变系数 A 曲线图的左方找到 L/D_o 值的所在点，由此点向右引水平线与 D_o/δ_e 线相交(遇中间值，则用内插法)。若 $L/D_o > 50$，则用 $L/D_o = 50$ 查图，若 $L/D_o < 0.05$，则用 $L/D_o = 0.05$ 查图。

(3) 由此交点引垂直线向下，在图的下方得到系数 A。

(4) 根据所用材料，从外压应力系数 B 曲线图中选出适用的一张，在该图下方找到 A 值所在点。若 A 值落在该设计温度下材料温度曲线的右方，则由此点向上引垂线与设计温度下的材料线相交(遇中间温度值用内插法)，再通过此交点向右引水平线，即可由右边读出 B 值，见图 12.11 中标记。然后按式(12-19)计算许用外压 $[p]$。若 A 值处于该设计温度下材料曲线的左方，则用式(12-20)计算许用外压 $[p]$，即

$$[p] = \frac{2AE}{3(D_o/\delta_e)} \qquad (12\text{-}20)$$

(5) 比较许用外压 $[p]$ 与计算外压 p_c，若 $[p] \geqslant p_c$，则假设的厚度 δ_n 满足稳定性的要求；但若大得过多，会造成材料的浪费，可将 δ_n 适当减小，重复上述计算，直到 $[p]$ 大于且接近于 p_c 为止。

2) $D_o/\delta_e < 20$ 的圆筒和管子

对于 $D_o/\delta_e < 20$ 的厚壁圆筒，既要满足稳定性要求，又要满足强度要求。设计步骤如下。

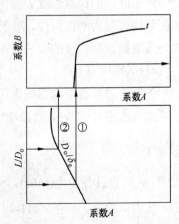

图 12.11　图算法求解过程

(1) 用与 $D_o/\delta_e \geqslant 20$ 相同的方法得到系数 B。但对 $D_o/\delta_e < 4$ 的圆筒及管子应按式(12-21)计算系数 A 值。

$$A = \frac{1.1}{(D_o/\delta_e)^2} \tag{12-21}$$

系数 $A > 0.1$ 时，取 $A = 0.1$。

(2) 按下式计算$[p]_1$和$[p]_2$，取二者中的较小值为许用外压$[p]$。

$$[p]_1 = \left[\frac{2.25}{D_o/\delta_e} - 0.0625\right]B \tag{12-22}$$

$$[p]_2 = \frac{2\sigma_o}{D_o/\delta_e}\left[1 - \frac{1}{D_o/\delta_e}\right] \tag{12-23}$$

式中，σ_o 取以下两式中的较小值。

$$\sigma_o = 2[\sigma]^t \tag{12-24}$$

$$\sigma_o = 0.9R_{eL}^t \tag{12-25}$$

(3) 许用外压$[p]$应大于或等于计算外压 p_c，否则，需重新假设 δ_n，重复上述计算，直到$[p]$大于且接近于 p_c 为止。

3. 设计参数

1) 设计压力 p

(1) 外压容器。设计压力 p 取不小于正常工作过程中可能产生的最大内外压力差。

(2) 真空容器。分为无夹套和有夹套两种情况。

无夹套的情况下，当设有安全控制装置时，取 1.25 倍最大内外压力差或 0.1MPa 两者中的较小值；若无安全控制装置，则取 0.1MPa。

有夹套的情况下，夹套内为内压时，取无夹套真空容器的设计压力，再加上夹套内压力。

2) 计算长度 L

外压圆筒的计算长度 L 指圆筒外部或内部两个刚性构件之间的最大距离。封头、法兰、加强圈均可视为刚性构件。对于凸形封头，要计入直边高度和封头曲面深度的 1/3。不同形式外压圆筒计算长度的取法如图 12.12 所示。

3) 试验压力 p_T

外压容器和真空容器按内压容器进行压力试验，液压试验压力按式(12-26)确定；气压试验或气液组合试验按式(12-27)确定。

$$p_T = 1.25p \tag{12-26}$$

$$p_T = 1.1p \tag{12-27}$$

式中，p 为设计外压(MPa)；p_T 为试验压力(MPa)。

压力试验前，应按式(11-48)或式(11-49)校核圆筒应力。

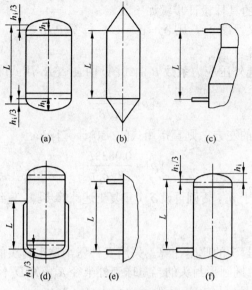

图 12.12　外压圆筒的计算长度

12.4　外压封头的设计计算

外压容器封头的结构形式与内压容器封头相同。受外压的封头和筒体一样，也存在失稳问题，在设计计算中，主要也是考虑稳定性问题。

1. 半球形封头

在工程上受外压半球形封头的设计计算通常采用图算法。根据薄壁球壳的弹性小挠度理论，外压球壳发生弹性失稳时的临界压力为

$$p_{cr} = \frac{2E}{\sqrt{3(1-\mu^2)}}(\frac{\delta_e}{R})^2 \tag{12-28}$$

对于钢材，$\mu = 0.3$，以外半径 R_o 代替中半径 R，则

$$p_{cr} = 1.21E(\frac{\delta_e}{R_o})^2 \tag{12-29}$$

由于按弹性小挠度理论得出的结果与实验值相差很大，故在球壳的稳定性设计时取较大的稳定性安全系数。我国的 GB 150 中，取 m=14.52，则球壳的许用外压为

$$[p] = \frac{p_{cr}}{m} = \frac{1.21}{14.52}E(\frac{\delta_e}{R_o})^2 = \frac{0.0833E}{(R_o/\delta_e)^2} \tag{12-30}$$

为利用外压应力系数 B 曲线图，对半球形封头规定

$$B = \frac{[p]R_o}{\delta_e} \tag{12-31}$$

将 $B = \frac{2}{3}EA$ 及式(12-30)代入式(12-31)，得

$$A = \frac{0.125}{R_o/\delta_e} \tag{12-32}$$

受外压半球形封头的具体设计步骤如下。

(1) 假设封头的名义厚度 δ_n ，则 $\delta_e = \delta_n - C$ ，计算 R_o/δ_e 。

(2) 按式(12-32)计算 A 值。

(3) 根据所用材料选外压应力系数 B 曲线图，由 A 查 B ，用式(12-31)计算许用外压 $[p]$ ：

$$[p] = \frac{B}{R_o/\delta_e}$$

若 A 值落在材料线的左方，则直接用式(12-30)计算 $[p]$ 。

$$[p] = \frac{0.0833E}{(R_o/\delta_e)^2}$$

(4) $[p]$ 应大于或等于 p_c ，否则再设 δ_n ，重复上述计算步骤，直到 $[p]$ 大于且接近 p_c 为止。

2. 椭圆形封头

凸面受压的椭圆形封头的厚度计算，采用受外压半球形封头的设计方法，但公式及算图中的球面外半径 R_o 由椭圆形封头的当量球壳外半径 $R_o = K_1 D_o$ 代替。K_1 值是由椭圆长短轴比值决定的系数，见表 12-1，D_o 为椭圆形封头的外直径。

表 12-1　系数 K_1

$D_o/2h_o$	2.6	2.4	2.2	2.0	1.8	1.6	1.4	1.2	1.0
K_1	1.18	1.08	0.99	0.90	0.81	0.73	0.65	0.57	0.50

3. 碟形封头

受外压碟形封头的厚度计算与球壳相同，其中 R_o 为碟形封头球面部分的外半径。

【例 12.1】 已知一减压塔的内径为 1000mm，塔体长度为 6500mm(不包括封头)，其封头为标准椭圆形，直边高度为 40mm。减压塔在 0.00532MPa(绝对压力)及 150℃的温度下操作，塔体与封头均由 Q245R 钢板制成，试确定：①无加强圈时塔体所需的厚度；②若在塔体外壁设置 5 个加强圈，则塔体所需的厚度。

解：用图算法计算

(1) 无加强圈时塔体所需的厚度。

① 先假定塔体的名义厚度 δ_n 为 10mm，若取 $C_1 + C_2 = 2$mm ，则 $\delta_e = 8$mm 。

塔体的计算长度为　　$L = 6500 + 2(40 + \frac{1}{3} \times \frac{1000}{4}) = 6747$mm

则

$$\frac{L}{D_o} = \frac{6747}{1020} = 6.61$$

$$\frac{D_o}{\delta_e} = \frac{1020}{8} = 127.5$$

② 在外压应变系数 A 曲线图 12.7 中查得系数 $A = 0.00013$ 。

③ Q245R 材料的屈服强度 $R_{eL} = 245$MPa>207MPa ，故选用图 12.8，查图可知 A 值在 150℃材料线的左方，故许用外压力按式(12-20)计算，查 GB 150.2—2011 表 B.13，得材料弹性模量 $E = 1.89 \times 10^5$ MPa ，则

$$[p] = \frac{2AE}{3(D_o / \delta_e)} = \frac{2 \times 0.00013 \times 1.89 \times 10^5}{3 \times 127.5} = 0.1285\text{MPa}$$

④ 因该减压塔属真空容器，且无安全控制装置，故取其设计外压力为 $p = 0.1\text{MPa}$，则计算压力 $p_c = p$。现 $[p] > p_c$，塔体满足给定工况条件下的稳定性要求，则所假设塔体厚度 $\delta_n = 10\text{mm}$ 合理。

(2) 有加强圈时塔体所需的厚度。

① 设 5 个加强圈在塔体上均匀设置，与两封头之间共有 6 个间隔，故计算长度为 $L_s = 6747 / 6 = 1124.5\text{mm}$。

② 假设 $\delta_n = 6\text{mm}$，若取 $C_1 + C_2 = 2\text{mm}$，则 $\delta_e = 4\text{mm}$，由此得几何参数为

$$\frac{L}{D_o} = \frac{1124.5}{1012} = 1.11$$

$$\frac{D_o}{\delta_e} = \frac{1012}{4} = 253$$

③ 同上方法查得系数 $A = 0.00032$，再由 A 值查得 $B = 45\text{MPa}$，则塔体的许用外压力为

$$[p] = \frac{B}{(D_o / \delta_e)} = \frac{45}{253} = 0.178\text{MPa}$$

由于 $[p] > p_c = 0.1\text{MPa}$，满足稳定性要求，则所假设塔体厚度 $\delta_n = 6\text{mm}$ 合理。

上述两种情况的计算结果表明，由于设置加强圈增加了塔体的刚性，塔体厚度减少40%，节约了钢材。

本 章 小 结

本章介绍了外压容器的失稳，临界压力及其影响因素；长圆筒、短圆筒的划分及其临界压力的计算式；外压算图的制作过程，外压圆筒设计的图算法；受外压的半球形封头及椭圆形封头设计的图算法；加强圈的作用与结构。

外压筒体处于压缩应力状态，可能出现的两种失效形式是压缩屈服破坏和失稳破坏，其中失稳破坏是外压薄壁筒体的主要失效形式。使筒体发生失稳的最小外压力称为临界压力 p_{cr}，其主要影响因素有：筒体材料的 E、μ 值，筒体结构尺寸及形状偏差。

受周向均布外压的圆筒按端部约束是否影响筒体稳定性可划分为短圆筒和长圆筒，划分标志是圆筒的临界长度 L_{cr}，若计算长度 $L > L_{cr}$，称为长圆筒，失稳时波数 $n = 2$；若计算长度 $L < L_{cr}$，称为短圆筒，失稳时波数 $n > 2$。临界压力计算式为

长圆筒 $\quad p_{cr} = 2.2E(\frac{\delta_e}{D})^3$

短圆筒 $\quad p_{cr} = \frac{2.59E}{L/D}(\frac{\delta_e}{D})^{2.5}$

圆筒的临界长度公式　　$L_{cr} = 1.17 D_o \sqrt{\dfrac{D_o}{\delta_e}}$

外压圆筒设置加强圈可减小计算长度，达到减小壁厚或提高许用外压的目的。设置加强圈后筒体的计算长度必须在短圆筒范围内，否则加强圈起不到作用。

外压圆筒的设计方法有解析法和图算法，工程设计采用图算法。图算法的设计步骤：假定 $\delta_n \rightarrow$ 查出 $A \rightarrow$ 查出或计算出 $B \rightarrow$ 计算 $[p] \rightarrow$ 校核 $p_c < [p]$ 是否满足。图算法能用于各种材料、各种尺寸、弹性或非弹性失稳的外压圆筒。

受外压的半球形封头、椭圆形封头在工程上广泛采用图算法，设计步骤与外压圆筒大致相同。

推荐阅读资料

1. 郑津洋，董其伍，桑芝富. 过程设备设计. 北京：化学工业出版社，2011.
2. 潘永亮. 化工设备机械基础. 北京：科学出版社，2007.
3. 潘红良. 过程装备机械基础. 上海：华东理工大学出版社，2006.

习　　题

一、简答题

12-1　何谓外压容器？外压容器的失效形式是什么？

12-2　何谓临界压力？其影响因素有哪些？

12-3　外压圆筒的失稳主要是由于壳体不圆或材料不均匀所致，对否？为什么？

12-4　外压圆筒限制椭圆度的目的是什么？内压圆筒限制椭圆度的目的又是什么？为什么外压筒体的椭圆度比内压筒体控制得严格？

12-5　有一外压长圆筒设置两个加强圈后仍属长圆筒，问此设计是否合理？

12-6　承受周向外压的圆筒，只要设置加强圈均可提高其临界压力，对否？为什么？且采用的加强圈愈多，壳壁所需厚度就愈薄，故经济上愈合理，对否？为什么？

二、计算题

12-1　已知一圆筒体 $D_i = 1800mm$，计算长度为 3000mm，在 240℃下操作，最大内外压差为 0.2MPa。若采用 Q245R 制造，腐蚀裕量取 2mm，试确定圆筒所需厚度。

12-2　今需制造一台分馏塔，塔的内径 $D_i = 2000mm$，塔身长(指筒长+两端椭圆形封头直边高度) $L' = 6000mm$，封头曲面深度 $h = 500mm$，塔体与封头均采用 Q245R 钢板，塔在 370℃及真空条件下操作，试确定塔体所需厚度。

12-3　有一夹套反应釜，如图12.3所示，封头为标准椭圆形封头，釜体内径 $D_i = 1200mm$，设计压力为 $p = 5MPa$；夹套内径 $D_i = 1300mm$，设计压力为夹套内饱和水蒸气压力 $p = 4MPa$；夹套和釜体材料均为 Q345R，单面腐蚀裕量 $C_2 = 1mm$，焊接接头系数 $\phi = 1.0$，设计温度为蒸汽温度 250℃，现已按内压工况设计确定出釜体圆筒及封头厚度 $\delta_n = 25\text{mm}$，其中 $C_1 = 0.3\text{mm}$，夹套筒体及封头的 $\delta_n = 20\text{mm}$，其中 $C_1 = 0.3\text{mm}$，试校核其稳定性并确定最终厚度。

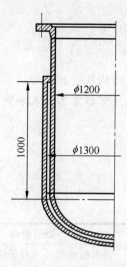

图 12.13　计算题 12-3 图

12-4　一减压塔的内径为 2400mm，筒体长度为 23520mm，其封头为标准椭圆形，直边高度为 40mm，减压塔的真空度为 300mmHg(0.04MPa)；设计温度为 150℃，塔体和封头材料均为 Q245R，塔体厚度取 $\delta_n = 10\text{mm}$，厚度附加量 $C = 2\text{mm}$，试确定塔体上是否需要放置加强圈。

第 13 章 压力容器零部件

通过本章的学习，掌握法兰的结构及密封原理、影响法兰密封的因素及法兰的标准和选用；了解容器支座的结构、标准；掌握容器开孔和开孔补强的结构以及各类型允许开孔的限制；了解容器的焊接结构。

教学要求

能力目标	知识要点	权重	自测分数
掌握法兰的结构及密封原理、影响法兰密封的因素及法兰的标准和选用方法	法兰的结构及密封原理、法兰的类型、法兰密封面的型式及标准法兰的选用方法	35%	
了解容器支座的结构、标准	卧式容器、立式容器支座的结构及标准	20%	
掌握容器开孔补强的结构和开孔的限制	容器开孔补强的结构、允许不另行补强的最大开孔直径、容器上最大开孔的限制	30%	
了解容器的焊接结构	容器焊接结构的基本类型、合理的焊接结构	15%	

引例

压力容器或设备的设计，除计算简体和封头的厚度外，还需要设计法兰、人(手)孔、支座等零部件。

案例：尿素生产过程中的预精馏塔内有 5～6 层塔板，由于介质腐蚀性较强，塔板需要经常维修，曾经有一厂家因需要检查塔板等内件在一个月内将该塔拆装了十余次，因没有设置人孔，每次检修都要把连接封头和简体的法兰打开，拆下塔板等部件，检查后重新安装，这导致检修时间长，工人劳动强度大。因此对于需要经常检查内部构件的容器或设备应该设置人孔或手孔以方便工人操作。

13.1 法 兰

由于生产工艺的要求，或者为制造、运输、安装、检修方便，在简体与简体、简体与封头、管道与管道、管道与阀门之间，常采用可拆连接结构，常见的可拆连接结构有法兰连接、螺纹联接和承插式连接。由于法兰连接具有密封可靠、强度高、适用尺寸范围宽等优点，所以应用最普遍。但法兰连接制造成本较高，装配与拆卸较麻烦。

容器法兰(或称设备法兰)与管法兰均已制定出标准。在一定的公称直径和公称压力范围内，法兰规格尺寸都可以从标准中查到，只有少量超出标准规定范围的法兰，才需进行设计计算。

13.1.1　法兰连接的结构及密封原理

采用法兰连接时，确保连接处密封的可靠性，是保证容器设备与装置正常运行的必要条件。法兰连接结构是一个组合件，由一对法兰，若干螺栓、螺母和一个垫片组成，如图 13.1 所示。在实际应用中，压力容器由于连接件或被连接件的强度破坏所引起法兰密封失效是很少见的，较多的是因为密封不好而泄漏，故法兰连接的设计中主要解决的问题是防止介质泄漏。

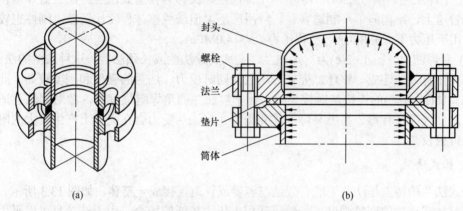

图 13.1　法兰连接结构图

(a) 管道法兰；(b) 容器法兰剖面图

法兰连接的密封原理是：法兰在螺栓预紧力的作用下，把处于密封面之间的垫片压紧。当施加于单位面积上的压力(压紧应力)达到一定的数值时使垫片变形而被压实，密封面上由机械加工形成的微隙被填满，形成初始密封条件。形成初始密封条件时所需的压紧应力叫预紧密封比压，用 y(MPa)表示。当容器或管道在工作状态时，介质内压形成的轴向力使螺栓被拉伸，法兰密封面趋于分离，降低了密封面与垫片之间的压紧应力。垫片具有足够的回弹能力，压缩变形的回复能补偿螺栓和密封面的变形，密封比压值降到至少不小于某一值，使法兰密封面之间能够保持良好的密封状态。为达到密封不漏，垫片上所必须维持的压紧应力称为工作密封比压，用 σ_g(MPa) 表示。若垫片的回弹力不足，垫片上的压紧力下降到工作密封比压以下，则密封处出现泄漏，此密封失效。因此，为了实现法兰连接处的密封，必须使密封组合件各部分的变形与操作条件下的密封条件相适应，即使密封元件在操作压力作用下，仍然保持一定的残余压紧力。为此，螺栓和法兰都必须具有足够大的强度和刚度，使螺栓在容器内压形成的轴向力作用下不发生过大的变形。

13.1.2　法兰类型

根据法兰与设备或管道连接的整体性程度可分为以下几种。

1. 整体法兰

整体法兰有平焊法兰和对焊法兰，如图 13.2 所示。

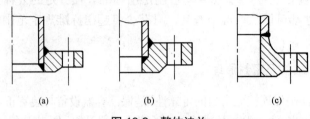

(a)　　　　　　　　(b)　　　　　　　　(c)

图 13.2　整体法兰

(a) 平焊管法兰；(b) 平焊容器法兰；(c) 对焊法兰

(1) 平焊法兰。图 13.2(a)、(b)所示平焊法兰，又称为任意式法兰。法兰盘焊接在设备筒体或管道上，结构简单，制造容易，应用广泛，但法兰整体程度比较差，刚性也较差。所以适用于压力不太高的场合(公称压力 $PN < 4.0$MPa)。

(2) 对焊法兰。图 13.2(c)为对焊法兰，又称高颈法兰或长颈法兰。这种法兰的法兰环、锥颈和壳体有效地连成一整体，壳体与法兰能同时受力，法兰的强度和刚度较高。此外，法兰与筒体(或管壁)的连接是对接焊缝，比平焊法兰的角焊缝强度好，故对焊法兰适用于压力、温度较高及有毒、易燃易爆的重要场合。但法兰受力会在壳体上产生较大的附加应力，造价也较高。

2. 松式法兰

松式法兰的特点是法兰未能有效地与容器或管道连接成一整体，如图 13.3 所示。因此不具有整体式连接的同等强度，一般只适用于压力较低的场合。由于法兰盘可以采用与容器或管道不同的材料制造，因此这种法兰适用于铜制、铝制、陶瓷、石墨及其非金属材料的容器或管道上。另外，这种法兰受力后不会对筒体或管道产生附加的弯曲应力。

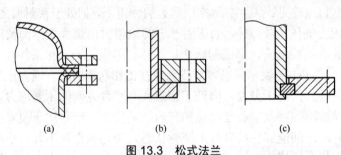

(a)　　　　　　　　(b)　　　　　　　　(c)

图 13.3　松式法兰

(a) 法兰套在翻边上；(b) 法兰套在焊环上；(c) 法兰套在带环上

13.1.3　影响法兰密封的因素

影响法兰密封的因素是多方面的，主要有螺栓预紧力、密封面型式、垫片性能、法兰刚度和操作条件。下面分别进行讨论。

1. 螺栓预紧力

螺栓预紧力是影响密封的一个重要因素。预紧力必须使垫片压紧并实现初始密封条件。同时，预紧力也不能过大，否则将会使垫片被压坏或挤出。

由于预紧力是通过法兰密封面传递给垫片的，要达到良好的密封，必须使预紧力均匀地作用于垫片。因此，当密封所需要的预紧力一定时，采取增加螺栓个数、减小螺栓直径的办法对密封是有利的。

2. 密封面型式

法兰连接的密封性能与密封面型式有直接关系，所以要合理选择密封面的形状。法兰密封面型式的选择，主要考虑压力、温度、介质。压力容器和管道中常用的法兰密封面型式有平面、凹凸面和榫槽面，如图 13.4 所示。

(1) 平面型密封面。平面型密封面是一个光滑的平面，或在光滑平面上有几条同心圆的环形沟槽，如图 13.4(a)、(b)所示。这种密封面结构简单、加工方便，且便于进行防腐衬里。但垫片不易对中压紧，密封性能较差。主要用于介质无毒、压力较低、尺寸较小的场合。

(2) 凹凸型密封面。这种密封面是由一个凸面和一个凹面相配合组成，如图 13.4(c) 所示。在凹面上放置垫片，压紧时能够防止垫片被挤出，密封效果好，故可适用于压力较高的场合。

(3) 榫槽型密封面。这种密封面是由榫面和槽面配对组成，如图 13.4(d) 所示。垫片置于槽中，对中性好，压紧时垫片不会被挤出，密封可靠。垫片宽度较小，因而压紧垫片所需的螺栓力也就相应较小，即使用于压力较高之时，螺栓尺寸也不致过大。榫槽型密封面的缺点是结构与制造比较复杂，更换挤在槽中的垫片比较困难。此外，榫面部分容易损坏，在拆装或运输过程中应加以注意。榫槽型密封面适于易燃、易爆、有毒的介质以及较高压力的场合。当压力不大时，即使直径较大，也能很好地密封。

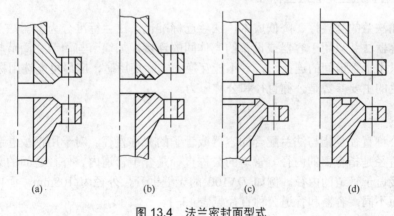

(a)　　　　(b)　　　　(c)　　　　(d)

图 13.4　法兰密封面型式

(a) 平面型；(b) 带环形沟槽的平面型；(c) 凹凸型；(d) 榫槽型

3. 垫片性能

垫片是构成密封的重要元件，适当的垫片变形和回弹能力是形成密封的必要条件。回弹能力大的，适应范围广，密封性能好。回弹能力仅取决于弹性变形，与塑性变形无关。

最常用的垫片可分为非金属、金属、非金属与金属组合垫片。

(1) 非金属垫片。常用材料有橡胶、石棉橡胶、聚四氟乙烯等，断面形状一般为平面或 O 形，柔软，耐腐蚀，但使用压力较低，耐温度和压力的性能较金属垫片差。普通橡胶垫仅用于低压和温度低于 100℃的水、蒸汽等无腐蚀性介质。石棉橡胶主要用于温度低于350℃的水、油、蒸汽等场合。聚四氟乙烯则用于腐蚀性介质的设备上。

(2) 金属垫片。$p \geqslant 6.4MPa$，$t \geqslant 350℃$时，一般都采用金属垫片，材料有软铝、铜、软钢、铬钢和不锈钢等。断面形状有平面型、波纹型、齿型、椭圆型和八角型等。

(3) 金属-非金属组合垫片。组合垫片增加了金属的回弹性，提高了耐蚀、耐热、密封性能，适用于较高压力和温度。

常用的组合垫片有金属包垫片和缠绕垫片。金属包垫片是石棉、石棉橡胶作为芯材，外包镀锌铁皮或不锈钢薄板，常用于中低压($p \leqslant 6.4MPa$)和较高温度($t \leqslant 450℃$)场合。缠绕垫片是由金属薄带和非金属填充物石棉、石墨等相间缠绕而成，常用于温度($t \leqslant 450 \sim 650℃$)和压力($p \leqslant 10MPa$)较高时。

4. 法兰刚度

刚度不足，导致过大的翘曲变形，往往是导致密封失效的原因。刚性大的法兰变形小，并可以使分散分布的螺栓力均匀地传给垫片，故可以提高密封性能。

提高法兰刚度的措施有：增加法兰厚度；减小螺栓力作用的力臂(即缩小螺栓中心圆直径)；增大法兰盘外径。

5. 操作条件

操作条件指压力、温度及介质的物理化学性质。单纯的压力或介质因素对密封的影响并不显著，但当压力、介质和温度联合作用时，会严重影响密封性能，甚至使密封因疲劳而完全失效。

13.1.4　压力容器法兰与管法兰标准

为了增加法兰的互换性、降低成本，法兰已标准化。法兰标准分为容器法兰标准和管法兰标准。容器法兰只用于容器或设备的壳体间的连接，如筒节与筒节、筒节与封头的连接，管法兰只用于管道间的连接，二者不能互换。实际使用时，应尽可能选用标准法兰。

选择法兰的主要参数是公称直径和公称压力。

1. 公称直径

法兰的公称直径是指与法兰配合的容器或管子的公称直径。对于用钢板卷制的圆筒容器，其公称直径是指容器的内径。管道的公称直径是介于管道内、外径之间的某一数值，其中大多数接近于管道的内径。例如 $DN100$ 的无缝钢管，外径为 108mm，而内径随管壁厚度的不同而不同。容器和管道公称直径见表 13-1。

表 13-1　容器和管道公称直径 DN　　　　　　　(单位：mm)

容器	300	(350)	400	(450)	500	(550)	600	(650)	700	800
	900	1000	(1100)	1200	(1300)	1400	(1500)	1600	(1700)	1800
	(1900)	2000	2200	2400	2600	2800	3000			
管道	10	15	20	25	32	40	50	65	80	100
	125	150	200	250	300	350	400	450	500	600
	700	800	900	1000	1200	1400	1600	1800	2000	

2. 公称压力

公称压力是容器或管道的标准化压力等级，即按标准化要求将工作压力划分为若干个压力等级。容器和管道的公称压力见表 13-2。

表 13-2 容器和管道公称压力 PN （单位：MPa）

容器	0.25	0.60	1.00	1.60	2.00	2.50	4.00	6.40	
管道	0.25	0.60	1.00	1.60	2.50	4.00	6.30	10.00	16.00

3. 容器法兰标准

中国压力容器法兰标准为 NB/T 47020～NB/T 47027《压力容器法兰分类与技术条件》。标准中给出了甲型平焊法兰、乙型平焊法兰和长颈对焊法兰 3 种法兰的分类、技术条件、结构形式和尺寸，以及相关垫片、双头螺柱型式等。公称压力范围为 0.25～6.4MPa，公称直径为 300～3000mm。

4. 管法兰标准

中国管法兰标准，主要有国家标准 GB/T 9112～GB/T 9125《钢制管法兰》，机械行业标准 JB/T 74～JB/T 90《管路法兰和垫片》以及化工行业标准 HG/T 20592～HG/T 20635《钢制管法兰、垫片、紧固件》等。考虑到 HG/T 20592～HG/T 20635 管法兰标准系列的适用范围广、材料品种齐全，在选用管法兰时建议优先采用该标准。

5. 标准法兰的选用

法兰应根据容器或管道的公称直径、公称压力、工作温度、工作介质特性以及法兰材料进行选用。容器法兰的公称压力是以 16Mn 或 Q345R 在 200℃时的最高工作压力为依据制定的，因此当法兰材料和工作温度发生变化时，最大工作压力将增大或减小。例如表 13-3 为长颈对焊法兰的最大允许工作压力、工作温度、法兰材料间的关系。因此，选用的法兰压力等级应不低于法兰材料在工作温度下的最大允许工作压力。管法兰也有类似的规定，具体可参阅有关标准。

表 13-3 长颈对焊法兰的最大允许工作压力(摘录) （单位：MPa）

公称压力 PN	法兰材料	工作温度/℃					
		>-20～200	250	300	350	400	450
	20	0.73	0.66	0.59	0.55	0.50	0.45
1.00	16Mn	1.00	0.96	0.96	0.86	0.77	0.49
	20MnMo	1.09	1.07	1.05	1.00	0.94	0.83

13.2 容 器 支 座

容器的支座用来支承容器的重量，承受操作时设备的振动、地震力及风载荷等，并将其固定在需要的位置上。支座的形式很多，按容器的自身结构形式分为卧式容器支座、立式容器支座和球形容器支座。

13.2.1 卧式容器支座

卧式容器支座有 3 种：鞍式支座、圈座和腿式支座。如图 13.5 所示。图 13.5(a)为鞍式支座，鞍座是应用最广泛的一种卧式容器支座，常见的卧式容器和热交换器等多采用这种支座，鞍座的标准为 JB/T 4712.1《容器支座 第 1 部分：鞍式支座》，设计时可根据容器的公称直径和重量选用标准中的规格。某些大型薄壁容器及真空容器，为了增加筒体的刚度而采用如图 13.5(b)所示的圈座。对于质量不大的小型卧式容器($DN \leqslant 1600\text{mm}$、$L \leqslant 5\text{m}$)，则采用结构简单的支腿式支座，如图 13.5(c)所示。

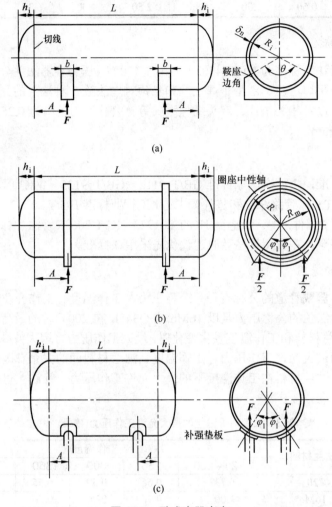

图 13.5　卧式容器支座

(a) 鞍座；(b) 圈座；(c) 支腿

1. 鞍式支座的结构

鞍式支座简称鞍座，由钢板焊制而成，结构如图 13.6 所示。它由腹板、筋板、垫板组成，在与容器连接处，有带加强垫板和不带加强垫板两种结构。

鞍座包围圆筒部分弧长所对应的圆心角 θ 称为鞍座的包角。鞍座包角为 $120°$ 或 $150°$，采用较大包角时，有利于降低鞍座边角处筒壁内的应力，从而提高鞍座的承载能力，但也使鞍座显得笨重。

鞍座分为 A 型(轻型)和 B 型(重型)两类，其中重型又根据鞍座制作方式、包角及附带垫板情况分为 BⅠ～BⅤ 5 种型号。A 型和 B 型的区别在于筋板和底板、垫板等尺寸不同或数量不同。

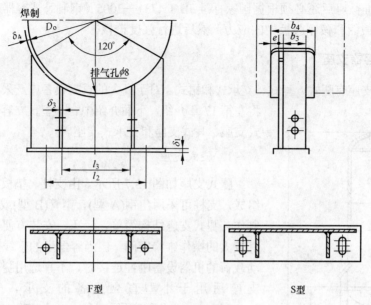

图 13.6　鞍座结构

根据底板上螺栓孔形状的不同，每种形式的鞍座又分为固定式(代号 F)和滑动式(代号 S)两种安装形式，固定式鞍座底板上开圆形螺栓孔，滑动式鞍座开长圆形螺栓孔。在同一台容器上，固定式和滑动式应配对使用。在安装滑动支座时，地脚螺栓采用两个螺母，第一个螺母拧紧后倒转一周，然后用第二个螺母锁紧，这样可保证容器的温度变化时，鞍座能在基础面上自由滑动。

2. 鞍式支座的数量和安装位置

置于鞍式支座上的圆筒体与梁相似，筒体中的弯曲应力与支座的数目和位置有关，当梁的长度和载荷一定时，多支点梁内的应力比双支点梁的应力要小，仅从这一点考虑，支座数目应该是多一些好。但是容器采用两个以上的支承时，由于基础的不均匀沉陷等因素引起的支承面水平高度不等，以及容器的不圆、不直和受力后的相对变形不同，使各支点的支反力不能均匀分配，反而导致壳体局部应力增大。因此，卧式容器一般采用双支座支承。

在双鞍座卧式容器的受力分析时，是将容器视为承受均布载荷、对称布置的双支座的外伸梁。容器两封头切线之间的距离为梁的长度 L，梁的外伸长度 A 是指鞍座至封头切线的距离，如图 13.5 所示。为了使跨中截面和鞍座截面处的弯矩大致相等，设计时通常取 $A=0.2L$。

当鞍座所在平面内无加强圈时，鞍座处的筒体有可能由于壳体的刚性不足，使鞍座上部的筒壁产生局部变形，即"扁塌"现象，因而出现不能承受应力的无效区。为避免这种现象的发生，可使支座靠近封头，利用刚性较大的封头对筒体起局部加强作用。因此，设计时最好取 $A \leqslant 0.5R_m$，其中 R_m 为容器筒体平均半径。

3. 标准鞍座的选取

鞍座设计一般根据容器的公称直径 DN 和鞍座的允许负荷 Q 从标准中选取。值得注意的是，选择标准鞍座后还必须根据国家标准 JB/T 4731—2005《钢制卧式容器》计算容器支座截面、跨中截面和鞍座腹板中的应力，然后进行强度校核。

13.2.2　立式容器支座

立式容器支座有腿式、耳式、支承式和裙式。对于高大的直立设备广泛采用的裙式支座将在第 17 章介绍，下面介绍中、小型直立容器常采用的腿式支座、耳式支座和支承式支座。

1.　腿式支座

腿式支座如图 13.7 所示。由支柱、垫板、盖板和底板组成，支柱可采用角钢(A 型)、钢管(B 型)或 H 型钢(C 型)制作。腿式支座结构简单、轻巧、安装方便，在容器下面有较大的操作维修空间。但当容器上的管线直接与产生脉动载荷的机器设备刚性连接时，不宜选用腿式支座。这种支座适用于小型直立设备的支承，当容器总高 $H_1 \leq 8000\,mm$、公称直径 $DN=400 \sim 1600\,mm$、圆筒切线长度 L 与公称直径 DN 之比 $L/DN \leq 5$ 时，腿式支座的结构形式、系列参数可根据标准 JB/T 4712.2—2007《容器支座　第 2 部分：腿式支座》选取。

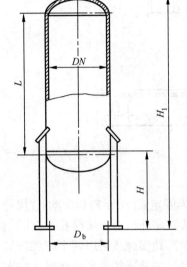

图 13.7　腿式支座

2.　耳式支座

耳式支座简称耳座(图 13.8)，广泛用于中、小型直立设备的支承。它由两块筋板和支脚板焊接而成。一般设备采用 2～4 个支座支承，设备通常是通过支座搁置在钢梁、混凝土基础或其他设备上。

耳式支座的优点是结构简单、制造方便，但对器壁会产生较大的局部应力。因此，当设备较大或器壁较薄时，应在支座与器壁间加一块垫板。对于不锈钢设备，所加垫板必须采用不锈钢，以避免不锈钢壳体与碳钢支座焊接而降低壳体焊接区域的耐蚀性。

耳式支座已经标准化，它们的形式、结构、规格尺寸、材料及安装要求均应符合 JB/T 4712.3—2007《容器支座　第 3 部分：耳式支座》。标准中将耳座分为 A 型(短臂)、B 型(长臂)和 C 型(加长臂) 3 类。当设备外面有保温层或者将设备直接放在楼板上时，宜采用 B 型、C 型耳式支座。设计时可根据容器的公称直径 DN 和支座所需承受载荷的估计值选取标准耳座的规格和个数，然后根据标准校核耳座承受的实际载荷 Q 及耳式支座处圆筒所受的支座弯矩 M_L。

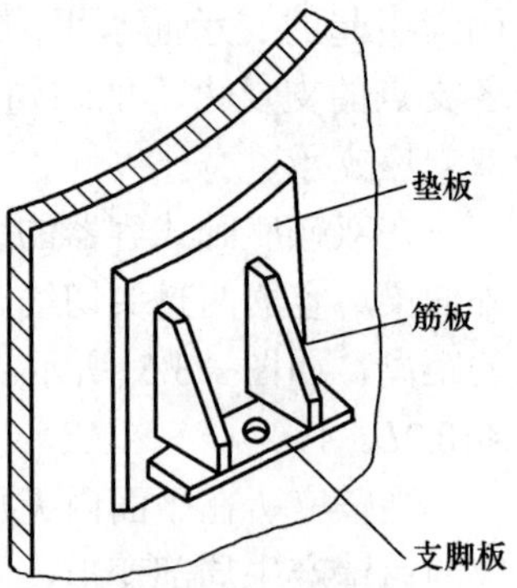

垫板

筋板

支脚板

图 13.8　耳式支座

3.　支承式支座

对于高度不大、安装位置距基础面较近且具有凸形封头的立式容器，可采用支承式支座。它是在容器封头底部焊上数根支柱，直接支承在基础地面上。如图 13.9 所示。

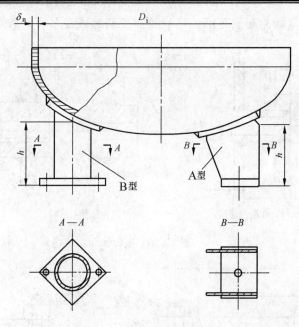

图 13.9　支承式支座

支承式支座的优点是简单轻便，但它和耳式支座一样，对壳壁会产生较大的局部应力，因此当容器壳体直径较大或壳体较薄时，在支座和容器封头之间应设置垫板，以改善封头局部受力情况。垫板的材料应和壳体材料相同或相似。

支承式支座的标准为 JB/T 4712.4—2007《容器支座　第 4 部分：支承式支座》。它将支承式支座分为 A 型和 B 型，A 型支座由钢板焊制而成；B 型支座采用钢管作支柱。

13.3　容器开孔与补强

13.3.1　容器的开孔与接管

由于生产工艺和结构的要求，需要在容器和设备上开孔并安装接管。例如物料进、出口接管，测量和控制点接管，视镜，人孔，手孔等。

1. 接口管

输送物料的工艺接管一般直径较大，常采用设备上焊接短管，利用法兰与外管路连接，如图 13.10(a)所示。接管长度根据设备外壁是否需要设置保温层和便于接管法兰的螺栓装拆等因素来确定，一般不小于 80mm。

为了控制和监测工艺操作过程，需设置测量温度、压力、液位的仪表和安全装置接口。这类接口的接管直径较小，可采用图 13.10(b)所示的内螺纹管或外螺纹管焊接在设备壳壁上，也可采用如图 13.10(a)所示的法兰连接。

2. 视镜

视镜的主要作用是用来观察设备内部的操作情况，也可用作物料液面指示镜。视镜有两种结构，图 13.11(a)是不带颈视镜，图 13.11(b)为带颈视镜。不带颈视镜结构简单、不易结料，有比较宽阔的观察范围。当视镜需要斜装或设备直径较小时，则需采用带颈视镜。

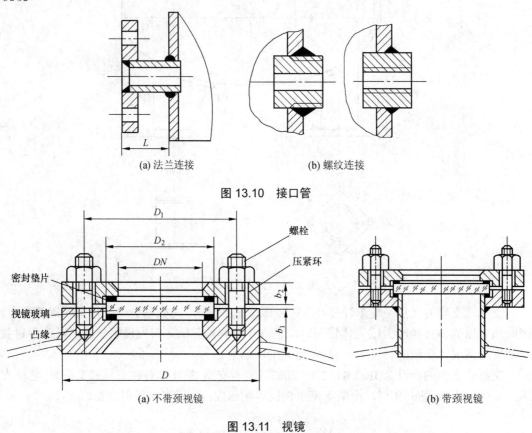

(a) 法兰连接　　　　　　　　(b) 螺纹连接

图 13.10　接口管

图 13.11　视镜

　　为了便于观察设备内物料的情况，视镜应成对使用，一个视镜作照明用，另一个作观察用。

　　3. 人孔和手孔

　　压力容器开设人孔和手孔是为了检查设备的内部情况以及安装或拆卸设备的内部构件。

　　设备直径大于900mm时可开设人孔。人孔的尺寸大小及位置以设备内件安装和工人进出方便为原则。人孔的形状有圆形和椭圆形两种。圆形人孔制造方便，应用广泛。椭圆形人孔制造加工较困难，但对设备的削弱较小，椭圆形人孔的短轴应与容器的筒体轴线平行。圆形人孔的直径一般为400~600mm。椭圆形人孔的最小尺寸为400mm×300mm。

　　人孔结构有多种形式，图 13.12 所示为最简单的常压人孔，主要由人孔接管、法兰、人孔盖和手柄组成。容器在使用过程中，人孔需要经常打开时，可选用快开式结构人孔。

　　当设备直径在 900mm 以下时，一般只考虑开设手孔。标准手孔公称直径有 $DN150$ 和 $DN250$ 两种。手孔的结构一般是在容器上接一短管，并在其上盖一盲板。图 13.13 所示为常压手孔。

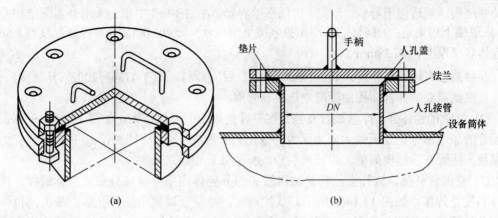

图 13.12 常压人孔

人孔和手孔已有标准，标准号分别为 HG/T 21515～HG/T 21527 和
HG/T 21528～HG/T 21535。设计时可根据设备的公称压力、工作温度
以及所用材料等按标准直接选用。

容器若符合下列条件之一，则可不必开设人孔、手孔：①筒体内
径小于等于 300mm 的压力容器；②容器上设有可拆卸封头、盖板或其
他能够开关的盖子；③无腐蚀或轻微腐蚀，无需做内部检查和清理的
压力容器；④制冷装置用压力容器；⑤换热器。

13.3.2 开孔补强

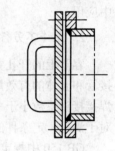

图 13.13 常压手孔

容器壳体上开孔后，除削弱容器壁的强度外，在壳体与接管的连
接处，因结构连续性被破坏，在开孔区域将形成一个局部的高应力集中区。较大的局部应
力会给容器的安全操作带来隐患，因此压力容器设计必须充分考虑开孔的补强问题。

1. 补强结构

压力容器接管补强通常采用局部补强结构，主要有补强圈补强、厚壁接管补强和整锻
件补强 3 种形式，如图 13.14 所示。

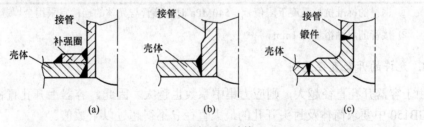

图 13.14 局部补强结构

(a) 补强圈补强；(b) 厚壁接管补强；(c) 整锻件补强

(1) 补强圈补强。补强圈补强是中低压容器应用最多的补强结构，补强圈贴焊在壳体
与接管连接处，如图 13.14(a)所示。它结构简单，制造方便，使用经验丰富。但补强面积分
散，补强效率不高；补强圈与壳体金属之间不能完全贴合，在补强局部区域产生较大的热
应力；另外，补强圈与壳体采用搭接连接，难以与壳体形成整体，抗疲劳性能差。所以这

种补强结构一般适用于静载、常温、中低压的容器。在 GB 150 中指出采用补强圈结构补强时，应遵循下列规定：①钢材的标准抗拉强度下限值 $\sigma_b \leqslant 540\text{MPa}$；②补强圈厚度 $\leqslant 1.5\delta_n$；③壳体名义厚度 $\delta_n \leqslant 38\text{mm}$。

补强圈已有标准，分别为 HG 21506—1992《补强圈》、JB/T 4736—2002《补强圈》。设计时可根据需要的补强面积由标准中选用补强圈。

(2) 厚壁接管补强。厚壁接管补强是在开孔处焊上一段厚壁管，如图 13.14(b)所示。由于接管的加厚部分正处于最大应力区内，故比补强圈的补强面积集中，能有效降低应力集中系数。接管补强结构简单，焊接接头少，补强效果较好。

(3) 整锻件补强。该补强结构是将接管和部分壳体连同补强部分做成整体锻件，再与壳体和接管焊接，如图 13.14(c)所示。其优点是：补强金属集中于开孔应力最大部位，能最有效地降低应力集中系数；可采用对接焊缝，质量容易保证，并使焊缝及其热影响区离开最大应力点，抗疲劳性能好。缺点是制造麻烦、成本较高，所以只在重要压力容器中应用。

2. 允许不另行补强的最大开孔直径

容器上的开孔并不是都需要补强，因为压力容器设计中常常存在各种强度裕量。例如接管和壳体的有效厚度往往比计算厚度大；接管根部填角焊缝的部分金属起到加强作用；焊接接头系数小于 1，但开孔位置不在焊缝上。这些因素相当于对容器进行了加强。所以，对于满足一定条件的开孔接管，可以不予补强。

GB 150 中规定，当壳体开孔满足下述全部要求时，可不另行补强。

(1) 设计压力小于或等于 2.5MPa。

(2) 两相邻开孔中心的间距(对曲面间距以弧长计算)应不小于两孔直径之和的两倍。

(3) 接管公称外径小于或等于 89mm。

(4) 接管最小壁厚满足表 13-4 的要求。

表 13-4　不另行补强的接管最小厚度　　　　　　　　(单位：mm)

接管公称外径	25	32	38	45	48	57	65	76	89
接管最小壁厚		3.5			4.0		5.0		6.0

注：① 钢材的标准抗拉强度下限值 $\sigma_b > 540\text{MPa}$ 时，接管与壳体的连接宜采用全焊透的结构形式。

　　② 接管的腐蚀裕量为 1mm。

3. 允许的开孔直径范围

由于容器开孔直径越大，则应力集中系数也越大。因此，容器上开孔直径受到一定限制。GB150 中要求筒体及封头开孔的最大直径 d 不得超过以下数值。

(1) 圆筒：当其内径 $D_i \leqslant 1500\text{mm}$ 时，开孔最大直径 $d \leqslant 1/2 D_i$，且 $d \leqslant 520\text{mm}$；当其内径 $D_i > 1500\text{mm}$ 时，开孔最大直径 $d \leqslant 1/3 D_i$，且 $d \leqslant 1000\text{mm}$。

(2) 凸形封头或球壳：开孔最大直径 $d < 1/2 D_i$。在椭圆形或碟形封头过渡部分开孔时，其孔的中心线宜垂直于封头表面。

(3) 锥壳(或锥形封头)：开孔最大直径 $d \leqslant 1/3 D_i$，D_i 为开孔中心处的锥壳内直径。

13.4 容器的焊接结构

压力容器各受压部件的组装大多采用焊接方式，焊缝的接头形式和坡口形式的设计直接影响到焊接的质量与容器的安全，因而必须对容器焊接接头的结构进行合理的设计。

13.4.1 焊接接头的形式

焊缝系指焊件经焊接所形成的结合部分，而焊接接头是焊缝、熔合线和热影响区的总称。焊接接头通常可分为：对接接头、角接接头、T 形接头、搭接接头，如图 13.15 所示。

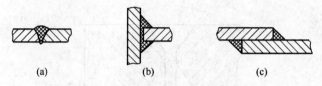

(a)　　　　　　　　(b)　　　　　　　　(c)

图 13.15　焊接接头的形式

(a) 对接接头；(b) 角接接头；(c) 搭接接头

1. 对接接头

对接接头是两个相互连接零件在接头处的中面处于同一平面或同一弧面内进行焊接的接头，如图 13.15(a)所示。其特点是受热均匀，受力对称，连接强度高，便于无损检测，焊接质量容易得到保证。因此是压力容器中最常用的焊接结构形式。

2. 角接接头和 T 形接头

该种接头是两个相互连接零件在接头处的中面相互垂直或相交成某一角度进行焊接的接头。两构件成 T 字形焊接在一起的接头，叫 T 形接头。角接接头和 T 形接头都形成角焊缝，如图 13.15(b)所示。

角接接头和 T 形接头，在接头处构件结构是不连续的，承载后受力状态不如对接接头，应力集中比较严重，且焊接质量也不易得到保证。但是在容器的某些特殊部位，由于结构的限制，不得不采用这种焊接结构，如接管、法兰、夹套、管板和凸缘的焊接多为角接接头或 T 形接头。

3. 搭接接头

其接头结构为两个相互连接零件在接头处有部分重合在一起，中面相互平行，进行焊接的接头为搭接接头，如图 13.15(c)所示。搭接接头的焊缝属于角焊缝，与角接接头一样，在接头处结构明显不连续，承载后接头部位受力情况较差。在压力容器中搭接接头主要用于加强圈与壳体、支座垫板与器壁的焊接。

13.4.2 坡口形式

为了保证全熔透和焊接质量、减少焊接变形，施焊前，一般将焊件连接处预先加工成各种形状，称为焊接坡口。不同的焊接坡口，适用于不同的焊接方法和焊件厚度。

基本的坡口形状有 5 种，即 I 形、V 形、单边 V 形、U 形和 J 形。如图 13.16 所示。基本坡口可以单独使用，也可两种或两种以上组合使用，如双 V 形坡口由两个 V 形坡口和一个 I 形坡口组合而成，如图 13.17 所示。

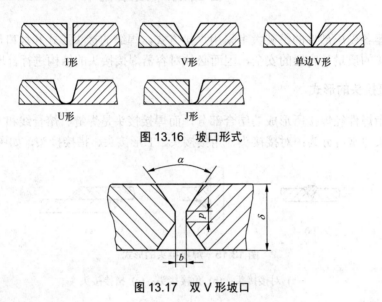

图 13.16　坡口形式

图 13.17　双 V 形坡口

压力容器采用对接接头、角接接头和 T 形接头时，施焊前一般应开设坡口，而搭接接头无需开坡口即可焊接。

13.4.3　压力容器焊接结构设计的基本原则

压力容器焊接结构的设计应遵循以下基本原则。

1. 尽量采用对接接头

前已述及，对接接头易于保证焊接质量，因而除容器壳体所有的纵向及环向焊接接头、凸形封头上的拼接焊接接头，必须采用对接接头外，其他位置的焊接结构也应尽量采用对接接头。

2. 尽量采用全熔透的结构，不允许产生未熔透缺陷

所谓未熔透是指基体金属和焊缝金属局部未完全熔合而留下空隙的现象。未熔透往往导致脆性破坏的起裂点，在交变载荷作用下，它也可能诱发疲劳破坏。为避免发生未熔透，在结构设计时应选择合适的坡口形式，如双面焊；当容器直径较小，且无法从容器内部清根时，应选用单面焊双面成型的对接接头，如用氩弧焊打底，或采用带垫板的坡口等。

3. 尽量减少焊缝处的应力集中

焊接接头常常是脆性破坏和疲劳破坏的起源处，因此，在设计焊接结构时必须尽量减少应力集中。如对接接头应尽可能采用等厚度焊接，对于不等厚钢板的对接，应将较厚板按一定斜度削薄过渡，然后再进行焊接，以避免形状突变，减缓应力集中程度。一般当薄板厚度 δ_2 不大于 10mm，两板厚度差超过 3mm；或当薄板厚度 δ_2 大于 10mm，两板厚度差超过薄板的 30%或超过 5mm 时，均需按图 13.18 的要求削薄厚板边缘。

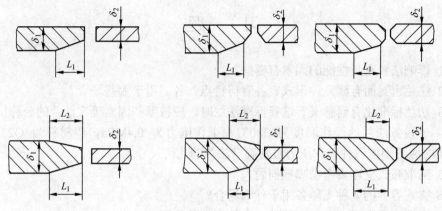

$$L_1,\ L_2 \geqslant 3(\delta_1 - \delta_2)$$

图 13.18　板厚不等时的对接接头

本 章 小 结

　　本章详细阐述了压力容器中较重要的几种零部件：法兰、支座、人孔和手孔等，并对压力容器的焊接结构及设计原则进行了解释。

　　压力容器中常用的可拆连接结构为法兰连接。影响法兰连接密封性能的因素有螺栓预紧力、密封面型式、垫片性能、法兰刚度和操作条件。法兰 3 种密封面的特点不同，适用的场合也不同。管法兰与容器法兰有不同的标准体系，不能混用。

　　根据容器的形式不同，分为卧式容器支座和立式容器支座。卧式容器支座中常用鞍座，而中小型立式容器支座则有腿式支座、耳式支座和支承式支座。

　　由于生产工艺和结构的要求，需要在容器上开孔并安装接管。开孔后削弱了容器器壁的强度，因此，需要采取相应的补强措施。

　　设计压力容器中的焊接接头的结构时应遵循一定的原则。

　　本章的教学目标是使学生掌握压力容器零部件的结构形式和相关标准。

 推荐阅读资料

1. 董大勤. 化工设备机械基础. 北京：化学工业出版社，2002.

2. 潘永亮. 化工设备机械基础. 北京：科学出版社，2007.

3. 郑津洋，等. 过程设备设计. 北京：化学工业出版社，2005.

4. 王志文. 化工容器设计. 北京：化学工业出版社，1998.

5. 汤善普，等. 化工设备机械基础. 上海：华东理工大学出版社，2006.

6. 赵军，等. 化工设备机械基础. 北京：化学工业出版社，2001.

7. 化工设备设计全书编辑委员会. 化工设备设计全书——压力容器. 北京：化学工业出版社，2003.

习　题

13-1　影响法兰密封性能的因素有哪些?

13-2　法兰密封面有哪几种形式? 各有何特点? 各适用于哪些场合?

13-3　法兰标准化有何意义? 选择标准法兰时, 应按哪些因素确定法兰的公称压力?

13-4　一设备法兰的操作温度为 280℃, 工作压力为 0.4MPa, 当材料为 Q235-A 和 15MnVR 时应分别按何种公称压力级别确定法兰的几何尺寸?

13-5　选取鞍式支座要考虑哪些问题?

13-6　立式容器的 4 种支座各用于什么场合?

13-6　容器上开孔以后, 对容器的安全使用有什么影响?

13-7　为什么压力容器的开孔有时可允许不另行补强? 允许不另行补强的开孔应具备什么条件?

13-8　采用补强圈补强时, GB 150 对其使用范围作了何种限制? 其原因是什么?

13-9　容器上开孔的尺寸有哪些限制?

13-10　什么是焊缝、焊接接头?

13-11　设计压力容器的焊接结构时应遵循哪些原则?

第 14 章　管壳式换热设备

教学目标

通过本章的学习，掌握管壳式换热设备的结构设计；了解管壳式换热器的分类及各自的主要结构特点；掌握管壳式换热器的结构设计，重点是换热管的选择、换热管在管板上的排列、换热管与管板的连接、管板与壳体的连接、管箱与管束分程、折流板的结构、膨胀节的作用；了解管壳式换热器强化传热的原理及方法。

教学要求

能力目标	知识要点	权重	自测分数
了解管壳式换热器的分类及结构特点	管壳式换热器的类型、结构特点	15%	
掌握管壳式换热器的结构设计	换热管的选择、换热管在管板上的排列、换热管与管板的连接、管板与壳体的连接、管箱与管束分程、折流板的结构、膨胀节的作用	65%	
了解管壳式换热器强化传热的原理及方法	强化传热的原理、管内强化传热的方法、管外强化传热的方法	20%	

 引例

管壳式换热器中换热管与管板的连接方式有胀接、焊接和胀焊并用，但采用胀接时有诸多限制条件。

案例：设计一固定管板式换热器，其壳程介质压力为 2.5MPa，工作温度为 400℃，用户认为有发生缝隙腐蚀的可能，故要求采用换热管与管板胀接的结构，而设计工程师虽然认为该设计条件下不宜采用胀接结构，但在用户的强烈要求下，还是按照胀接结构进行了设计。结果该台换热器投入运行时间不长，即发生了换热管和管板拉脱的事故。实际上，本设计条件下换热管和管板若采用胀焊并用的方法，则既能防止缝隙腐蚀，又能保证连接部位的强度。

14.1　概　　述

换热设备是进行各种热量交换的设备。它是化工、炼油、动力、原子能、食品、轻工、制药、机械及其他许多工业部门广泛使用的一种工艺设备。在某些化工厂建设中，换热设备约占全部工艺设备投资的 40%左右，而在炼油厂的建设中换热设备所占投资比例更高。此外，换热设备也是回收余热、废热特别是低位热能的有效装置。

根据换热目的不同，换热设备可分为加热器、冷却器、冷凝器及再沸器。按照传热方式的不同，换热设备可分为以下 3 类。

(1) 混合式换热器。这类换热器利用冷热流体直接接触与混合作用进行热量交换。

(2) 蓄热式换热器。在这类换热器中，热量传递通过格子砖或填料等蓄热体来完成。

(3) 间壁式换热器。这类换热器中的冷热流体被固体壁面隔开，通过壁面进行传热。管壳式换热器是典型的间壁式换热器。

管壳式换热器又称为列管式换热器。这种换热器具有处理能力大、适应性强、可靠性高、设计和制造工艺成熟、生产成本低、清洗较为方便等优点，是目前生产中广泛使用的一种换热设备。近年来，尽管受到了其他新型换热器的挑战，但在工业应用中特别是高温、高压和大型换热器中仍占据主导地位。管壳式换热器的设计或选用，除应满足规定的工艺条件外，还需满足下述各项基本要求：

(1) 换热效率高。

(2) 流体流动阻力小，即压力降小。

(3) 结构可靠，制造成本低。

(4) 便于安装、检修。

14.2　管壳式换热器的形式

管壳式换热器种类很多，根据换热器所受温差应力以及是否采用温差补偿装置，分为刚性结构和具有温差补偿的两类。常用的管壳式换热器有固定管板式、浮头式、填料函式和 U 形管式等。

14.2.1　固定管板式换热器

固定管板式换热器的结构采用两端管板与壳体固定连接形式，两端管板由管束相互支撑，如图 14.1 所示。

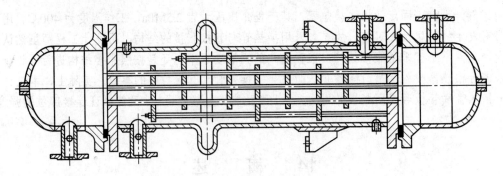

图 14.1　固定管板式换热器

这种换热器具有结构简单、紧凑，能承受较高的压力，造价低，管程清洗方便，管子损坏时易于更换等优点。缺点是当管束与壳体的壁温或材料的线膨胀系数相差较大时，壳体和管束中将产生较大的热应力。因此，这种换热器适用于管束和壳体温差较小，壳程介质清洁，不易结垢的场合。当管束与壳体温差较大时，可在壳体上设置膨胀节来吸收热膨胀差，减小热应力。

14.2.2　浮头式换热器

浮头式换热器的典型结构如图 14.2 所示。浮头式换热器中只有一块管板与壳体刚性固定在一起，另一端的管板可相对壳体自由移动，称为浮头。管束与壳体的热变形互不约束，因而不会产生热应力。

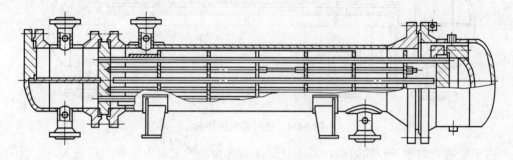

图 14.2　浮头式换热器

这种换热器消除了温差应力的影响，可用于温差较大的两种介质的换热。管程和壳程均能承受较高的介质压力。管束可从壳程一端抽出，壳程与管程的清洗均很方便。但由于该换热器管束与壳体之间存在着较大的环隙，影响传热效果，设备的紧凑性较差，金属消耗量较大，造价也较高。

14.2.3　填料函式换热器

填料函式换热器结构如图 14.3 所示。由于采用填料函式密封结构，使得管束在壳体轴向可以自由伸缩，不会产生热应力。其结构较浮头式换热器简单，加工制造方便，节省材料，造价比较低廉，清洗、检修比浮头式换热器容易。

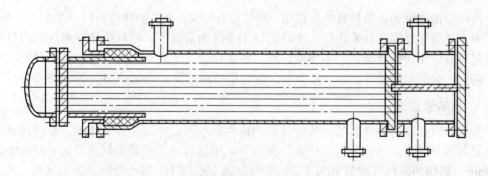

图 14.3　填料函式换热器

但因填料处易产生泄漏，故壳程不能承受过高的压力和温度，且不适用于易挥发、易燃、易爆、有毒及贵重介质。填料函式换热器现在已较少采用。

14.2.4　U 形管式换热器

U 形管式换热器结构如图 14.4 所示。这种换热器的结构特点是，只有一块管板，管束由多根 U 形管组成，管的两端固定在同一块管板上，管子可以自由伸缩。当壳体与 U 形换热管有温差时，不会产生热应力。

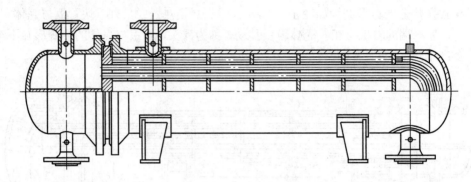

图 14.4　U 形管式换热器

由于受弯管曲率半径的限制，其换热管排布较少，管束最内层管间距较大，管板的利用率较低，壳程流体在流动过程中易形成短路而降低传热效果。当管子泄漏损坏时，只有管束外围处的 U 形管才便于更换，内层换热管坏了不能更换，只能堵死，而坏一根 U 形管相当于坏两根管，报废率较高。

U 形管式换热器结构比较简单、价格便宜、承压能力强，适用于管、壳壁温差较大的场合。特别适用于管内走清洁而不易结垢的高温、高压、腐蚀性大的物料。

14.3　管壳式换热器的结构设计

14.3.1　换热管的选用

1. 换热管材料

换热管构成管壳式换热器的传热面，对传热有很大影响。换热管材料应根据工作压力、温度和介质腐蚀性等条件来选择，在满足以上条件的前提下，尽量选择导热性好的材料。常用材料有碳钢、低合金钢、不锈钢、铜、铜镍合金等。此外还有一些非金属材料，如石墨、陶瓷、聚四氟乙烯等。对一般介质，碳钢用得最广泛，特别是 10、20 无缝钢管。

2. 换热管直径

换热管直径小时，换热器中单位体积的传热面积可大些，设备较紧凑，单位传热面积的金属材料耗量少，传热系数也稍高，据估算，将同直径换热器的换热管由 $\phi 25mm$ 改为 $\phi 19mm$，其传热面积可增加 40%左右，节约金属 20%以上。但小管径易结垢堵塞，不便清洗。一般大直径换热管用于粘性大或污浊的流体，小直径的用于较清洁的流体。

常用碳钢和低合金钢无缝管的规格有 $\phi 19mm \times 2mm$、$\phi 25mm \times 2.5mm$、$\phi 38mm \times 2.5mm$、$\phi 57 \times 2.5$、$\phi 57mm \times 3.5mm$ 等，对于不锈钢管常采用 $\phi 25mm \times 2mm$ 或 $\phi 38mm \times 2.5mm$。近年来，有些生产厂家在压力较低的场合采用 $\phi 25mm \times 1mm$ 的不锈钢

焊管使换热器成本降低很多。

3. 换热管长度

换热管长度主要根据工艺计算和整个换热器几何尺寸的布局来确定，管子越长，换热器单位材料消耗越低。但管子太长对流体产生较大阻力，维修、清洗、运输、安装都不方便，管子本身受力较差。常用的管长规格 1.0m、1.5m、2.0m、3.0m、4.5m、6.0m 等。一般卧式换热器长径比为 6~10，立式换热器长径比为 4~6。

14.3.2　换热管在管板上的排列

换热管在管板上的排列主要有正三角形、转角正三角形、正方形和转角正方形 4 种形式，如图 14.5 所示。除此之外，还有等腰三角形和同心圆排列方式。

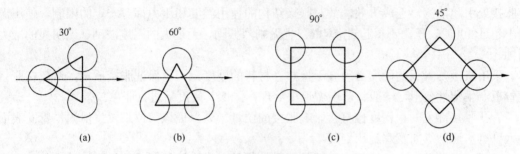

图 14.5　换热管排列形式

(a) 正三角形；(b) 转角正三角形；(c) 正方形；(d) 转角正方形

注：图中箭头为管外流体流向

当壳程为清洁、不易结垢的流体时，宜选用正三角形排列，因为同样的管板面积上，正三角形排管最多。

壳程流体黏度较大或易结垢需定期清洁壳程时，一般采用正方形排列。正方形排列在相同管板面积上排列的管子数比正三角形排列少 10%~14%。

多程换热器常采用正三角形和正方形组合排列方法，以便安排隔板位置。

确定换热管中心距既要考虑结构紧凑性及传热效率，又要考虑管板强度和清洗空间及管子在管板上固定的影响，换热管中心距宜不小于换热管外径的 1.25 倍，常用的换热管中心距见表 14-1。

表 14-1　常用的换热管中心距　　　　　　　　　　（单位：mm）

换热管外径 d_o	12	14	19	25	32	38	45	57
换热管中心距	16	19	25	32	40	48	57	72

当管间需要机械清洗采用正方形排列时，换热管中心距不宜小于 d_o+6mm。多程换热器隔板两侧的换热管中心距可大一些，以满足隔板的密封和换热管固定的要求。管束最外层的换热管外壁与壳体内壁间的距离不得小于 10mm。

14.3.3　换热管与管板的连接

换热管与管板的连接是管壳式换热器的设计、制造最关键的技术之一。从结构上讲，它与换热器的工作状态有关。从加工制造上讲，它不但技术要求高，而且加工量很大。从设备运行上讲，换热管与管板的连接处也是最容易发生泄漏的部位，所以换热管与管板连接质量的好坏，直接影响换热器的使用寿命。

换热管与管板的连接方法主要有胀接、焊接和胀焊并用。

1. 胀接

胀接的原理是利用机械 (胀管器)、液压或者爆炸的方法，使管板孔中换热管的直径扩大，并使其沿径向产生塑性变形，而管板只产生弹性变形。当胀管的外力消失后，管板沿管孔径向产生弹性收缩，使管板与换热管间产生一定的挤压力而贴合在一起，从而达到紧固与密封的目的，如图 14.6 所示。

随着温度的升高，换热管或管板材料会产生高温蠕变，接头处应力松弛或逐渐消失而使胀接处引起泄漏，造成失效，故对胀接结构的使用温度和压力都有一定的限制。使用温度不超过 300℃，压力不得超过 4MPa，且无剧烈振动、无过大的温度波动、无明显的应力腐蚀。

采用胀接，管板的硬度必须高于换热管材料的硬度。为了保证胀接质量，避免在胀接时管板产生塑性变形，一般将管端做退火处理，降低其硬度后进行胀接。

管孔胀接部位的粗糙度也直接影响胀接的质量。为保证该部位不发生泄漏，管孔表面不允许有贯通的纵向及螺旋状划痕。

管板孔有孔壁上不开槽的光滑孔及开槽的两种。当胀接处所受的拉脱力较小时，可采用光滑孔。孔壁上开槽可提高连接部位的紧固强度与密封效果。因为当胀接后，管子局部产生塑性变形，管壁被嵌入小槽中，从而提高了抗拉脱能力，如图 14.7 所示。

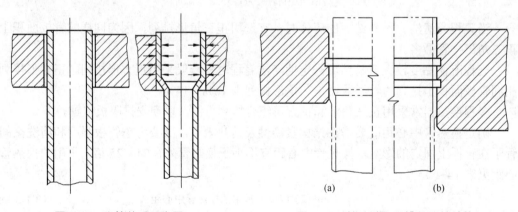

图 14.6　胀管前后示意图　　　　　图 14.7　管孔壁上开槽的胀接结构

2. 焊接

焊接的结构形式如图 14.8 所示。图中 l_1 为换热管伸出长度，l_2 为坡口深度，其值与换热管规格有关。焊接结构由于管孔不需要开槽，且对管孔的粗糙度要求不高，管子端部不需要退火和磨光，因此制造加工简单。焊接结构强度高，抗拉脱力强，在高温高压下也能保证连接处的密封性能和抗拉脱能力。焊接处如有渗漏可以补焊或利用专用工具拆卸后予以更换。

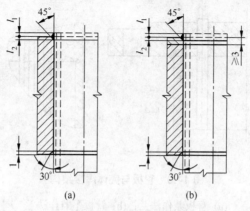

图 14.8　焊接结构

(a) 用于整体管板；(b) 用于复合管板

焊接的缺点是管板与换热管中存在残余热应力与应力集中，在运行时可能引起应力腐蚀与疲劳。此外，换热管与管板孔之间的间隙中存在的不流动的液体与间隙外的液体有着浓度上的差别，容易产生缝隙腐蚀。

除有较大振动及有缝隙腐蚀的情况，只要材料可焊性好，焊接可用于任何场合。

3. 胀焊并用

胀接与焊接方法都有各自的优点与缺点，在有些情况下，例如高温、高压换热器换热管与管板的连接处，在操作中受到反复热变形、热冲击、腐蚀及介质压力的作用，工作环境极其苛刻，很容易发生破坏。无论单独采用焊接或胀接都难以保证质量。采用胀焊并用的方法，不仅能改善连接处的抗疲劳性能，而且还可消除应力腐蚀和缝隙腐蚀，提高使用寿命。因此目前胀焊并用方法已得到比较广泛的应用。

胀焊并用主要用于密封性能要求较高，承受振动和疲劳载荷，有缝隙腐蚀，需采用复合管板等场合。

14.3.4　管板与壳体的连接

管壳式换热器管板与壳体的连接结构与其形式有关，分为可拆式和不可拆式两大类。固定管板式换热器的管板和壳体间采用不可拆的焊接连接，而浮头式、填料函式和 U 形管式换热器的管板与壳体间需采用可拆连接。

1. 固定管板式换热器管板与壳体的焊接连接

其结构形式分为管板兼作法兰和不兼作法兰两种，如图 14.9(a)、(b)所示。

由于固定管板式换热器管板厚度大，而壳体较薄，且管板与壳体材料又往往不相同，为了保证焊接质量和必要的连接强度，应根据操作压力、温度和介质对材料的腐蚀情况确定不同的焊接形式。对于不兼作法兰的管板，不受法兰附加力矩的影响，其受力情况优于兼作法兰的管板。

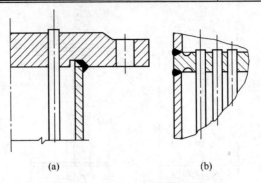

图 14.9 管板与壳体焊接结构

(a) 管板兼作法兰；(b) 管板不兼作法兰

2. 浮头式、填料函式和 U 形管式换热器管板与壳体的可拆连接

可拆式结构也有管板兼作法兰及不作法兰两种形式。管板不作法兰时，管板夹在壳体法兰与管箱法兰之间，管板上不开螺孔，它只是起到一个带有两面密封槽的"垫片"作用，如图 14.10(a)所示。管板兼作法兰时，壳体与管板并不焊接在一起，而是通过螺栓连接固定及密封。这时的管板两面均设密封面，其中一面与壳体上的法兰形成密封；另一面与换热器管箱上的法兰形成密封，如图 14.10(b)所示。

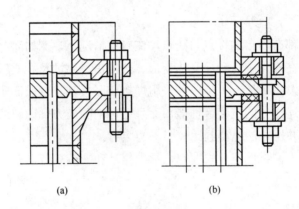

图 14.10 管板与壳体可拆结构

可拆式结构对换热器的检查、维修、清洗都较方便，故浮头式、填料函式、U 形管式换热器常用此结构，以利于管束从壳体内抽出清洗管间。

14.3.5 管箱与管束分程

1. 管箱

管箱位于管壳式换热器的两端，管箱的作用是把从管道输送来的流体均匀地分布到各换热管和把管内流体汇集在一起送出换热器。在多管程换热器中，管箱还起改变流体流向的作用。图 14.11 所示为管箱的几种结构形式。

管箱的结构形式主要以换热器是否需要清洗或管束是否需要分程等因素来决定。图 14.11(a)的管箱结构适用于单程换热器，而图 14.11(b)～图 14.11(d) 3 种管箱结构适用于多程换热器。其中图 14.11(b)所示结构适用于较清洁的介质情况。因为在检查及清洗换热管时，必须将管程流体进出口连接管道一起拆下，很不方便。图 14.11(c)为在管箱上装箱盖，将盖拆除后(不需拆除连接管)，就可检查及清洗换热管，但其缺点是用材较多。图 14.11(d)为一种多程隔板的管箱结构形式。

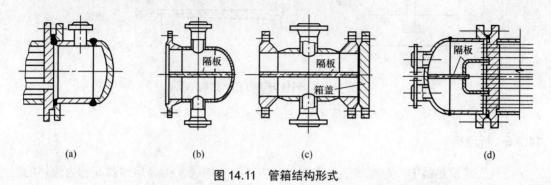

(a)　　　　　　　(b)　　　　　　　(c)　　　　　　　(d)

图 14.11　管箱结构形式

2. 管束分程

在管内流动的流体从管子的一端流到另一端，称为一个管程。在管壳式换热器中，最简单最常用的是单管程换热器。当需要的换热器面积较大时，可采用增加管长或管数的办法，但前者受到加工、运输、安装以及维修等方面的限制，故经常采用后一种方法。增加管数可以增加换热面积，但介质在管束中的流速随着换热管数的增多而下降，结果反而使流体的传热系数降低，故不能仅采用增加换热管数的方法来达到提高传热系数的目的。为解决这个问题，使流体在管束中保持较大流速、可将管束分成若干程数，使流体依次流过各程换热管，以增加流体速度、提高传热系数。但也并非管程越多就越好，因为这样会使分程结构复杂，加工制造困难和流体阻力增大。表 14-2 列出了 1～6 程的几种管束分程布置形式。

管束分程应考虑以下各点。

(1) 尽量使各程的换热管数量相等，以使流体阻力分布均匀。

(2) 分程隔板槽的结构要简单，密封长度尽量短，以利于制造和密封。

(3) 相邻管程温差不宜超过 20℃。

表 14-2　管束分程布置形式

管程数	1	2	4		6	
流动顺序	○	○	○	○	○	○
介质进口侧管箱隔板	○	○	○	○	○	○
介质返回侧隔板	○	○	○	○	○	○

管箱内的分程隔板有单层和双层两种，结构如图 14.12 所示。当换热器直径较大时，为了增加分程隔板的刚度可采用双层结构。另外，该结构还能够防止热流短路现象，即避免已经被加热或冷却的流体又让另一侧的流体冷却或加热，减少热损失。

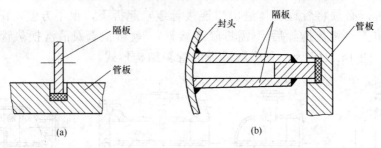

图 14.12　隔板与管板密封结构

(a) 单层隔板与管板密封；(b) 双层隔板与管板密封

14.3.6　折流板

在管壳式换热器中，对流传热是主要传热方式之一。为了提高换热器壳程内流体的流速，加强流体的湍流程度，在壳体内安装折流板，以增加壳程流体对流传热系数，改善传热效果，同时减少结垢。在卧式换热器中折流板还起支承管束的作用。

常用的折流板形式有弓形、圆盘-圆环形两种。弓形折流板结构简单、安装方便，如图 14.13 所示。圆盘-圆环形由于结构较复杂，且清洗困难，适用于介质压力较高和不易结垢的场合。

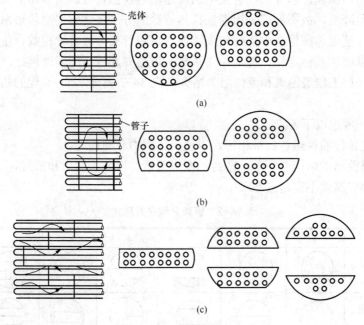

图 14.13　弓形折流板

(a) 单弓形；(b) 双弓形；(c) 三重弓形

折流板一般应按等间距布置，管束两端的折流板应尽量靠近壳程进、出口接管。折流板的最小间距应不小于壳体内直径的 1/5，且不小于 50mm；最大间距应不大于壳体内直径。折流板上管孔与换热管之间的间隙以及折流板与壳体内壁之间的间隙应符合要求，间隙过大，泄漏严重，对传热不利，还易引起振动；间隙过小，则安装困难。

从传热角度考虑，有些换热器(如冷凝器)不需要设置折流板。但是为了增加换热管的刚度，防止产生过大的挠度或引起管子振动，当换热管无支撑跨距超过了标准中的规定值时，必须设置一定数量的支持板，其形状与尺寸均按折流板规定来处理。

折流板与支持板的安装定位一般采用拉杆-定距管结构，如图 14.14 所示。拉杆是一根两端皆有螺纹的长杆，一端拧入管板，折流板穿在拉杆上，各折流板之间则以套在拉杆上的定距管来保持板间距离。最后一块折流板用拧在拉杆上的螺母予以紧固。

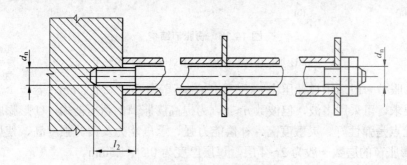

图 14.14　拉杆-定距管结构

14.3.7　导流筒与防冲挡板

壳程接管的结构设计直接影响换热器的传热效率与使用寿命，当介质为蒸气或高速流体进入壳程时，入口处的换热管将受到很大冲击，甚至发生振动。为了保护管束，通常在入口处设置导流筒或防冲挡板，如图 14.15 所示。导流筒除防止管束的冲刷、振动作用外，还可使流体从靠近管板处进入管间，充分利用传热面积。

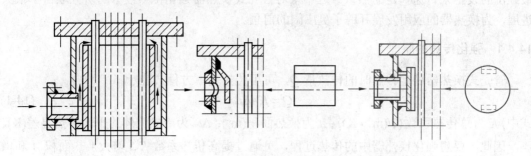

图 14.15　导流筒与防冲挡板

14.3.8　膨胀节

膨胀节是安装在固定管板式换热器壳体上的挠性构件，由于其轴向刚度小，当管束与壳体由于壁温不同而产生不同的膨胀量进而产生热应力时，利用膨胀节的弹性变形可补偿壳体与管束膨胀的不一致性，部分地减小管、壳的热应力。膨胀节壁厚越薄，弹性越好，补偿能力越大，但膨胀节的厚度要满足强度要求。

膨胀节的形式有 U 形膨胀节平板膨胀节和Ω形膨胀节等，结构如图 14.16 所示。在实际工程应用中，因 U 形膨胀节结构简单，补偿性能好，价格便宜，应用最为广泛，已有标准件可供选用，参见 GB 16749—1997《压力容器波形膨胀节》。平板膨胀节结构简单，但热补偿能力较弱，只适用于常压和低压场合。Ω形膨胀节多用于压力较高的场合。

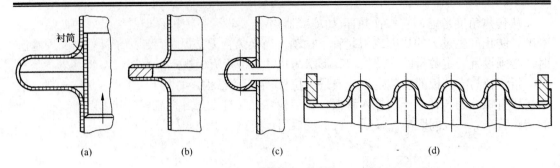

图 14.16　膨胀节结构

(a) U 形；(b) 平板形；(c) Ω形；(d) 多波形

　　U 形膨胀节一般适用设计压力 $p \leqslant 2.5\text{MPa}$，其壁厚不宜大于 6mm，若一个波形不能满足补偿量要求，可采用多波，但波数 $n \leqslant 6$。为提高膨胀节的耐压能力，U 形膨胀节可做成多层，其优点是弹性好、灵敏度高、补偿能力强、承压能力及疲劳强度高、使用寿命长，多层 U 形膨胀节的层数一般为 2～4 层，每层厚度为 0.5～1.5mm。

　　为减少因增加膨胀节所造成的流体阻力，防止杂质沉积于膨胀节内部而失去补偿作用，可在沿流体流动方向上焊一个起导流作用的衬筒，另一端可自由伸缩，如图 14.16(a)所示。

14.4　管壳式换热器的强化传热

　　强化传热是一种改善传热性能的技术，可以通过改善和提高热传递的速率，以达到用最经济的设备来传递一定的热量。近年来对管壳式换热器强化传热技术的研究取得了很大进展，为换热器的应用发展开辟了更广阔的前景。

14.4.1　强化传热的原理

　　管壳式换热器稳定传热时的传热量 Q，可用传热基本方程式表示

$$Q = KA\Delta t_{\text{m}} \tag{14-1}$$

式中，K 为总传热系数($7/(\text{m}^2 \cdot \text{K})$)；$A$ 为换热面积(m^2)；Δt_{m} 为冷热流体的平均传热温差(K)。

　　因此，要想强化换热器中的传热过程，可通过提高传热系数 K、增大换热面积 A 和增加平均传热温差 Δt_{m} 来实现。

　　1. 增加平均传热温差强化传热

　　增大平均传热温差的方法有两种：一是在冷流体和热流体的进、出口温度一定时，利用不同的换热面布置来改变平均传热温差。如尽可能使冷、热流体相互逆流流动，或采用换热网络技术，合理布置多股流体流动与换热；二是扩大冷、热流体进出口温度的差别以增大平均传热温差。但是由于受到受热材料物理性质和实际工艺条件的限制，平均传热温差不可能太大，只能在有限范围内增加。

　　2. 增大换热面积强化传热

　　通过增大换热面积是实现传热强化的一种有效方法。通过增大单位体积内的传热面积，从而使得换热器高效而紧凑。在管壳式换热器中，采用小直径换热管和扩展表面换热面均

可增大传热面积。管径越小，耐压越高，在相同的金属质量下，总表面积越大；采用合适的换热管中心距或排列方式来合理布置换热面，即可加大单位空间所能布置的换热面积，还可以改善流动特性；采用合适的导流结构，最大限度地消除传热死区，可高效利用换热面；采用扩展表面换热面，如在换热表面上加肋，不仅增大了换热面积，同时也能提高传热系数，但同时也会带来流动阻力增大等问题。

3. 提高传热系数强化传热

增大换热面积和平均传热温差往往受到各方面条件的限制不可能有太大的变化，并且当换热面积和平均传热温差给定时，提高传热系数就成了唯一的强化传热途径。所以提高换热器的传热系数以强化传热已成为研究的重点。

若忽略换热管内外表面积的差异，则传热系数计算公式为

$$\frac{1}{K} = \frac{1}{\alpha_i} + R_i + \frac{\delta}{\lambda} + R_o + \frac{1}{\alpha_o} \tag{14-2}$$

式中，K 为总传热系数($W/(m^2 \cdot K)$)；α_i、α_o 为管壁两侧流体的换热系数($W/(m^2 \cdot K)$)；R_i、R_o 为管壁两侧流体的污垢热阻(($m^2 \cdot K)/W$)；δ 为管壁的厚度(m)；λ 为管材的热导率($W/(m^2 \cdot K)$)。

由式(14-2)可以看出，若忽略不计管壁和污垢层热阻，提高换热系数 α_i、α_o 的值就可以提高 K 值。特别是当 α_i、α_o 的值相差较大时，K 值由较小的换热系数决定，在这种情况下，要增大 K 值，就应强化传热效果差一侧的传热，才能取得显著效果。

在管壳式换热器中，使用最多的强化传热方法是管内放置强化传热元件、采用异型管及改变壳程管束支承结构，下面分别介绍。

14.4.2　管内放置强化传热元件

管内放置强化传热元件技术是最方便的一种强化传热技术，它的最大优点是，适合旧换热器的改造设计，且加工制造方便，大大节省投资。更值得一提的是：管内强化传热元件有助于清除管内污垢，这是其他强化换热技术所无法比拟的，但同时也使压降增大。常用的管内强化传热元件有扭带、螺旋线圈、绕花丝等。

1. 扭带

扭带是一种结构最简单的管内旋流装置，其结构如图 14.17 所示。螺旋形扭带是由宽度约等于管子内径、厚度约为 1mm 的薄片扭曲而成的。管内插入扭带后，可使流体产生旋转流动和二次流，在离心力作用下使管中心流体和管壁面边界层流体充分混合，减薄层流底层，达到强化传热的效果。

由于扭带可以方便地放入管中或从管中取出，而且可以预先加工好，在对现有管壳式换热器进行改造方面有其独特的优势。

2. 螺旋线圈

螺旋线圈是把金属丝以一定的螺距绕在一根心轴上加工而成的。主要结构参数有螺旋丝径 d 和螺距 P，结构如图 14.18 所示。螺旋线圈制造简单，成本低廉，金属耗量远比扭带低，特别适于低雷诺数流动状态或高黏度单相流体的强化传热。

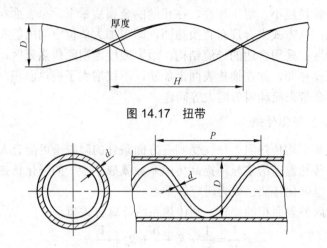

图 14.17　扭带

图 14.18　螺旋线圈结构示意

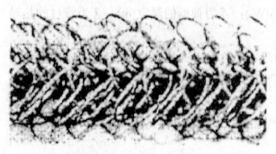

图 14.19　绕花丝

3. 绕花丝

绕花丝内插物是由几组相同的线圈环绕同一中心轴线扭转而成，形成一种特殊的多孔体，如图 14.19 所示。当流体在多孔体内流动时，多孔体的弥散效应可使流体在低流速下转变为湍流，且流体内的温度分布均匀，从而增大壁面附近温度梯度，使传热强化。

14.4.3　异型管强化传热

1. 槽管

槽管是一种壁面扰流装置。在圆管的内外壁形成凸出肋和凹槽的扰流结构，如图 14.20 所示。流体流过这些扰流装置时，产生流动脱离区，而形成强度不同、大小不等的漩涡。这样管子外壁的凹槽和内壁的凸起物可以同时对管子内外两侧的流体起到增强传热的作用，特别适用于换热器中用于强化管内单相流体的传热，以及增强管外流体蒸汽冷凝和液体膜态沸腾传热的作用。

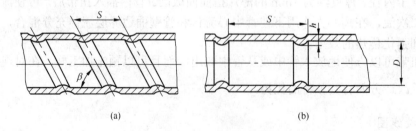

(a)　　　　　　　　　　　　　　　(b)

图 14.20　槽管结构

(a) 螺旋槽管；(b) 横纹槽管

(1) 螺旋槽管：分为单程和多程螺旋等类型。成形后，螺旋槽管管外有带一定螺旋角的沟槽，管内呈相应的凸肋。螺旋槽不宜太深，槽越深，流阻越大，螺旋角 β 越大，槽管的传热膜系数越大。

(2) 横纹槽管：采用变截面连续滚轧成型。管外呈与管轴成 90° 相交的横向沟槽，管内为横向凸肋。流体流经管内凸肋后不产生螺旋流而是沿整个截面产生轴向涡流群使传热得到强化。横纹槽管对于管内流体的膜态沸腾传热具有很大的强化作用，可使沸腾传热系数增加 3～8 倍。

2. 波纹管

波纹管是在普通换热管(光管)的基础上经特殊工艺加工而成的，管内外都有凹凸波形，既能强化管内又能强化管外的双面强化管，如图 14.21 所示。与光管相比，波纹管在结构上有两大特点：一是变化的波形；二是薄的管壁，不锈钢波纹管的壁厚一般为 0.6～1mm。由于其截面的周期性变化，使换热管内外流体总是处于规律性的扰动状态，使整个管壁面都受到流体冲刷，不易形成污垢层，从而使传热系数得到提高，K 值较光管提高 2～3 倍。

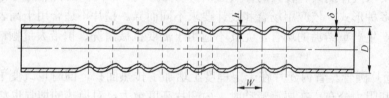

图 14.21　波纹管

由这种换热管制造的波纹管换热器，传热效率高、不易结垢、热补偿能力好、体积小、节省材料，同时具有传统的管壳式换热器结构简单、适用性强等优点，近年来在化工、医药、食品、热电等行业获得了广泛的应用。图 14.22 和 14.23 分别为波纹管、波纹管换热器的实物照片。

图 14.22　波纹管的实物照片

图 14.23　波纹管换热器的实物照片

3. 缩放管

缩放管是由依次交替的收缩段和扩张段组成的波形管道，如图 14.24 所示。由流体力学理论可知，当流体流过扩张段时流体速度降低，静压增加，而在收缩段中流体流速增加，

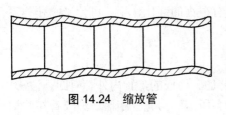

静压减小。由于流体速度的变化产生剧烈的漩涡，不断冲刷流体的边界层，从而使集中了大部分热阻于其中的传热边界层变薄。在同等压力降下，缩放管的传热能力比光滑管增加 70%以上。与横纹槽管相比，缩放管曲面的过渡比较平滑，不易产生结垢，尤其适用于含有尘埃流体的强化传热。

图 14.24　缩放管

4. 翅片管

翅片管传热表面很适合用于气-液之间的传热。因为气体的对流换热系数一般远远低于液体，这就要求气体侧具有较大的传热面积，以保持气、液两侧的传热能力相平衡。

翅片有多种形式，依应用场合和设计要求不同而异。翅片不适合用于高表面张力的液体冷凝和会产生严重结垢的场合，尤其不适用于需要机械清洗、携带大量颗粒流体的流动场合。

(1) 内翅片圆管。管内翅片在一定程度上增加了传热面积，同时也改变了流体在管内的流动形式和阻力分布。在层流流动时，内翅片高度愈大，对换热的增强也愈大。

(2) 外翅片圆管。当管外流体传热膜系数比管内流体传热膜系数小时，需要在管外扩展传热表面，增加传热膜系数。外翅片圆管有纵向直翅片管和横向翅片管等，横向翅片管有圆翅片管、螺旋翅片管、扇形翅片管、波状螺旋翅片管等类型，如图 14.25 所示。

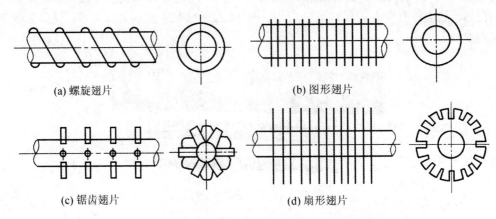

(a) 螺旋翅片　　　　　　　　　　(b) 图形翅片

(c) 锯齿翅片　　　　　　　　　　(d) 扇形翅片

图 14.25　外翅片圆管

5. 螺纹管

螺纹管也称低肋管，主要是靠管外肋化(肋化系数为 2～3)扩大传热面积，结构如图 14.26 所示。螺纹管一般用于管内传热系数比管外传热系数大 1 倍以上的场合，对于管外冷凝及沸腾，由于表面张力作用，也有较好的强化效果。

6. 变截面管

变截面管是由普通圆管用机械方法压制而成的，相隔一定节距将管子压制出互成 90°

(正方形布管)或互成 60°(三角形布管)的扁圆形截面,如图 14.27 所示。变截面管靠变径部分的点接触支承管子,同时组成壳程的扰流元件,省去了折流板等管间支承部件。因此,换热管排列紧凑,单位体积内的换热面积增大。因管间距小,可提高壳程流速,从而增强了湍流程度,使管壁上传热边界层减薄。换热管截面形状的变化对管内、外流体的传热都具有强化作用。并且壳程采用轴向流方式,使同一截面上各个区域均保持均匀流动而不会出现滞流死区现象,能充分发挥各区域换热管的作用,也从根本上消除了壳程流体诱导振动。

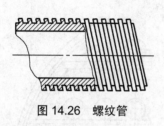

图 14.26　螺纹管

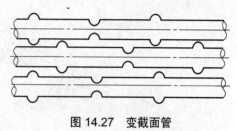

图 14.27　变截面管

14.4.4　壳程强化传热

1. 新型折流板结构

传统的管壳式换热器采用单弓形折流板支承,壳程流体易产生流动死区,换热面积无法充分利用,因而壳程传热系数低、易结垢、流体阻力大,且当流体横向流过管束时,还可能引起管束的振动。因此,近年来出现了许多新型折流板结构,如图 14.28 所示的整圆形折流板。其特点是尽可能将原折流板的流体横向流动变为平行于换热管的纵向流动,以消除壳程流体流动与传热的死区,达到强化传热的目的。由于流体通过异形小孔或环隙通道时形成的贴壁射流,冲刷并减薄了传热液膜边界层,既强化了传热,又有抗垢和除垢的作用。

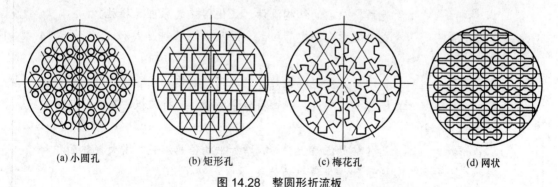

(a) 小圆孔　　　　　(b) 矩形孔　　　　　(c) 梅花孔　　　　　(d) 网状

图 14.28　整圆形折流板

2. 折流杆式支承结构

管壳式换热器中代替折流板的折流杆式支承结构,如图 14.29 所示。其优点如下:

(1) 使换热器壳程流体的流动方向主要呈轴向流动,消除了弓形折流板造成的传热死区。

(2) 由于壳程介质为轴向流动,没有弓形折流板那么多转向和缺口处的节流效应,因而流动阻力比较小,一般为传统弓形折流板的 50% 以下,达到了节能的效果。

(3) 结垢速率变慢，延长了操作周期。

(4) 消除了弓形折流板造成的局部腐蚀和磨损(或切割)破坏，改善了换热管的支承情况和介质的流动状态，消除或减少了因换热管的振动而引起的管子破坏，延长了换热器的使用寿命。

折流杆换热器已在实际生产中得到了较为广泛的应用，尤其适合在高雷诺数(或高流速)下运行。

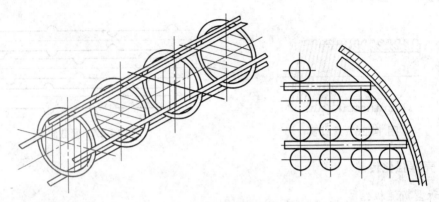

图 14.29　折流杆

上述各种强化传热的结构已在工程中得到了不同程度的应用，根据具体问题，可将多种强化传热措施组合使用，如螺旋槽管−折流杆换热器。

本 章 小 结

本章详细阐述了管壳式换热器的结构设计、强化传热的原理及措施。

工业上常用的管壳式换热器有固定管板式、浮头式、填料函式和 U 形管式 4 种结构。

管壳式换热器的结构设计主要包括换热管的选用、换热管在管板上的排列、换热管与管板的连接、管板与壳体的连接、管箱与管束分程、折流板、导流筒与防冲挡板及膨胀节等内容。

从管壳式换热器强化传热的原理上分析，增加平均传热温差、增大换热面积和提高传热系数都能有效地达到强化传热的效果。

在工业应用中管壳式换热器强化传热的措施有在管内放置强化传热元件、采用各种异型管和对壳程进行强化传热。

本章的教学目标是使学生掌握管壳式换热器的结构设计、强化传热的原理和方法。

推荐阅读资料

1. 郑津洋，等. 过程设备设计. 北京：化学工业出版社，2011.

2. 化工设备设计全书编辑委员会. 化工设备设计全书——换热器. 北京：化学工业出版社，2003.

3. 崔海亭，等. 强化传热新技术及其应用. 北京：化学工业出版社，2005.

习　题

简答题

14-1　管壳式换热器主要有哪几种？各有何优缺点？

14-2　管壳式换热器结构设计包括哪些内容？

14-3　用于管壳式换热器的无缝钢管规格有哪些？换热管的长度通常取多少？

14-4　换热管在管板上排列的方式有哪些？各适用于什么场合？

14-5　换热管在管板上有哪几种固定方式？各自的适用范围是什么？

14-6　换热管与管板胀接时应注意什么问题？

14-7　管束分程的原因是什么？一般有几种分程方法？分程时应满足什么条件？

14-8　折流板的作用是什么？有哪些形式？如何固定？

14-9　固定管板式换热器中热应力是如何产生的？有哪些补偿热应力的措施？

14-10　强化传热的主要措施有哪些？

14-11　设计一固定管板式换热器，已知壳程设计压力 $p_s = 29\text{MPa}$，管程设计压力 $p_t = 31.4\text{MPa}$，欲选用的换热管规格 $\phi38\text{mm} \times 2.5\text{mm}$，间距 $t=45\text{mm}$，正三角形排列，试分析其正确与否，并说明理由。

第15章 塔 设 备

通过本章的学习，掌握塔设备的结构设计；了解塔设备的用途、分类及塔设备应满足的要求；掌握板式塔的结构设计，重点是整块与分块塔盘的结构、支承方式、塔体的形式、塔盘与塔体的连接方法；掌握填料塔中特有的 3 种结构部件：液体分布装置、液体再分布装置、填料支承；了解塔设备的附件如除沫器、裙座等的结构。

能力目标	知识要点	权重	自测分数
了解塔设备的用途、分类	塔设备的用途、塔设备的分类、塔设备应满足的要求	15%	
掌握板式塔的结构设计	塔盘的结构、支承方式、塔体的形式、塔盘与塔体的连接方法	35%	
掌握填料塔的结构设计	液体分布装置、液体再分布装置、填料支承的作用及常见结构	30%	
了解塔设备的附件	除沫器、裙座的结构	20%	

引例

板式塔和填料塔的结构设计合理与否直接影响着塔设备的安装、检修和操作性能。

案例 1：某厂有一常压乱堆填料塔，塔径为 2800mm，为提高该设备的处理能力，请设计人员将其改为旋流板塔，并委托了制造单位进行制造。设计者将旋流板设计为整块式，每层塔板重量约 1t，在现场安装时塔板无法由人孔装入，只得在塔壁上开了一个 1100mm×3000mm 的矩形孔，费尽周折终于将塔板安装完毕，但工期由原计划的三天拖延到十天，给厂家造成了很大的经济损失。若将塔板设计为分块式结构，则可以方便地进行安装检修。

案例 2：分配锥是填料塔中常用的液体再分布装置，其结构简单、加工制造容易，但分配锥小端截面处易发生液泛。有一直径为 700mm 的乱堆填料塔，在两段填料间安装了分配锥，其小端直径为 500mm。在实际使用中发现，在气液负荷远未达到设计负荷的情况下，该塔经常出现液泛。经计算，分配锥小端处气体的流通截面面积仅为塔截面面积的 50%，故气速过大引起了液泛。后采用了改进的分配锥，该塔即能正常操作。

15.1 概 述

15.1.1 塔设备的应用

塔设备是化工、炼油、医药、食品和环境保护等生产中最重要的单元操作设备之一。它可使气液或液液两相之间进行紧密接触,达到相际传质及传热的目的。可在塔设备中完成的常见单元操作有精馏、吸收、解吸和萃取等。此外,工业气体的冷却与回收、气体的湿法净制和干燥,以及兼有气液两相传质和传热的增湿、减湿等。

在实际生产中,塔设备的性能对于整个装置的产品产量、质量、生产能力和消耗定额,以及三废处理和环境保护等各个方面,都有重大的影响。在化工等行业中,塔设备的投资费用和耗用的钢材重量在整个工艺设备中所占的比例都相当高。因此,塔设备的研究和设计一直受到工程界的关注和重视。

15.1.2 对塔设备的要求

作为主要用于传质过程的塔设备,首先必须使气液两相能充分接触,以获得较高的传质效率。此外,为了满足工业生产的需要,塔设备还要考虑下列各项要求。

(1) 生产能力大,即气液处理量大。若塔设备在较大的气液负荷时仍能保证正常操作,则意味着单位生产能力的设备投资较低。

(2) 操作稳定、弹性大。当塔设备的气液负荷量有较大的波动时,仍能在较高的传质效率下进行稳定的操作,并且塔设备应保证能长期连续操作。

(3) 阻力小,能耗低。这将大大减少生产中的动力消耗和热量损失,从而达到节能、降低操作费用的目的。

(4) 结构简单,材料耗用量小,制造、安装、维修容易,以减少塔设备的投资费用。

(5) 耐腐蚀,不易堵塞。

事实上,对于现有的任何一种塔型,同时满足上述的所有要求都是不可能的,因此,只能从生产需要及经济合理的要求出发,抓住主要矛盾进行设计。

15.1.3 塔设备的分类及总体结构

塔设备的种类很多,为了便于比较和选型,可从不同的角度对塔设备进行分类。常见的分类方法有以下几种。

(1) 按操作压力分为加压塔、常压塔和减压塔。

(2) 按单元操作分为精馏塔、吸收塔、解吸塔、萃取塔、反应塔和干燥塔等。

(3) 按塔的内件结构分为板式塔、填料塔。

在板式塔中,塔内装有一定数量的塔盘,气体以鼓泡或喷射的形式穿过塔盘上的液层,使两相密切接触进行传质。两相的组分浓度沿塔高呈阶梯式变化。板式塔的总体结构如图 15.1 所示。

在填料塔中,塔内装填一定段数和一定高度的填料层,液体自塔顶沿填料表面向下流动,作为连续相的气体自塔底向上流动,与液体逆流传质。两相的组分浓度沿塔高呈连续变化。填料塔的总体结构如图 15.2 所示。

由图 15.1 和图 15.2 可以看出,无论是板式塔还是填料塔,除了各种内件不同以外,均由塔体、裙座、人孔或手孔、接管、除沫器、吊柱等组成。

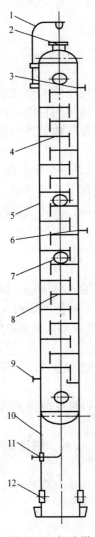

图 15.1　板式塔

1—吊柱；2—气体出口；3—回流液入口；
4—精馏段塔盘；5—塔体；6—料液进口；
7—人孔；8—提馏段塔盘；9—气体入口；
10—裙座；11—釜液出口；12—检查孔

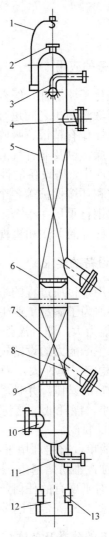

图 15.2　填料塔

1—吊柱；2—气体出口；3—喷淋装置；
4—人孔；5—塔体；6—液体分布器；7—填料；
8—卸填料人孔；9—支承装置；10—气体入口；
11—釜液出口；12—裙座；13—检查孔

　　塔体是塔设备的外壳。常见的塔体是由等直径、等壁厚的圆筒和上下封头所组成的。对于大型塔设备或为了满足工艺要求，也可采用不等直径、不等壁厚的塔体。塔体的厚度除满足工艺条件下的强度外，还应校核风载荷、地震载荷、偏心载荷下的强度、刚度，此外，还要满足试压、吊装及运输时的要求。对于板式塔，塔体安装的不垂直度和弯曲度也有一定的要求。

　　塔体支座起到固定位置和承担载荷的作用。因为塔设备较高、重量较大，为保证其足够的强度和刚度，通常采用裙式支座，简称为"裙座"。

人孔和手孔是为了安装、检修、检查和装填填料的需要而设置的。在板式塔和填料塔中，各有不同的设置要求。

塔设备的接管用于连接工艺管路，使之与其他相关设备连成系统。按接管的用途可分为进液管、出液管、进气管、出气管、回流管、侧线抽出管、取样管、液面计接管和仪表接管等。

除沫器用于捕集夹带在气流中的液滴。使用高效的除沫器，对于回收贵重物料、提高分离效率、改善塔后设备的操作状况以及减少对环境的污染等，都是非常必要的。常用的有丝网除沫器和折板除沫器。

吊柱设置在塔顶，主要用于安装检修时吊运塔内件。

15.2 板 式 塔

一般来说，与填料塔相比，板式塔空塔速度高，生产能力大，传质效率高；直径较大的塔，用板式塔重量较轻，造价较低，检修清理容易。但其结构较复杂、阻力降较大。

按塔盘上的传质元件不同，板式塔有泡罩塔、筛板塔、浮阀塔、喷射塔等。泡罩塔是工业应用最早的板式塔，其操作弹性较大，效率较高，不易堵塞。其缺点是结构复杂、造价高、气相压降大以及安装维修麻烦等。目前，泡罩塔已几乎被筛板塔和浮阀塔所代替，只是在某些特殊情况如生产能力变化大、操作稳定性要求高时，才考虑使用泡罩塔。浮阀塔虽然有塔板压力降大等缺点，但因其具有优越的综合性能，如操作弹性大，分离效率高，处理能力大，结构较简单，成为当今应用最广泛的塔型之一。筛板塔也是应用历史较久的塔型，与泡罩塔相比，其结构简单，成本低，板效率高，安装维修方便，但操作弹性小。

根据塔径的大小，板式塔的塔盘有整块式与分块式两类，相应的塔盘结构、塔体形式、塔盘与塔体的连接等方面有诸多区别，下面分别论述。

15.2.1 整块式塔盘的板式塔

当塔径≤800mm 时，采用整块式塔盘。

1. 整块式塔盘的塔体结构

采用整块式塔盘时，塔体由若干塔节组成，每个塔节中安装有一定数量的塔盘，塔节之间用法兰连接。塔节的高度取决于塔径和支承结构，一般情况下，塔节高度随塔径的增大而增加。

2. 整块式塔盘的固定方式

根据塔盘安装固定方式的不同，整块式塔盘又分为定距管式、重叠式和支承圈式 3 类。

(1) 定距管式塔盘。图 15.3 是一个塔节内定距管支承式塔盘的装配图，用定距管和拉杆将几块塔盘固定在塔节内的一组支座上。定距管起支承塔盘和保持塔板间距的作用。塔盘与塔体之间的间隙，以软填料密封并用压板及压圈压紧。

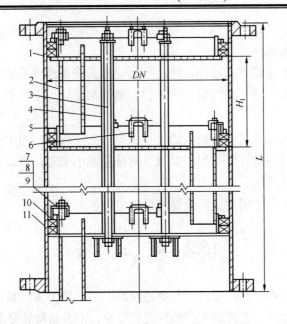

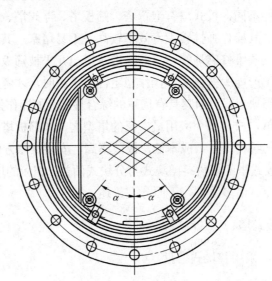

图 15.3　塔节内定距管式塔盘的装配图

1—塔盘板；2—降液管；3—拉杆；4—定距管；5—塔盘圈；6—吊耳；
7—螺栓；8—螺母；9—压板；10—压圈；11—密封填料

　　当塔径为 300~500mm 时，只能伸入手臂安装，塔节长度以 800~1000mm 为宜；塔径为 500~800mm 时，人可勉强进入塔节内安装，塔节长度一般不宜超过 2000~2500mm；塔径大于 800mm 时，由于受拉杆长度的限制，并避免发生安装困难，每个塔节内安装的塔盘数最好不超过 5~6 层，这样塔节长度一般不超过 2500~3000mm。

　　(2) 重叠式塔盘。重叠式塔盘结构如图 15.4 所示。在每一塔节的下部焊有一组(3 只)支座，底层塔盘安置在支座上，然后依次装入上一层塔盘，塔盘间距由其下方的支柱保证，并可用 3 只调节螺钉来调节塔盘的水平度。塔盘与塔壁间的环隙，同样采用软填料密封。

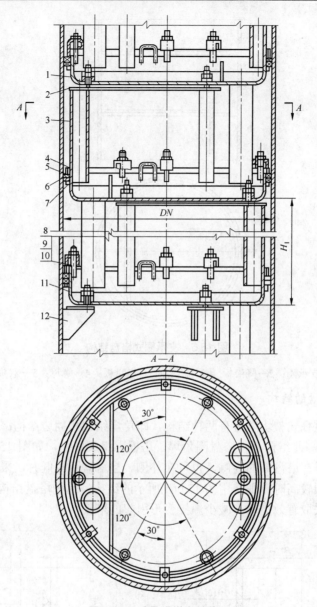

图 15.4 重叠式塔盘结构

1—调节螺钉；2—支承板；3—支柱；4—压圈；5—塔盘圈；6—密封填料；
7—支承圈；8—压板；9—螺母；10—螺柱；11—塔盘板；12—支座

重叠式塔盘的优点是可以调节塔盘的水平度，但结构显然复杂一些。而且旋拧调节螺钉时，人需进入塔内，所以塔径＞700mm 时才可采用这种结构。

(3) 支承圈式塔盘。此种塔盘用支承圈来支承，塔盘间距由焊在塔壁上的支承圈来保证，降液板与塔板设计成可拆结构，如图 15.5 所示。

安装时将降液板和塔板分别运入塔节内，在塔内用紧固件将降液板与塔盘板紧固在一起，组装成塔盘，再用紧固件将塔盘固定到支承圈上。支承圈可用角钢或扁钢制成。支承圈式塔盘结构简单，便于制造。其缺点是降液板与塔壁间的密封较差，影响塔板效率。

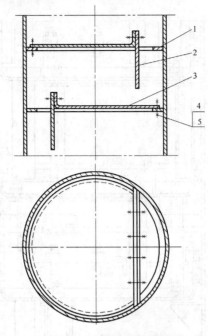

图 15.5　支承圈式塔盘结构

1—支承圈；2—降液板(兼溢流堰)；3—塔盘板；4—螺母；5—双头螺柱

3. 整块式塔盘的结构

定距管式和重叠式整块塔盘有两种结构，即角焊结构和翻边结构。

(1) 角焊结构。此结构是将塔盘圈角焊于塔板上组成塔盘，如图 15.6 所示。角焊缝为单面焊，焊缝可以在塔盘圈的内侧，也可在外侧。当塔盘圈较低时，采用图 15.6(a)所示的结构，而当塔盘圈较高时，则采用图 15.6(b)所示的结构。这种塔盘结构简单、制造方便，但在制造时，要采取有效措施，减少焊接变形引起的塔板不平。

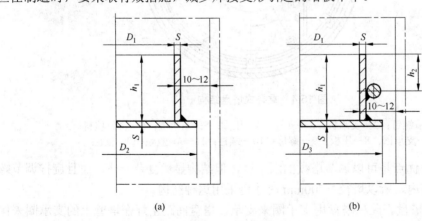

图 15.6　角焊式整块塔盘

(2) 翻边结构。翻边结构的塔盘如图 15.7 所示，塔盘圈是直接由塔板翻边而成的。因此，可避免焊接变形。如直边较短，可整体冲压成形，如图 15.7(a)所示。否则应另做一个塔盘圈，与塔盘板对接焊制，如图 15.7(b)所示。

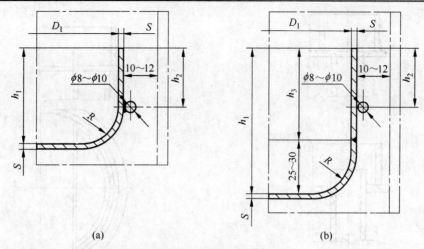

图 15.7 翻边式整块塔盘

4. 整块式塔盘与塔体内壁间的密封结构

为了防止塔盘下面的气体从塔盘四周进入塔盘上层空间，需要将塔盘圈与塔体内壁间的环隙用软填料密封起来，软填料可采用石棉线或聚四氟乙烯纤维编织填料。在图 15.8 所示的结构中，螺栓焊在塔盘圈内侧，装好填料、压圈和压板后，旋紧螺母即可将螺母对压板的垂直作用力通过压圈传到填料上，从而起到密封作用。

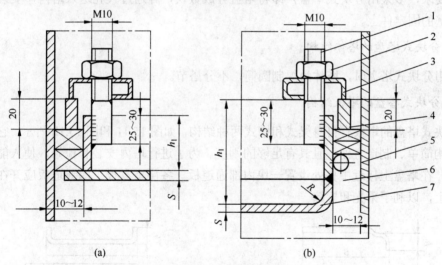

图 15.8 整块式塔盘的密封结构

1—螺栓；2—螺母；3—压板；4—压圈；5—填料；6—圆钢圈；7—塔盘

5. 塔盘上的降液管

降液管的结构有圆形和弓形两种，图 15.9 为圆形降液管结构，图 15.10 为弓形降液管结构。

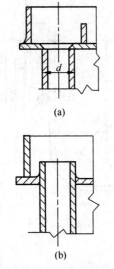

(a)

(b)

图 15.9　圆形降液管结构

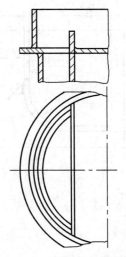

图 15.10　弓形降液管结构

15.2.2　分块式塔盘的板式塔

　　塔径在 800～900mm 以上的板式塔，人已经可以进入塔内，考虑到塔盘的刚度及制造、安装等要求，多采用分块式塔盘，即将塔盘分成数块，并通过人孔送入塔内，安装到焊于塔体内壁的固定件上。

　　1. 分块式塔盘的塔体结构

　　采用分块式塔盘时，塔体为焊制圆筒，不分塔节。

　　2. 分块式塔盘的塔板结构

　　分块式塔盘的塔板有自身梁式和槽式两种结构，如图 15.11 和图 15.12 所示。它们的特点是结构简单、制造方便，且具有足够的刚度。为了进行塔内安装和检修，使人能进入各层塔盘，在塔盘上接近中央处设置一块内部通道板。各层塔盘板上的通道板应开在同一垂直位置上，以利于采光和拆卸。

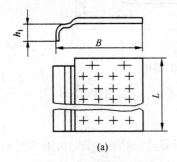

(a)

图 15.11　自身梁式塔板

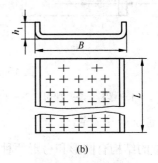

(b)

图 15.12　槽式塔板

　　3. 分块式塔盘的固定方式

　　分块式塔板间的连接，分为上可拆连接和上、下均可拆连接两种，如图 15.13 和图 15.14

所示。常用的紧固件为螺柱和椭圆形垫板。为保证拆装的迅速、方便，紧固件通常采用不锈钢材料。

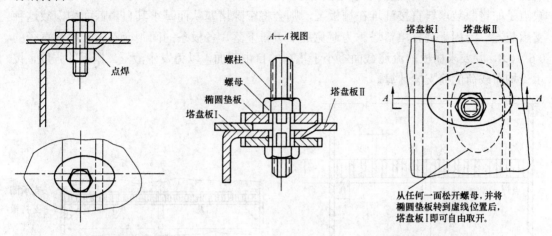

图 15.13 上可拆连接结构　　　　图 15.14 上、下均可拆连接结构

　　另一种塔板连接结构是采用楔形紧固件，如图 15.15 所示。塔盘板固定在焊接于塔壁的支持圈上，塔板与支持圈的连接一般用卡子，如图 15.16 所示。

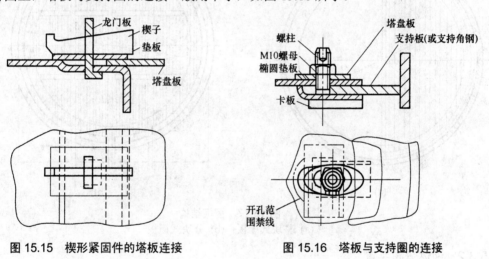

图 15.15 楔形紧固件的塔板连接　　　图 15.16 塔板与支持圈的连接

15.3 填 料 塔

　　填料塔的基本特点是结构简单、压力降小、传质效率高，便于采用耐腐蚀材料制造等。对于热敏性及容易发泡的物料，更显出其优越性。

　　填料塔主要由塔体、支座、填料、填料支承装置、液体分布装置、液体再分布装置、气液进出口等部件组成，总体结构如图 15.2 所示。

15.3.1 填料的支承装置

　　填料支承不但要有足够的强度和刚度，而且要有足够的自由截面积，使支承处不致发生液泛。填料塔中常用的填料支承是栅板，如图 15.17 所示。栅板用扁钢焊制而成，根据塔径不同，栅板可以制成整块式或分块式结构，分别如图 15.17(a)、(b)所示。栅板支承的缺点是如将散装填料直接乱堆在栅板上，则会将空隙堵塞从而减小其自由截面积，故这种支承装置广泛用于规整填料塔。为避免乱堆填料下落，各板条的间距应不大于填料直径的0.6~0.8，并要求栅板的流通截面不小于填料的自由截面，以免发生液泛。栅板的强度，按承受均布载荷的简支梁计算。

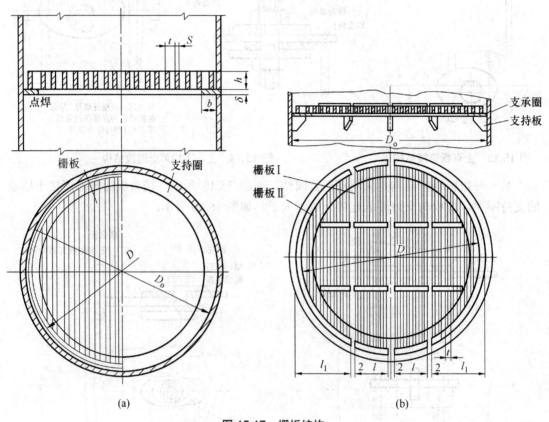

(a)　　　　　　　　　　　　　　　　　　　(b)

图 15.17　栅板结构
(a) 整块式栅板；(b) 分块式栅板

15.3.2　液体分布装置

　　液体分布装置安装于填料上部，它将液相加料及回流液均匀地分布到填料的表面上，形成液体的初始分布。在填料塔的操作中，因为液体的初始分布对填料塔的影响最大，所以液体分布装置是填料塔最重要的塔内件之一。设计液体分布装置的原则是能均匀分布液体，通道不易被堵塞，阻力小，结构简单，制造、维修方便等。液体分布装置的类型很多，下面介绍几种典型的分布装置。

　　1. 多孔型液体分布装置

　　多孔型液体分布装置是借助孔口以上液层产生的静压或管路的泵送压力，迫使液体从小孔流出，沿塔截面分布。多孔型布液装置能提供足够均匀的液体分布和足够大的气体通道，缺点是分布器的小孔易被冲蚀或堵塞，因此要求料液清洁，不含固体颗粒。一般情况下，需在液体进口管路上设置过滤器。

(1) 多孔直管式分布器。多孔直管式分布器直管的下方开 3～5 排小孔，孔径为 3～8mm，如图 15.18 所示。这种分布器可用于塔径小于 800mm、液体分布要求不高的场合。

(2) 多孔排管式分布器。排管式分布器是目前应用较为广泛的一种分布器。液体首先引入主管，然后经多孔支管喷洒，支管开 1～3 排孔，孔径 3～5mm，结构如图 15.19 及图 15.20 所示。

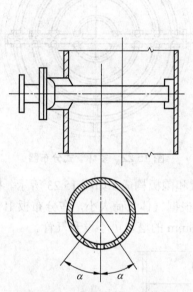

图 15.18　多孔直管式分布器

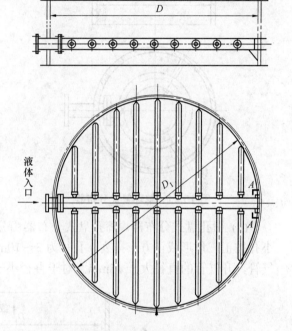

图 15.19　水平引入管的排管式分布器

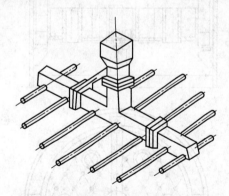

图 15.20　垂直引入管的排管式分布器

(3) 多孔环管式分布器。根据塔径和液体分布要求，环管式分布器可分为单环管式和多环管式，结构如图 15.21 及图 15.22 所示。环管上开 3～5 排小孔，孔径为 4～8mm，最外层环管的中心圆直径一般取塔内径的 0.6～0.85。这种分布器适用于直径 1200mm 以下的塔。

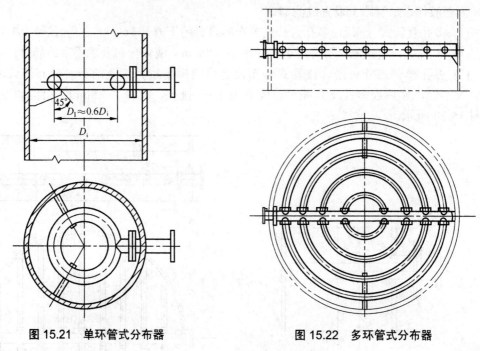

图 15.21　单环管式分布器　　　　　　　　图 15.22　多环管式分布器

(4) 筛孔盘式分布器。筛孔盘式分布器由分布板和围板构成，如图 15.23 所示。板上的小孔按正三角形或正方形排列，孔径为 3～10mm，根据气体负荷大小，在分布板上安装升气管，升气管的直径大于 15mm。对于直径小于 400mm 的塔，可不设升气管。

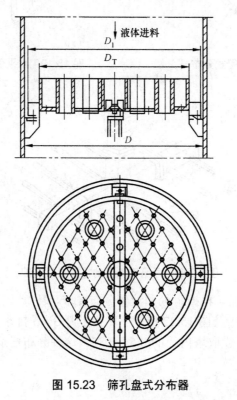

图 15.23　筛孔盘式分布器

(5) 莲蓬头式分布器。莲蓬头式分布器是开有许多小孔的球面分布器，如图 15.24 所示。莲蓬头直径为$(0.2\sim0.3)D_i$，小孔直径 3～15mm。这种分布器结构比较简单，在压头稳定的场合，喷洒比较均匀。

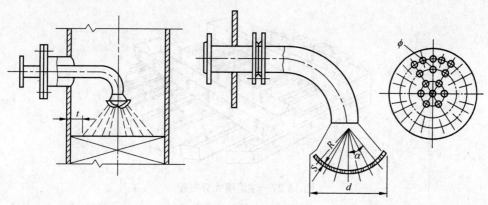

图 15.24　莲蓬头式分布器

2. 溢流型液体分布装置

溢流型液体分布装置是目前广泛应用的分布器，特别适用于大型填料塔。它的优点是操作弹性大、不易堵塞、操作可靠和便于分块安装等。

(1) 溢流盘式分布器。溢流盘式分布器由分布板、围板和降液管组成，如图 15.25 所示。液体从中央进入分布板上，然后经降液管溢流，淋洒到填料上，分布板上钻有直径为 3mm 的泪孔，以便停工时排尽液体。如果气体要通过分布板，则可在板上装升气管，如图 15.26 所示。

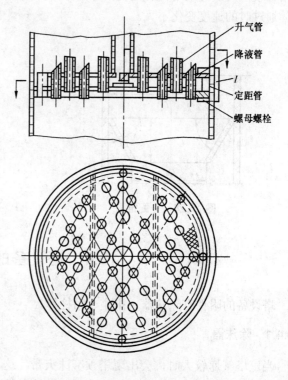

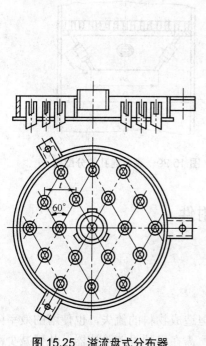

图 15.25　溢流盘式分布器　　　图 15.26　有升气管的溢流盘式分布器

(2) 溢流槽式分布器。溢流槽式分布器是由若干个喷淋槽及置于其上的分配槽组成的，槽壁上的溢流孔一般为倒三角形或矩形，如图 15.27 所示。它适用于高液量、物料内有脏物易被堵塞或塔径大于 1000mm 的场合。

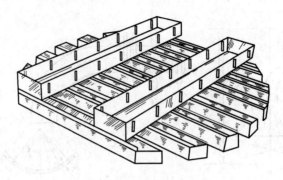

图 15.27　溢流槽式分布器

15.3.3　液体再分布装置

液体沿填料层下流的过程中，有流向塔壁的"壁流"倾向，这种现象引起液体分布不均，使传质效率下降。为了克服这种现象，填料必须分段，在各段之间安装液体再分布装置，以收集上段填料向塔壁弥散的液体，并使其在下一段填料层重新均匀分布。分配锥是最简单的流体再分布装置，如图 15.28 所示，沿塔壁流下的液体由分配锥导流至塔中央。分配锥小端直径 $D=(0.7\sim0.8)D_i$，锥高 $h=(0.1\sim0.25)D_i$，分配锥一般用于塔径较小的场合。当塔径较大时，可采用具有通孔的分配锥，如图 15.29 所示。通孔使通气面积增加，且使气体通过时的速度变化不大。

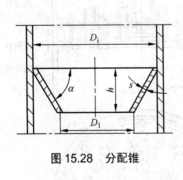

图 15.28　分配锥

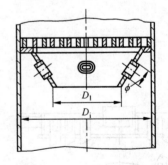

图 15.29　具有通孔的分配锥

15.4　塔设备的附件

塔设备的附件有除沫器、裙座、吊柱等。

15.4.1　除沫器

当空塔气速较大时，会出现塔顶雾沫夹带，这不但造成物料的流失，也使塔的效率降低，同时还可能造成环境的污染。为了避免这种情况，需在塔顶设置除沫器，从而减少液体的夹带损失，确保气体的纯度，保证后续设备的正常操作。

常用的除沫装置有丝网除沫器、折板式除沫器以及旋流板除沫器。

1. 丝网除沫器

丝网除沫器具有比表面积大、重量轻、空隙率大以及使用方便等优点。特别是它具有除沫效率高、压力降小的特点，因而是应用最广泛的除沫装置，如图15.30所示。

丝网除沫器适用于清洁的气体，不宜用于液滴中含有或易析出固体物质的场合(如碱液、碳酸氢钠溶液等)，以免液体蒸发后留下固体堵塞丝网。当雾沫中含有少量悬浮物时，应注意经常冲洗。

合理的气速是除沫器取得较高的除沫效率的重要因素。气速太低，雾滴没有撞击丝网；气速太大，聚集在丝网上的雾滴不易降落，又被气流重新带走。实际使用中，常用的设计气速取 1～3m/s。

2. 折板式除沫器

折板式除沫器，如图15.31所示。折板由 50mm×50mm×3mm 的角钢制成。夹带液体的气体通过角钢通道时，由于碰撞及惯性作用而达到截留及惯性分离。分离下来的液体由导液管与进料一起进入分布器。这种除沫装置结构简单、不易堵塞，但金属消耗量大、造价较高。一般情况下，它可除去直径为 50×10^{-5} m 以上的液滴，阻力降为 50～100Pa。

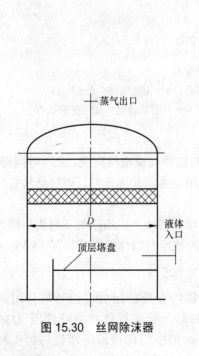

图 15.30 丝网除沫器

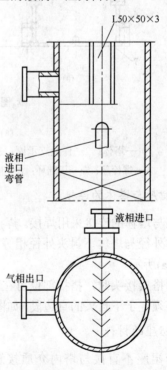

图 15.31 折板式除沫器

15.4.2 裙座

塔设备常采用裙座支承。裙座体可分为圆筒形和圆锥形两类。圆筒形裙座制造方便，经济上合理，故应用广泛。但对于塔径小且很高的塔(如 DN<1m，且 H/DN>25，或 DN>1m，且 H/DN>30)，为防止风载或地震载荷引起的弯矩造成塔翻倒，则需要配置较多的地脚螺栓及具有足够大承载面积的基础环。此时，应采用圆锥形裙座。

1. 裙座的结构

裙座的结构如图 15.32 所示。不管是圆筒形还是圆锥形裙座，均由裙座筒体、基础环、地脚螺栓座、人孔、排气孔、引出管通道、保温支承圈等组成。

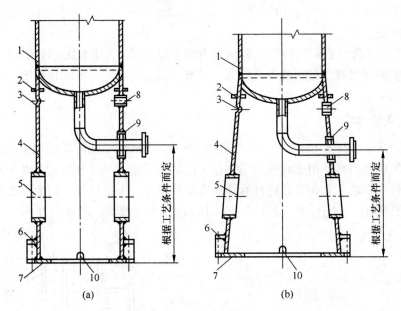

图 15.32　裙座的结构

(a) 圆筒形；(b) 圆锥形

1—塔体；2—保温支承圈；3—无保温时排气孔；4—裙座筒体；5—人孔；
6—螺栓座；7—基础环；8—有保温时排气孔；9—引出管通道；10—排液孔板

2. 裙座与塔体的连接

裙座与塔体的连接采用焊接。焊接接头可采用对接型式或搭接型式。采用对接接头时，裙座筒体外径与塔体下封头外径相等，焊缝必须采用全熔透的连续焊，焊接结构及尺寸如图 15.33(a)所示。

采用搭接接头时，搭接部位可在下封头上，也可在塔体上。裙座与下封头搭接时，搭接部位必须位于下封头的直边段，如图 15.33(b)所示。裙座与塔体的搭接如图 15.33(c)所示。

3. 裙座的材料

尽管裙座不直接与塔内介质接触，也不承受塔内介质的压力，但其筒体用钢一般须按受压元件用钢选取。若裙座设计温度≤-20℃时，裙座筒体材料应选用 Q345R。如果塔的下部封头材料为低合金钢或高合金钢，在裙座筒体顶部应增设与封头材料相同的短节。

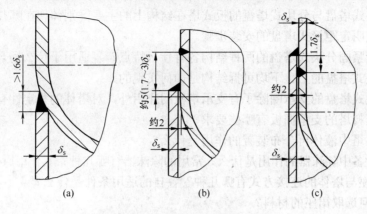

图 15.33 裙座与塔体的连接

本 章 小 结

本章对板式塔和填料塔的结构设计进行了较为详细的阐述。

塔设备是用于完成精馏、吸收等传质单元操作的设备，在化工、炼油等行业具有重要作用。塔设备按结构可分为板式塔和填料塔，其最主要的区别在于塔内传质的元件不同。

根据塔体直径的大小，板式塔塔盘分为整块式和分块式，相应地在塔体的结构、塔盘的结构、塔盘与塔体的固定方式等诸多方面有很大的不同。

填料塔中特有的结构部件是填料支承、液体的分布装置和再分布装置。

塔设备的附件包括除沫器和裙座。常用的除沫器有丝网式和折板式。塔设备的支座一般采用裙座，裙座分为圆筒形和圆锥形两种。

本章的教学目标是使学生掌握板式塔和填料塔的总体结构，主要零部件的结构、特点及各零部件间的连接关系。

 推荐阅读资料

1. 董大勤. 化工设备机械基础. 北京：化学工业出版社，2002.
2. 郑津洋，等. 过程设备设计. 北京：化学工业出版社，2011.
3. 化工设备设计全书编辑委员会. 化工设备设计全书——塔设备. 北京：化学工业出版社，2003.

习　题

简答题

15-1 在整块塔盘中定距管式和重叠式两种支承方式哪种较好？说明理由。

15-2 整块式塔盘与分块式塔盘的板式塔在结构上的主要区别体现在哪几方面？

15-3 试说明定距管式塔盘的安装步骤。

15-4 连接紧固分块式塔盘的两种结构各有什么特点？各适用于什么场合？

15-5 分块式塔盘的上、下均可拆结构是如何实现的？

15-6 分块式塔盘的支承圈除了有支承塔板的作用外，对塔体的稳定性有何影响？

15-7 对填料塔的支承栅板有哪些要求？

15-8 填料塔中液体再分布装置的作用是什么？

15-9 塔设备中除沫器的作用是什么？常用的除沫器有哪几种？其作用原理有何不同？

15-10 裙座与塔体的连接方式有哪几种？各自的适用条件是什么？

15-11 如何选取裙座的材料？

第 16 章　搅拌反应设备

教学目标

　　通过对本章的学习，了解搅拌反应釜的结构，掌握釜体与传热装置的结构和尺寸确定方法，掌握搅拌装置的结构特点、选型及计算方法，了解传动装置的结构特点、选用方法，了解轴封装置的结构特点与适用范围。

教学要求

能力目标	知识要点	权重	自测分数
了解搅拌反应釜的结构	搅拌反应釜的基本结构	10%	
掌握釜体与传热装置的结构和尺寸确定方法	釜体与传热装置	30%	
掌握搅拌装置的结构特点、选型及计算方法	反应釜的搅拌装置	30%	
了解传动装置的结构特点、选用方法	传动装置	15%	
了解轴封装置的结构特点与适用范围	轴封装置	15%	

引例

　　选择搅拌器的形式，对反应釜的搅拌反应质量有很大影响。

　　案例：某厂酯化反应釜直径 2200mm，釜体直筒长 3000mm，全容积 14.5m³，装料系数 0.83，半圆管加热夹套半径 62mm，总换热面积 15.5m²。釜内物料工作压力 0.02～0.3MPa，工作温度 120℃，夹套内蒸汽工作压力 0.5MPa，工作温度 160℃。搅拌器形式为直叶桨式，桨叶数为 2，搅拌器直径 700mm，上下共 2 组，无挡板，搅拌转速 100r/min，搅拌功率 7.5kW。在操作时观察到液面中心产生一个较大的漏斗状漩涡，导致物料混合效果差，硫酸沉积于釜底。

　　将搅拌器形式改为斜叶开启涡轮式，桨叶数增加为 4，搅拌器直径 700mm，上下共 2 组，设置 4 块挡板，搅拌转速 200r/min，搅拌功率 11kW。改进搅拌器后，液面消除了漏斗状，物料上下翻动快速，且酯化反应效果好。

　　请思考：搅拌器的主要结构形式有哪些？它们各有什么特点？为什么有些搅拌器会产生打漩现象？怎样消除打漩现象？

16.1 概　　述

在化学反应过程中，为反应提供反应空间和反应条件的装置称为反应设备，常称作反应釜。为了使化学反应快速均匀进行，需对参加化学反应的物质进行充分混合，且对物料加热或冷却，采取搅拌操作才能得到良好的效果。

实现搅拌的方法有机械搅拌、气流搅拌、射流搅拌、静态(管道)搅拌和电磁搅拌等。其中机械搅拌应用最早，至今仍被广泛采用。机械搅拌反应釜简称搅拌反应釜。

搅拌反应釜适用于各种物性(如黏度、密度)和各种操作条件(温度、压力)的反应过程，广泛应用于合成塑料、合成纤维、合成橡胶、医药、农药、化肥、染料、涂料、食品、冶金、废水处理等行业。例如实验室的反应釜可小至数十毫升，而污水处理、湿法冶金、磷肥等工业大型反应釜的容积可达数千立方米。除用作化学反应和生物反应外，搅拌反应釜还大量用于混合、分散、溶解、结晶、萃取、吸收或解吸、传热等操作。

本章主要介绍搅拌反应釜的结构、特点和选型原则。

16.1.1 搅拌的目的

搅拌既可以是一种独立的单元操作，以促进混合为主要目的，如进行液-液混合、固-液悬浮、气-液分散、液-液分散和液-液乳化等，又往往是完成其他单元操作的必要手段，以促进传热、传质、化学反应为主要目的，如进行流体的加热与冷却、萃取、吸收、溶解、结晶、聚合等操作。

概括起来，搅拌反应釜的操作目的主要表现为以下 4 个方面。

(1) 使不互溶液体混合均匀，制备均匀混合液、乳化液，强化传质过程。

(2) 使气体在液体中充分分散，强化传质或化学反应。

(3) 制备均匀悬浮液，促使固体加速溶解、浸取或液-固化学反应。

(4) 强化传热，防止局部过热或过冷。

16.1.2 搅拌反应釜的基本结构

搅拌反应釜主要由反应釜、搅拌装置、传动装置和轴封等组成。反应釜包括釜体和传热装置，它是提供反应空间和反应条件的部件，如蛇管、夹套和端盖工艺接管等。搅拌装置由搅拌器和搅拌轴组成，靠搅拌轴传递动力，由搅拌器达到搅拌目的。传动装置包括电动机、减速机及机座、联轴器和底座等附件，为搅拌器提供搅拌动力和相应的条件。轴封为反应釜和搅拌轴之间的密封装置，以封住釜体内的流体不致泄漏。

图 16.1 所示为通气式搅拌反应釜的典型结构，由电动机驱动，经减速机带动搅拌轴及安装在轴上的搅拌器以一定转速旋转，使流体获得适当的流动场，并在流动场内进行化学反应。为满足工艺的换热要求，釜体上装有夹套。夹套内螺旋导流板的作用是改善传热性能。釜体内设置有气体分布器、挡板等附件。搅拌轴下部安装搅拌器，下层为径向流搅拌器，上层为轴向流搅拌器。

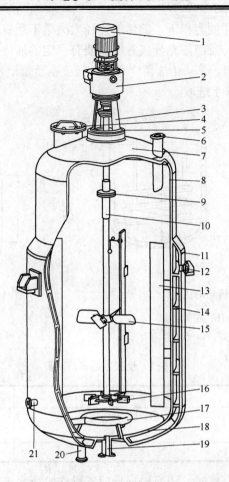

图 16.1　通气式搅拌反应釜的典型结构

1—电动机；2—减速机；3—机架；4—人孔；5—密封装置；6—进料口；7—上封头；8—筒体；
9—联轴器；10—搅拌轴；11—夹套；12—载热介质出口；13—挡板；14—螺旋导流板；15—轴向流搅拌器；
16—径向流搅拌器；17—气体分布器；18—下封头；19—出料口；20—载热介质进口；21—气体进口

16.2　釜体与传热装置

搅拌反应釜釜体的主要部分是一圆柱形容器，其结构形式与传热方式有关。常用的传热形式有两种：夹套式壁外传热结构和釜体内部蛇管传热结构，如图 16.2 所示。必要时也可将夹套和蛇管联合使用。根据工艺要求，釜体上还需安装各种工艺接管。由此可见，搅拌反应釜釜体和传热装置设计的主要内容包括釜体的结构形式和各部分尺寸、传热形式和结构、各种工艺接管的装设等。

16.2.1　釜体几何尺寸的确定

釜体的几何尺寸是指筒体的内径 D_i、高度 H，如图 16.3 所示。

釜体的几何尺寸要满足生产工艺要求。对于带搅拌器的反应釜来说，容积 V 为主要决定参数。由于搅拌功率与搅拌器直径的五次方成正比，而搅拌器直径往往需随釜体直径的增加而增大，因此，在同样的容积下，筒体的直径太大是不适宜的。对于发酵类物料的反应釜，为使通入的空气能与发酵液充分接触，需要有一定的液位高度，故筒体的高度不宜太矮。若采用夹套传热结构，单从传热角度考虑，一般也希望筒体高一些。根据实践经验，反应釜的 H/D_i 值可按表 16-1 选取。

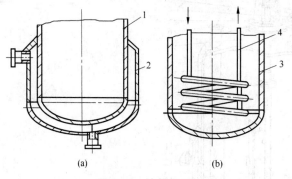
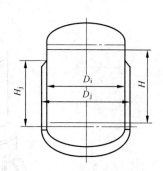

图 16.2　传热形式

(a) 夹套传热；(b) 蛇管传热

1、3—筒体；2—夹套；4—蛇管

图 16.3　釜体几何尺寸

表 16-1　反应釜的 H/D_i 值

种类	釜内物料类型	H/D_i
一般反应釜	液-液相或液-固相物料	1～1.3
	气-液相物料	1～2
发酵罐类	气-液相物料	1.7～2.5

在确定反应釜直径及高度时，还应根据反应釜操作时所允许的装料程度——装料系数 η 予以综合考虑，通常装料系数 η 可取 0.6～0.85。如果物料在反应过程中产生泡沫或呈沸腾状态，η 应取较低值，一般为 0.6～0.7；若反应状态平稳，可取 0.8～0.85(物料黏度大时，可取最大值)。因此，釜体的容积 V 与操作容积 V_o 应有如下关系：$V_o = \eta V$。工程实际中，要合理选用装料系数，以提高设备利用率。

对于直立反应釜，釜体容积通常是指圆柱形筒体及下封头所包含的容积之和。

根据釜体容积 V 和物料性质，选定 H/D_i 值，若忽略釜体下封头容积，可以认为

$$V = \frac{\pi}{4}D_i^2 H = \frac{\pi}{4}D_i^3 \left(\frac{H}{D_i}\right)$$

则简体内径

$$D_i = \sqrt[3]{\frac{4V}{\pi\left(\frac{H}{D_i}\right)}} \tag{16-1}$$

式中，V 为釜体容积(m^3)；H 为筒体高度(m)；D_i 为筒体内径(m)。

将计算所得结果圆整为标准直径，筒体高度 H 可按式(16-2)计算：

$$H = \frac{V - V_h}{\frac{\pi}{4}D_i^2} \tag{16-2}$$

式中，V_h 为下封头所包含的容积(m^3)。

16.2.2　夹套的结构与尺寸

所谓夹套，就是在釜体外侧用焊接或法兰连接方式装设的各种形状的钢结构，使其与釜体外壁形成密闭的空间。在此空间内通入加热或冷却介质，可加热或冷却反应釜内的物料。夹套的主要结构形式有整体夹套、型钢夹套、半圆管夹套和蜂窝夹套等，其适用的温度和压力范围见表 16-2。

表 16-2　各种碳素钢夹套的适用温度和压力范围

夹套形式		最高温度/℃	最高压力/MPa
整体夹套	U 形	350	0.6
	圆筒形	300	1.6
型钢夹套		200	2.5
蜂窝夹套	短管支撑式	200	2.5
	折边锥体式	250	4.0
半圆管夹套		350	6.4

1. 整体夹套

(1) 整体夹套的结构形式。常用整体夹套的结构形式如图 16.4 所示。图 16.4(a)为圆筒形夹套，仅在圆筒部分有夹套，传热面积较小，适用于换热量要求不大的场合；图 16.4(b)为 U 形夹套，圆筒一部分和下封头包有夹套，是最常用的典型结构；图 16.4(c)为分段式夹套，适用于釜体细长的场合，是为了减小釜体的外压计算长度 L(当按外压计算釜体壁厚时)，或者为了实现在釜体的轴线方向分段控制温度，进行加热或冷却而对夹套分段，各段之间设置加强圈或采用能够起到加强圈作用的夹套封口件；图 16.4(d)为全包式夹套，与前 3 种比较，传热面积最大。

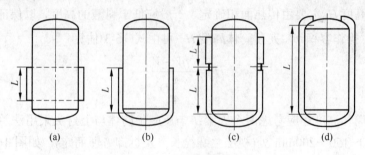

图 16.4　整体夹套的形式

(a) 圆筒形；(b) U 形；(c) 分段式；(d) 全包式

(2) 夹套与釜体的连接方式。整体夹套与釜体的连接方式有可拆式和不可拆式，如图 16.5 所示。图 16.5(a)为可拆式连接结构，适应于需要检修内筒外表面以及定期更换夹套，或者由于特殊要求，夹套与内筒之间不能焊接的场合；图 16.5(b)为常用的不可拆式连接结构，夹套与内筒之间采用焊接，加工简单，密封可靠。

(3) 夹套上介质的进出口。夹套上设有介质进出口。当夹套内采用蒸气作为载热体时，蒸气一般从上端进入夹套，冷凝液从夹套底部排出；若用液体作为冷却液时则相反，采取下端进、上端出，以使夹套内充满液体，充分利用传热面，加强传热效果。

当采用液体作为载热体时，为了加强传热效果，也可以在釜体外壁焊接螺旋导流板，如图 16.6 所示。导流板以扁钢绕制而成，与筒体可采用双面交错焊，导流板与夹套筒体内壁间隙越小越好。

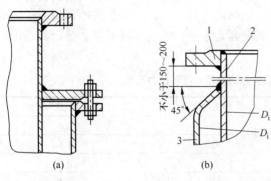

图 16.5　夹套与釜体的连接结构

(a) 可拆式连接；(b) 不可拆式连接
1—容器法兰；2—筒体；3—夹套

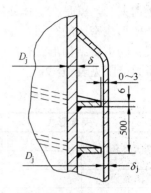

图 16.6　螺旋导流板

(4) 夹套的尺寸。夹套尺寸由夹套内径 D_j 和夹套筒体高度 H_j 确定。

夹套内径 D_j 一般按公称尺寸系列选取，以利于按标准选择夹套封头，具体可根据筒体直径 D_i 按表 16-3 中的推荐数值选用。

表 16-3　夹套直径与筒体直径的关系

D_i/mm	500～600	700～1800	2000～3000
D_j/mm	D_i +50	D_i +100	D_i +200

夹套筒体高度 H_j 主要由传热面积确定，一般应低于料液的高度，以保证充分传热。根据装料系数 η、操作容积 ηV，夹套筒体高度 H_j 可由式(16-3)估算

$$H_j = \frac{\eta V - V_h}{\frac{\pi}{4}D_i^2} \tag{16-3}$$

确定夹套筒体高度还应考虑两个因素：当反应釜筒体与上封头采用法兰连接时，夹套顶边应在法兰下 150～200mm 处(视法兰螺栓长度及拆卸方便而定)，如图 16.5(b)所示；当反应釜具有悬挂支座时，应考虑避免因夹套顶部位置而影响支座的焊接。

当釜体直径较大，或者传热介质压力较高时，常采用型钢夹套、半圆管夹套或蜂窝夹套代替整体夹套。这样不仅能提高传热介质的流速，改善传热效果，而且还能提高筒体承受外压的稳定性和刚度。

2. 型钢夹套

型钢夹套一般用角钢与筒体焊接组成，如图 16.7 所示。角钢主要有两种布置方式：沿筒体外壁螺旋布置和沿筒体外壁轴向布置。由于型钢的刚度大，因而与整体夹套相比，型钢夹套能承受更高的压力，但其制造难度也相应增加。

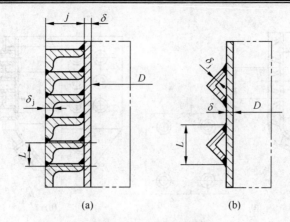

图 16.7　型钢夹套结构

(a) 螺旋形角钢互搭式；(b) 角钢螺旋形缠绕

3. 半圆管夹套

半圆管夹套结构如图 16.8 所示。半圆管在筒体外的布置既可螺旋形缠绕在筒体上，也可沿筒体轴向平行焊在筒体上，或沿筒体圆周方向平行焊接在筒体上。半圆管由带材压制而成，加工方便。半圆管夹套的缺点是焊缝多，焊接工作量大，筒体较薄时易造成焊接变形。

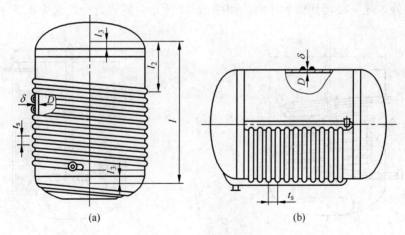

图 16.8　半圆管夹套结构

(a) 螺旋形缠绕；(b) 平行排管

4. 蜂窝夹套

蜂窝夹套是以整体夹套为基础，采取折边或短管等加强措施，提高筒体的刚度和夹套的承载能力，减小流道面积，从而减薄筒体厚度，强化传热效果。常用的蜂窝夹套有折边式和拉撑式两种形式。夹套向内折边与筒体贴合好再进行焊接的结构称为折边式蜂窝夹套，如图 16.9(a)所示。拉撑式蜂窝夹套是用冲压的小锥体或钢管做拉撑体，图 16.9(b)所示为短管支撑式蜂窝夹套。蜂窝孔在筒体上呈正方形或三角形布置。

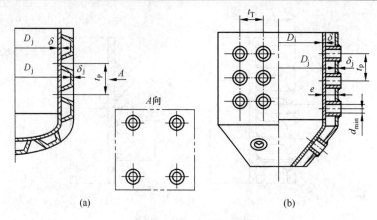

图 16.9　蜂窝夹套结构

(a) 折边锥体式；(b) 短管支撑式

16.2.3　蛇管的结构与尺寸

当反应釜所需传热面积较大，而夹套传热不能满足要求，或釜体内有衬里隔热而不能采用夹套时，可采用蛇管传热。蛇管沉浸在物料中，热量损失小，传热效果好，同时还可与夹套联合使用，以增大传热面积，但检修较麻烦。

蛇管一般采用无缝钢管做成螺旋状，如图 16.10 所示。蛇管还可以几组按竖式对称排列。除传热外，蛇管还起到挡板作用，如图 16.11 所示。蛇管管径通常为 $\phi25\sim\phi57$mm。

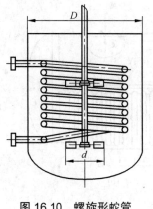

图 16.10　螺旋形蛇管

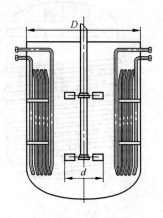

图 16.11　竖式蛇管

蛇管不宜太长，因为冷凝液可能会积聚，使这部分传热面降低传热作用，而且从很长的蛇管中排出蒸气中的不凝性气体也很困难。因此，当蛇管以蒸气作载热体时，管长不应太长，其长径比可按表 16-4 选取。

表 16-4　蛇管的长径比

蒸汽压力/MPa	0.045	0.125	0.2	0.3	0.5
管长与管径最大比值	100	150	200	225	275

为了减小蛇管的长度，又不影响传热面积，可采用多根蛇管串联使用，形成同心圆的蛇管组，如图 16.12 所示。内圈与外圈的间距 t 一般可取 $(2\sim3)d_o$，各圈蛇管的垂直距离 h

可取$(1.5\sim2)d_o$，最外圈直径D_1可取$D_i-(200\sim300)$mm。

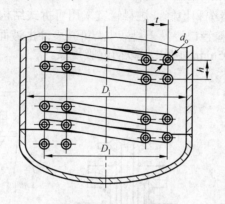

图 16.12 蛇管的排列

　　蛇管需要在釜体内进行固定，固定蛇管的方法很多。如果蛇管的中心圆直径较小或圈数不多、质量不大，可以利用蛇管进出口接管固定在釜体的顶盖上，不再另设支架以固定蛇管。当蛇管中心圆直径较大、比较笨重或搅拌有振动时，则需要安装支架以增加蛇管的刚性。常用的结构如图 16.13 所示。图 16.13(a)所示固定形式制造方便，缺点是拧紧时易偏斜，难于拧紧，可用于操作时蛇管振动不大及管径较小的场合(一般在$\phi45$mm 以下)。弯钩采用$\phi8\sim\phi10$mm 的圆钢制成。图 16.13(b)、(c)所示固定形式都能很好地固定蛇管，管径在$\phi57$mm 以下时，U 形螺栓的直径可采用 M8～M10，管径为$\phi60\sim\phi89$mm 时可采用M10～M12。图 16.13(d)所示固定形式安装方便，蛇管温度变化时伸缩自由，但经不起振动。图 16.13(e)所示固定形式适应于蛇管紧密排列的情况，蛇管还可起导流筒作用。图 16.13(f)所示固定形式工作安全可靠，能适应有剧烈振动的场合。

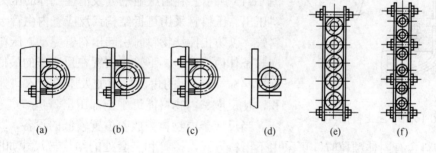

(a)　　　　　(b)　　　　　(c)　　　　　(d)　　　　　(e)　　　　　(f)

图 16.13 蛇管的固定

(a) 单螺栓固定形式；(b) 单螺栓加固形式；(c) 双螺栓固定形式；
(d) 自由支承形式；(e) 紧密排列固定形式；(f) 防振加固形式

16.2.4 工艺接管

　　反应釜上工艺接管包括进、出料接管，仪表接管，温度计及压力表接管等，其结构与容器接管结构基本相同。这里仅介绍反应釜上常用的进、出料管的结构和形式。

1. 进料管

　　进料管一般从顶盖引入，伸进釜体内，并在管端开 45°的切口，可避免物料沿釜体内壁流动，切口向着搅拌反应釜中央，这样可减少物料飞溅到筒体壁上，从而降低物料对釜

壁的局部磨损与腐蚀。其结构如图 16.14 所示。图 16.14(a)为常用的结构形式；对于易磨损、
易堵塞的物料，为了便于清洗和检修，进料管宜采用可拆式结构，如图 16.14(b)所示；在
图 16.14(c)所示结构中，进料管口浸没于料液中，可减少冲击液面而产生泡沫，有利于稳定
液面，液面以上部分开有 $\phi5mm$ 的小孔，以防虹吸现象。

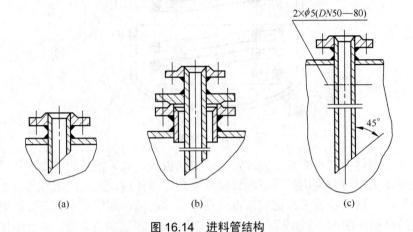

图 16.14　进料管结构

(a) 固定式；(b) 可拆式；(c) 内伸式

2.　出料管

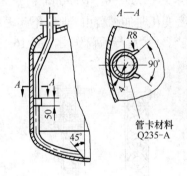

图 16.15　上出料管

反应釜出料有上出料和下出料两种方式。

当反应釜内液体物料需要被输送到位置更高或与
它并列的另一设备时，可采用压料(上出料)管结构，如
图 16.15 所示，利用压缩空气或惰性气体的压力，将物
料压出。压料管采用可拆结构，反应釜内由管卡固定出
料管，以防止搅拌物料时引起出料管晃动。压料管下部
应与釜体内壁贴合。下管口安置在反应釜的最低处，并
切成 45°～60° 的角，从而加大压料管入口处的截面
积，使反应釜内物料能近乎全部压出。

当反应釜内物料需放入位置较低的设备，以及物料
粘稠或物料含有固体颗粒时，可采用下出料方式，接管和夹套处的结构与尺寸如图 16.16
及表 16-5 所示。

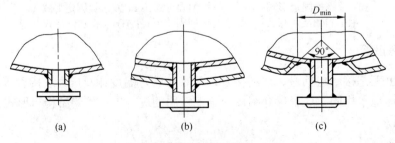

图 16.16　下出料管

(a) 直接下出料管；(b) 带夹套的下出料管之一；(c) 带夹套的下出料管之二

表 16-5　夹套下部和接管尺寸 （单位：mm）

接管公称直径	50	70	100	125	150
D_{min}	130	160	210	260	290

16.3　搅 拌 装 置

搅拌装置由搅拌器和搅拌轴组成。电动机驱动搅拌轴上的搅拌器以一定的方向和转速旋转，使静止的流体形成对流循环，并维持一定的湍流强度，从而达到加强混合、提高传热和传质速率的目的。

16.3.1　搅拌器的形式与选用

1.　搅拌器的类型

(1) 桨式搅拌器。图 16.17 为桨式搅拌器示意图。其结构简单，桨叶一般以扁钢制造，材料可以采用碳钢、合金钢、有色金属，或碳钢包橡胶环氧树脂、酚醛玻璃布等。桨叶有平直叶和折叶两种。平直叶的叶面与旋转方向垂直，折叶的叶面与旋转方向成一倾斜角度。平直叶主要使物料产生切线方向的流动，折叶除了能使物料作圆周运动外，还能使物料上下运动，因而折叶比平直叶搅拌作用更充分。

在料液层比较高的情况下，为了搅拌均匀，常装有几层桨叶，相邻两层桨叶交错成 90° 安装。

(2) 涡轮式搅拌器。它是应用较广的一种搅拌器，能有效地完成几乎所有的搅拌操作，并能处理黏度范围很广的流体。图 16.18 给出了几种典型的涡轮式搅拌器结构。涡轮式搅拌器常用开启式和圆盘式两类，此外还有闭式。开启涡轮式搅拌器的叶片直接安装在轮毂上，一般叶片数为 2～6 叶；圆盘涡轮式搅拌器的圆盘直接安装在轮毂上，而叶片安装在圆盘上。涡轮式搅拌器的叶片有直叶、折叶、弯叶等，以达到不同的搅拌目的。

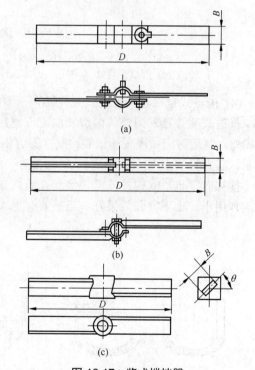

图 16.17　桨式搅拌器
(a) 平直叶桨式；(b) 平直叶单面加筋；(c) 折叶桨式

(3) 锚式和框式搅拌器。这类搅拌器底部形状与反应釜下封头形状相似，如图 16.19 所示。图 16.19(a)、(b)适用于椭圆形或碟形下封头的釜体；图 16.19(c)适用于锥形封头的釜体。反应釜的直径较大或物料黏度很大时，常用横梁加强，其结构就成为框式。

通常锚式和框式搅拌器的直径 D 较大，取釜体内径 D_i 的 2/3～9/10。这种搅拌器适用于有固体沉淀或容易挂料的场合。

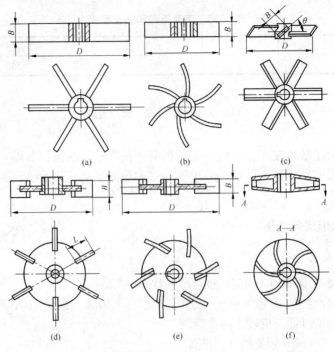

图 16.18　涡轮式搅拌器

(a) 开启直叶涡轮式；(b) 开启弯叶涡轮式；(c) 开启折叶涡轮式；
(d) 圆盘平直叶涡轮式；(e) 圆盘弯叶涡轮式；(f) 闭式弯叶涡轮式

(4) 推进式搅拌器。推进式搅拌器有三瓣螺旋形叶片，其螺距与桨直径 D 相等。

推进式搅拌器常用整体锻造，加工方便。采用焊接时，需模锻后再与轴套焊接，加工较困难。制造时应做静平衡试验。搅拌器可用轴套以平键或紧定螺钉与轴连接，如图 16.20 所示，其直径 D 约取反应釜内径 D_i 的 1/4～1/3。

搅拌时，推进式搅拌器能使物料在反应釜内循环流动，所起的作用以容积循环为主，切向作用小，上下翻腾效果好。当需要有更大的液流速度和液体循环时，可安装导流筒。

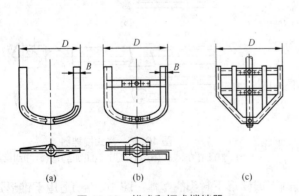

图 16.19　锚式和框式搅拌器

(a) 适合于椭圆形或碟形下封头的锚式搅拌器；(b) 适合于椭圆形或碟形下封头的框式搅拌器；(c) 适合于锥形封头的搅拌器

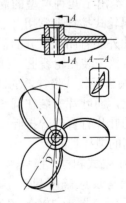

图 16.20　推进式搅拌器

（5）其他形式搅拌器。除上述几种常见的搅拌器外，还有许多不同形式的搅拌器，如螺杆式和螺带式搅拌器等，如图 16.21 所示。

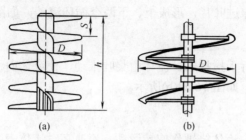

图 16.21　螺杆和螺带式搅拌器
(a) 螺杆式搅拌器；(b) 螺带式搅拌器

2. 搅拌器的选型

搅拌器的选型既要考虑搅拌效果、物料黏度和釜体的容积大小，也应该考虑动力消耗、操作费用，以及制造、维护和检修等因素。因此，一个完整的选型方案必须满足搅拌效果、安全和经济等各方面的要求。

根据搅拌目的和搅拌器造成的流动状态选用搅拌器，见表 16-6。由表可见，对低黏度流体的混合，由于推进式搅拌器循环能力强，动力消耗小，可应用到容积很大的反应釜中；涡轮式搅拌器的应用范围最广，各种搅拌操作都适用，但流体黏度不超过 50Pa·s；桨式搅拌器结构简单，在小容积的流体混合中应用较广，而对于大容积的流体混合，则循环能力不足；对于高黏流体的混合则以锚式、螺杆式、螺带式更为合适。

表 16-6　搅拌器型式选择

搅拌器型式	流动状态			搅拌目的										搅拌参数		
	对流循环	湍流循环	剪切流	低黏度液混合	高黏度液混合及传热反应	分散	溶解	固体悬浮	气体吸收	结晶	传热	液相反应	搅拌设备容量/m³	转速/(r/min)	最高黏度/Pa·s
桨式	⊙	○	○	○		○		○	○	○		○	○	1～200	10～300	2
涡轮式	○	○	○	○		○	○	○	○	○	○	○	○	1～100	10～300	50
推进式	○	○		○		○	○		○	○	○	○	1～1000	100～500	50
折叶开启涡轮式	○	○				○	○			○	○		1～1000	10～300	50
锚式	○				○						○		1～100	1～100	100
螺杆式	○				○						○		1～50	0.5～50	100
螺带式	○				○						○		1～50	0.5～50	100

注：表中"○"为适合，空白为不适合或不许。

16.3.2　流型

搅拌器旋转时把机械能传递给流体，在搅拌器附近形成高湍动的充分混合区，并产生一股高速射流推动流体在搅拌釜内循环流动。这种循环流动的途径称为流型。反应釜内流体的基本流型有以下三种。

1. 径向流

流体的流动方向垂直于搅拌轴,沿径向流动,碰到釜体壁面分成两股流体向上、向下流动,再回到叶端,不穿过叶片,形成上、下两个循环流动,如图 16.22(a)所示。

2. 轴向流

流体的流动方向平行于搅拌轴,流体由桨叶推动,使流体向下流动,遇到釜体底面再翻上,形成上下循环流,如图 16.22(b)所示。

3. 切向流

无挡板的搅拌釜内,流体绕轴作旋转运动,流速高时流体表面会形成漩涡,这种流型称为切向流,如图 16.22(c)所示。此时流体的混合效果很差。

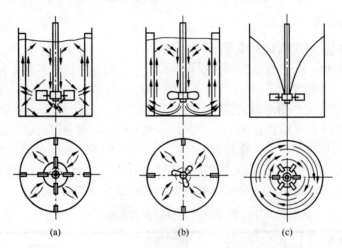

图 16.22 反应釜内流体的流型

(a) 径向流; (b) 轴向流; (c) 切向流

16.3.3 搅拌附件

为了改善物料的流动状态,在搅拌反应釜内增设的零件称为搅拌附件,通常指挡板和导流筒。

1. 挡板

搅拌器在搅拌黏度不高的液体时,只要搅拌器转速足够高,都会产生切向流,严重时可使全部流体在反应釜中央围绕搅拌器的圆形轨道旋转,形成"圆柱状回转区"。在这一区域内,液体没有相对运动,所以混合效果差。另外,液体在离心力作用下甩向釜壁,使周边的液体沿釜壁上升,而中心部分的液面下降,于是形成一个大的漩涡,如图 16.22(c)所示。搅拌器的转速越高,漩涡越深,这种现象叫做"打漩"。打漩时几乎不产生轴向混合作用。相反,如果被搅拌的物料是多相系统,这时,在离心力的作用下不是造成混合,而是发生分层或分离,其中的固体颗粒被甩向釜壁,然后沿釜壁沉落在釜底。

为了消除"圆柱状回转区"和"打漩"现象,可在反应釜中装设挡板,通常径向安装 4 块宽度为釜体内径的 1/12～1/10 的挡板,当釜体内径很大或很小时,可酌量增加或减小挡板的数量。

挡板有竖挡板和横挡板两种，常用竖挡板，如图 16.23 所示。安装竖挡板时，挡板一般紧贴于釜体壁，挡板上端与静液面相齐，下端略低于下封头与筒体的焊缝线即可，如图 16.23(a)所示。当物料中含有固体颗粒或液体黏度达 7～10Pa·s 时，为了避免固体堆积或液体粘附，挡板需离壁安装，如图 16.23(b)所示。

在高黏度物料中使用桨式搅拌器时，可装设横挡板以增加混合作用，如图 16.24 所示。挡板宽度可与桨叶宽度相同。横挡板与搅拌器的距离越近，剪切切向流的作用越大。

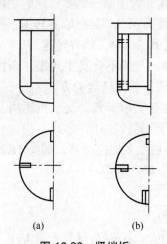

图 16.23 竖挡板
(a) 挡板紧贴釜体壁安装；(b) 挡板离壁安装

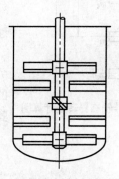

图 16.24 横挡板

2. 导流筒

无论搅拌器的型式如何，流体总是从各个方向流向搅拌器。在需要控制流回的速度和方向以确定某一特定流型时，可在反应釜中设置导流筒。

导流筒的作用在于提高混合效率。一方面它提高了对筒内液体的搅拌程度，加强了搅拌器对液体的直接机械剪切作用；另一方面，由于限制了流体的循环路径，确定了充分循环的流型，使反应釜内所有物料均能通过导流筒内的强烈混合区，减小了走短路的机会。图 16.25 为推进式搅拌器与导流筒的结构与尺寸关系。

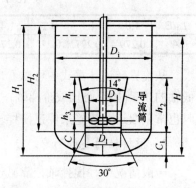

图 16.25 推进式搅拌器与导流筒

16.3.4 搅拌轴

1. 搅拌轴直径的确定

搅拌轴受到扭转和弯曲的组合作用，其中以扭转为主，所以工程上采用近似的方法来确定搅拌轴的直径，即假定搅拌轴只承受扭矩的作用，根据第 4 章圆轴扭转的强度条件和刚度条件初步确定搅拌轴直径。

搅拌轴的材料常用 45 钢，通常进行调质处理，以提高轴的强度和耐磨性。对于要求较低的搅拌轴可采用普通碳素钢(如 Q235-A)制造。当耐磨性要求较高或釜内物料不允许被铁离子污染时，应当采用不锈钢或采取防腐措施。

2. 搅拌轴的临界转速

当搅拌轴的转速达到其自振频率时会发生剧烈振动，并出现很大的弯曲，这个速度称

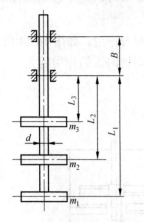

图 16.26　搅拌轴临界转速计算图

为临界转速 n_c。轴在接近临界转速转动时，常因剧烈振动而破坏，因此工程上要求搅拌轴的转速应避开临界转速。通常把工作转速 n 低于第一临界转速的轴称为刚性轴，要求 $n \leqslant 0.7 n_c$；把工作转速 n 大于第一临界转速的轴称为柔性轴，要求 $n \geqslant 1.3 n_c$。轴还有第二、第三临界转速，搅拌轴一般转速较低，很少达到第二、第三临界转速。

低速旋转的刚性轴，一般不会发生共振。当搅拌轴转速 $n \geqslant 200 r/min$ 时，应进行临界转速验算。

搅拌轴的临界转速与支承形式、支承点距离及轴径有关，不同形式支承轴的临界转速计算公式不同。对于常用的双支承、一端外伸单层及多层搅拌器，如图 16.26 所示，其第一临界转速 n_c 按式(16-4)计算：

$$n_c = \frac{30}{\pi} \sqrt{\frac{3EI_\rho}{m_D L_1^2 (L_1 + B)}} \tag{16-4}$$

式中，E 为搅拌轴材料的弹性模量(Pa)；I_ρ 为轴的惯性矩(m^4)；m_D 为等效质量(kg)；$m_D = m_1 + m_2 (L_2/L_1)^3 + m_3 (L_3/L_1)^3 + m_0 A$，$m_0$ 为轴外伸端的质量(kg)；A 为系数，随外伸端长度与支承点距离的比值 L_1/B 而变化，从表 16-7 查取，m_1、m_2、m_3 为搅拌器质量(kg)。

表 16-7　双支承一端外伸等截面轴的系数 A

L_1/B	1.0	1.1	1.2	1.4	1.6	1.8	2.0	2.5	3.0	3.5	4.0	5.0
A	0.279	0.277	0.275	0.271	0.268	0.266	0.264	0.259	0.256	0.254	0.252	0.249

从临界转速计算式中可以看出，增大轴径、增加一个支承点或缩短搅拌轴的长度、降低轴的质量(如空心轴或阶梯轴)，都会提高轴的刚性，即提高轴的临界转速 n_c。工程设计时也常采取这些措施来保证搅拌轴在安全范围内工作。

3. 搅拌轴的支承

一般情况下，搅拌轴依靠减速机内的一对轴承支承。但是，由于搅拌轴通常较长，而且悬伸在反应釜内进行搅拌操作，如图 16.27 所示，因此运转时容易发生振动，将轴扭弯，甚至完全破坏。

为了保持悬臂搅拌轴的稳定，悬臂轴长度 L_1、搅拌轴直径 d、两轴承间的距离 B 之间的关系应满足以下条件：

$$\frac{L_1}{B} \leqslant 4 \sim 5 \tag{16-5}$$

$$\frac{L_1}{d} \leqslant 40 \sim 50 \tag{16-6}$$

当轴的直径裕量较大、搅拌器经过平衡及低转速时，$\dfrac{L_1}{B}$ 及 $\dfrac{L_1}{d}$ 可取偏大值。

当不能满足上述要求，或搅拌转速较快而密封要求较高时，可考虑安装中间轴承，如图 16.28 所示，或底轴承，如图 16.29 所示。

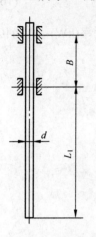

图 16.27 搅拌轴的支承

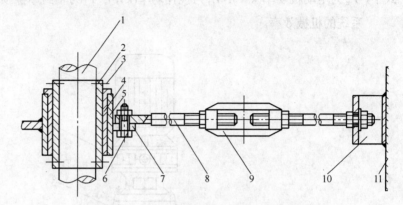

图 16.28 中间轴承(釜体内径大于 1m)
1—轴；2—轴套；3—紧定螺钉；4—轴瓦；5—轴承座；6—螺栓；
7—托盘；8—拉杆；9—左右螺栓；10—拉杆支座；11—设备筒体

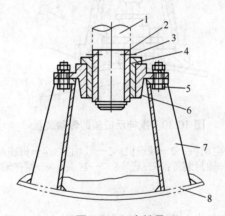

图 16.29 底轴承
1—轴；2—轴套；3—紧定螺钉；4—轴瓦；
5—螺栓；6—轴承座；7—支架；8—下封头

16.4 传 动 装 置

搅拌反应釜的传动装置通常设置在反应釜的顶盖(上封头)上，一般采取立式布置。图 16.30 为搅拌反应釜传动装置的一种典型布置形式。

搅拌反应釜传动装置一般包括电动机、减速机、联轴器、机座和底座等。

1. 电动机

电动机的型号应根据功率、工作环境等因素选择；工作环境包括防爆、防护等级、腐蚀环境等。同时，选用电动机时，应特别考虑与减速机的匹配问题。在很多场合，电动机与减速机一并配套供应，设计时可根据选定的减速机选用配套的电动机。

电动机功率包括搅拌器运转功率及传动装置和密封系统功率损耗，可按式(16-7)计算：

$$P_e = \frac{P_a + P_f}{\eta} \tag{16-7}$$

式中，P_e 为电动机功率(kW)；P_a 为搅拌功率(kW)；P_f 为轴封摩擦损失功率(kW)；η 为传动系统的机械效率。

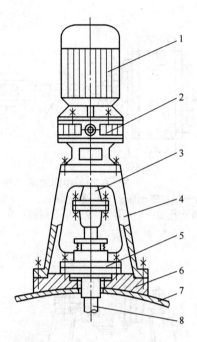

图 16.30　搅拌反应釜的传动装置

1—电动机；2—减速机；3—联轴器；4—机座；
5—轴封装置；6—底座；7—封头；8—搅拌轴

2. 减速机

搅拌反应釜往往在载荷变化、有振动的环境下连续工作，选择减速机时应考虑这些特点。常用的减速机有摆线针轮行星减速机、齿轮减速机和三角皮带减速机，其基本特征见表 16-8。一般根据功率、转速来选择减速机。选用时应优先考虑传动效率高的齿轮减速机和摆线针轮行星减速机。

表 16-8　常用减速机的基本特性

特性	减速机类型		
	摆线针轮行星减速机	齿轮减速机	带传动减速机
传动比 i	87～11	12～6	4.53～2.96
输出轴转速/(r/min)	17～160	65～250	200～500
输入功率/kW	0.04～245	0.55～数万	0.55～200
传动效率	0.9～0.95	0.95～0.995	0.95～0.96
传动原理	利用少齿差内啮合行星传动	两级同中距并流式斜齿轮传动	单级三角皮带传动

续表

特性	减速机类型		
	摆线针轮行星减速机	齿轮减速机	带传动减速机
主要特点	该机具有体积小、质量轻、传动比大、传动效率高、故障少、使用寿命长、运输平稳可靠、拆卸方便、容易维修，以及承载能力强、耐冲击、惯性力矩小、适用于起动频繁和正反转的场合等特点	该机传动比准确，使用寿命长；在相同速比范围内，较之于其他传动装置，具有体积小、效率高、制造成本低、结构简单、装配检修方便等特点	该机结构简单，过载时会产生打滑现象，因此能起到安全保护作用；但传动带滑动也使其不能保证精确的传动比
应用条件	对过载和冲击有较高承受能力，可短期过载75%，起动转矩为额定转矩的 2 倍，允许正反旋转，可用于有防爆要求的场合，与电动机直连供应，可依轴承寿命来计算容许的轴向力	允许正反旋转，可采用夹壳联轴器或弹性块式联轴器与搅拌轴连接，不允许承受外加轴向载荷或只允许使用在搅拌轴向力较小的场合，可用于有防爆要求的场合，与电动机直连供应	允许正反旋转，适用于环境温度为-20～60℃，适宜的环境相对温度为 50%～80%；但不能用于有防爆要求的场合，也不允许在使传动胶带受油、酸、碱、有机溶剂接触或污染的环境下使用

3. 机座

立式搅拌设备传动装置是通过机座安装在反应釜封头上，机座内应留有足够的位置，以容纳联轴器、轴封装置等部件，并保证安装操作所需要的空间。

机座形式可分为无支点机座、单支点机座(图 16.31)和双支点机座(图 16.32)。无支点机座一般仅适用于传递小功率和轴向载荷较小的条件。单支点机座适用于电动机或减速机可作为一个支点，或反应釜内可设置中间轴承和底轴承的情况。双支点机座适用于悬臂轴。

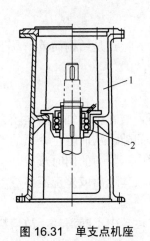

图 16.31　单支点机座

1—机座；2—轴承

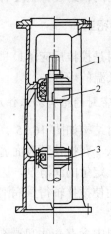

图 16.32　双支点机座

1—机座；2—上轴承；3—下轴承

4. 底座

底座焊接在釜体的上封头上，如图 16.33 所示。机座和轴封装置的定位安装面均在底座上，这样可使两者在安装时有一定的同心度，保证搅拌轴既可与减速机顺利连接，又可使搅拌轴穿过轴封装置，进而能够良好运转。

视釜内物料的腐蚀情况，底座有不带衬里和带衬里两种。不带衬里的底座材料可用Q235-A；要求带衬里的，则在与物料可能接触的表面衬一层耐腐蚀材料，通常为不锈钢。图 16.33 所示为一种带有耐腐蚀衬里的整体底座，车削应在焊好后进行。底座下端形状按封头曲率加工，也可做成图 16.34 的形式，以简化底座下端的加工。

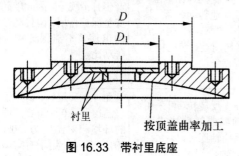

图 16.33　带衬里底座

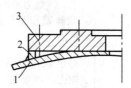

图 16.34　简化底座

1—封头；2—支撑块；3—底座

16.5　轴　封　装　置

反应釜中介质的泄漏会造成物料浪费并污染环境，易燃、易爆、剧毒、腐蚀性介质的泄漏，会危及人身安全和设备安全。因此，在反应釜的设计过程中选择合理的密封装置是非常重要的。

为了防止介质从转动轴与封头之间的间隙泄漏而设置的密封装置，简称为轴封装置。反应釜中使用的轴封装置主要有填料密封和机械密封两种。

16.5.1　填料密封

填料密封是搅拌反应釜最早采用的一种轴封结构，其特点是结构简单，易于制造，适用于低压、低温的场合。

1. 填料密封的结构和工作原理

填料密封结构如图 16.35 所示。在压盖压力作用下，装在搅拌轴与填料箱之间的填料产生径向扩张，对搅拌轴表面施加径向压紧力，塞紧了间隙，从而阻止介质的泄漏。由于填料中含有一定量的润滑剂，因此，在对搅拌轴产生径向压紧力的同时形成一层极薄的液膜，它一方面使搅拌轴得到润滑，另一方面阻止设备内流体逸出或外部流体渗入而达到密封作用。

虽然填料中含有一些润滑剂，但其数量有限，且在运转中不断消耗，故填料箱上常设置添加润滑油的装置。

填料密封不可能达到绝对密封，因为压紧力太大时会加速轴与填料的磨损，使密封失效更快。从延长密封寿命出发，允许有一定的泄漏量(150～450mL/h)，运转过程中需调整压盖的压紧力，并规定更换填料的周期。

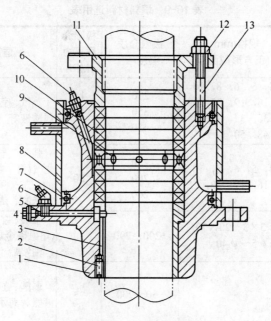

图 16.35　填料密封结构

1—填料箱体；2—螺钉；3—衬套；4—螺塞；5—油圈；6—油杯；7—O 形圈；
8—水夹套；9—油环；10—填料；11—压盖；12—螺母；13—双头螺柱

2. 填料

填料是保证密封的主要零件。填料选用正确与否对填料的密封性能起关键性的作用。对填料的基本要求如下。

(1) 要富有弹性，这样在压紧压盖后，填料能贴紧搅拌轴，并对轴产生一定的抱紧力。

(2) 良好的耐磨性。

(3) 与搅拌轴的摩擦系数要小，以便降低摩擦功率损耗，延长填料寿命。

(4) 良好的导热性，使摩擦产生的热量能较快地传递出去。

(5) 耐介质及润滑剂的浸泡和腐蚀。

此外，对用在高温高压下的填料还要求耐高温及有足够的机械强度。

填料的选用应根据反应釜内介质的特性(包括对材料的腐蚀性)、操作压力、操作温度、转轴直径和转速等进行选择。

对于低压($PN \leqslant 0.2$MPa)、介质无毒、非易燃易爆者，可选用一般石棉绳，安装时外涂黄油，或者采用油浸石棉填料。

压力较高或介质有毒及易燃易爆者，最常用的是石墨填料和聚四氟乙烯填料。

几种常用的填料型号、规格和应用条件见表 16-9。

安装填料时，先将填料开斜口，如图 16.36 所示，然后把填料放入填料箱内，并注意使每圈的斜口错开，否则切口处会产生泄漏。

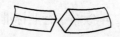

图 16.36　开斜口填料

表 16-9　填料材料选用表

填料名称	牌号型号标记	规格/mm (正方形截面)	极限介质温度/℃	极限介质压力/MPa	适用条件(接触介质)
油浸石棉填料	YS250 YS350 YS450	3, 4, 5, 6, 8, 10, 13, 16, 19, 22, 25, 28, 30, 32, 35, 38, 42, 48, 50	250 350 450	4.5 4.5 6.0	蒸汽、空气、工业用水、重质石油、弱酸液等
石棉浸四氟乙烯填料	FFB-01 FFB-02 FFB-58	3, 4, 5, 6, 8, 10, 13, 16, 19, 22, 25	250 200 200	20	强酸、强碱及其他腐蚀性物质如液化气(氧、氮等)、气态有机物品、汽油、苯、甲苯、丙酮、乙烯、联苯、二苯醚、海水等
纯四氟乙烯编织填料	NFS	方形 3×3～20×20 圆形 $\phi 5 \sim \phi 40$	$-200 \sim 290$	30	强酸、强碱以及其他腐蚀性强介质(熔融碱金属和液氟除外) 油浸后不宜用于液氧
石棉线和尼龙线浸渍四氟乙烯填料	YAB	同上	$-30 \sim 200$	25	弱酸、强碱如氢氧化钠、纸浆废液、液氨、海水等
柔性石墨填料	无牌号	圆环形。其截面为正方形,可切口安装。有 200 余种规格,常用规格有:$\phi 48 \times 32$、$\phi 50 \times 30$、$\phi 60 \times 40$、$\phi 76 \times 50$、$\phi 106 \times 80$、$\phi 152 \times 80$。其他规格均可定做	在非氧化性介质中为$-200 \sim 1600$,在氧化性介质中为 400	20	醋酸、硼酸、柠檬酸、盐酸、硫化氢、乳酸、硝酸、硫酸、硬脂酸、氨水、氢氧化钠、氯化钠、溴、矿物油料、汽油、二甲苯、四氯化碳等
碳纤维	TCW	方形或矩形截面,边长 4, 5, 6, 8, 10, 12, 14, 16	$-250 \sim 320$	20	酸、强碱、溶剂

3. 填料箱

填料箱又称填料函,有的用铸铁铸造,有的用碳钢或不锈钢焊接而成。通常用螺栓将填料箱固定在封头的底座上,填料箱法兰与底座采用凹凸密封面连接,填料箱为凸面,底座为凹面。

当反应釜内操作温度大于等于 100℃或搅拌轴线速度大于或等于 1m/s 时,填料箱应带水夹套,其作用是降低填料温度,保持填料具有良好的弹性,延长填料使用寿命。

填料箱中设置油环的作用是将从油杯注入的油,通过油环润滑填料和搅拌轴的密封面,以提高密封性能,减少轴的磨损,延长使用寿命。

在填料箱底部设置衬套,使安装搅拌轴时容易对中,尤其是对悬臂较长的轴可起到支承作用。

对于常用的填料箱,我国于 1992 年颁布了行业标准 HG 21537.1～HG 21537.8,一般使用条件下均可按标准选用。

16.5.2　机械密封

机械密封是用垂直于轴的两个密封元件(静环和动环)的平面相互贴合，并作相对运动达到密封的装置，又称端面密封。机械密封耗功小、泄漏量低，密封可靠，广泛应用于搅拌反应釜的轴封。

图 16.37 是一种典型反应釜机械密封的结构图。从图中可以看出，静环 14 依靠螺母 1、双头螺柱 2 和静环压板 16 固定在静环座 17 上，静环座与反应釜底座连接。当搅拌轴 7 转动时，弹簧座 9 依靠 3 只紧定螺钉 10 固定在轴上，而双头螺柱 6 使弹簧压板 11 与弹簧座 9 进行轴向固定，3 只固定螺钉 3 又使动环 13 与弹簧压板进行周向固定。所以当轴转动时，带动了弹簧座、弹簧压板、动环等零件一起旋转。由于弹簧力的作用，使动环紧紧压在静环上，而静环静止不动，这样动环和静环相接触的环形端面就阻止了介质的泄漏。

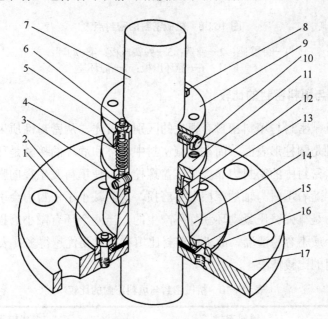

图 16.37　机械密封结构

1、5—螺母；2、6—双头螺柱；3—固定螺钉；4—弹簧；7—搅拌轴；
8—弹簧固定螺栓；9—弹簧座；10—紧定螺钉；11—弹簧压板；12—密封圈；
13—动环；14—静环；15—密封垫；16—静环压板；17—静环座

机械密封有 4 个密封点，如图 16.38 所示。A 点是静环座和反应釜底座之间的密封，属静密封。通常反应釜底座做成凹面，静环座做成凸面，形成凹凸密封面，中间用一般垫片。B 点是静环座与静环之间的密封，也属静密封，通常采用各种形状具有弹性的密封圈。C 点是动环和静环间有相对旋转运动的两个端面密封，是机械密封的关键部分，属动密封，依靠弹性元件及介质的压力使两个光滑而平直的端面紧密接触，而且端面间形成一层极薄的液膜达到密封作用。D 点是动环与搅拌轴或轴套之间的密封，也属静密封，常用的密封元件是 O 形环。

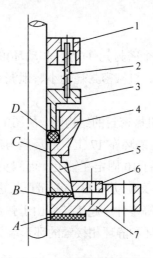

图 16.38　机械密封的密封点

1—弹簧座；2—弹簧；3—弹簧压板；4—动环；
5—静环；6—静环压板；7—静环座

16.5.3　机械密封与填料密封的比较

综上所述，机械密封与填料密封有很大的区别。首先，从密封性质来讲，在填料密封中轴和填料的接触是圆柱形表面，而在机械密封中动环和静环的接触是环形平面。其次，从密封力看，填料密封中的密封力靠拧紧压盖螺栓后，使填料发生径向膨胀而产生，在轴的运转过程中，伴随着填料与轴的摩擦发生磨损，从而减小了密封力会引起泄漏。而在机械密封中，密封力是靠弹簧压紧动环和静环产生的，当两个环有微小磨损后，密封力基本保持不变，因而介质不容易泄漏。故机械密封比填料密封要优越得多。表 16-10 列出了机械密封与填料密封的比较情况。

表 16-10　机械密封与填料密封的比较

比较项目	填料密封	机械密封
泄漏量	180～450ml/h	一般平均泄漏量为填料密封的 1%
摩擦功耗	机械密封为填料密封的 10%～50%	
轴磨损	有磨损，用久后轴要更换	几乎无磨损
维护及寿命	需要经常维护，更换填料，个别情况 8 小时(每班)更换一次	寿命 0.5～1 年或更长，很少需要维护
高参数	高压、高温、高真空、高转速、大直径等密封很难解决	高压、高温、高真空、高转速、大直径等密封可以解决
加工及安装	加工要求一般，填料更换方便	动环、静环表面粗糙度要求高，不易加工，成本高，装拆不便
对材料要求	一般	动环、静环要求有较高减摩性能

本 章 小 结

　　本章对搅拌反应釜作了较详细的阐述，主要包括反应釜的釜体、传热装置、搅拌装置、传动装置和轴封装置。

　　反应釜的筒体内径和高度由釜体容积和物料性质确定。传热装置通常采用夹套。常用的夹套有整体夹套、型钢夹套、半管夹套和蜂窝夹套等。当所需传热面积较大，而夹套传热不能满足要求，或釜体内有衬里隔热而不能采用夹套时，可采用蛇管传热。

　　常用搅拌器的型式有桨式、涡轮式、锚式、框式、推进式、螺杆和螺带式等，可根据搅拌目的、搅拌器型式和适用条件进行选型。在搅拌反应釜内设置挡板和导流筒，可改善物料的流动状态。搅拌轴的直径应根据强度条件和刚度条件确定。为了降低轴的临界转速，通常在轴上增加支承点。

　　搅拌反应釜的传动装置包括电动机、减速机、联轴器、机座和底座。

　　搅拌反应釜常用的轴封装置有填料密封和机械密封。

　　本章的教学目标是使学生了解搅拌反应釜的整体结构，能够初步选择各部分的结构型式。

 推荐阅读资料

1. 郑津洋，董其伍，桑芝富. 过程设备设计. 3 版. 北京：化学工业出版社，2011.
2. 化工设备设计全书编委会. 搅拌设备. 北京：化学工业出版社，2003.

习　　题

简答题

16-1　什么是反应釜？搅拌的目的是什么？主要表现在哪些方面？

16-2　搅拌反应釜由哪些主要部分构成？各部分的作用是什么？

16-3　搅拌反应釜常用的传热形式有哪几种？各有什么特点？

16-4　反应釜釜体中筒体的直径和高度如何确定？釜体和夹套的壁厚又怎样确定？

16-5　为什么进料管一般伸进釜体内，并在进口管端向着釜体中央开 45° 的切口？

16-6　搅拌器的作用是什么？选择搅拌器的依据是什么？如何选择搅拌器？

16-7　搅拌器的结构形式有哪些？各有什么特点？

16-8　搅拌反应釜内常见的流型有哪几种？各有什么特点？

16-9　"圆柱状回转区"和"打漩"是怎么回事？它们对搅拌有何影响？

16-10　搅拌轴主要承受什么载荷作用？怎样确定搅拌轴的直径？

16-11　什么情况下要计算搅拌轴的临界转速？计算目的是什么？

16-12　搅拌轴的支承形式有哪些？支承条件是什么？如不能满足，采取什么措施保证其稳定工作？

16-13　搅拌反应釜的电动机功率如何计算？

16-14　常用的机座有哪几种？各适用于什么场合？

16-15　简述填料密封的结构特点、工作原理及优缺点。对填料有什么要求？如何选择填料？

16-16　简述机械密封的结构特点、工作原理及优缺点。

16-17　试对填料密封和机械密封进行比较。

参 考 文 献

[1] 潘永亮. 化工设备机械基础[M]. 北京：科学出版社，2007.

[2] 董大勤. 化工设备机械基础[M]. 北京：化学工业出版社，2003.

[3] 谭蔚. 化工设备设计基础[M]. 天津：天津大学出版社，2007.

[4] 孟繁英. 工程力学[M]. 天津：天津大学出版社，1996.

[5] 奚绍中，邱秉权. 工程力学[M]. 成都：西南交通大学出版社，1997.

[6] 刘英卫. 工程力学[M]. 大连：大连工业出版社，2005.

[7] 范钦珊. 工程力学[M]. 北京：机械工业出版社，2007.

[8] 韩志军，顾铁凤. 工程力学[M]. 北京：科学出版社，2011.

[9] 陈景秋，张培源. 工程力学[M]. 北京：高等教育出版社，2005.

[10] 范本隽，陈安军. 工程力学简明教材[M]. 北京：科学出版社，2005.

[11] 巨勇智，靳士兰. 过程设备机械基础[M]. 北京：国防工业出版社，2005.

[12] 汤善甫，朱思明. 化工设备机械基础[M]. 上海：华东理工大学出版社，2004.

[13] 冯维明. 工程力学[M]. 北京：国防工业出版社，2003.

[14] 韩瑞功. 工程力学[M]. 北京：清华大学出版社，2004.

[15] 徐鹏. 简明工程力学[M]. 北京：电子工业出版社，2010.

[16] 闫康平. 工程材料[M]. 北京：化学工业出版社，2001.

[17] 宋本超，卞西文. 工程力学[M]. 北京：国防工业出版社，2010.

[18] 朱孝钦. 过程装备基础[M]. 北京：化学工业出版社，2006.

[19] 赵军，张有忱，段成红. 化工设备机械基础[M]. 北京：化学工业出版社，2007.

[20] 陈国桓. 化工机械基础[M]. 北京：化学工业出版社，2006.

[21] 孙训方，方孝淑，关来泰. 材料力学(Ⅱ)[M]. 4版. 北京：高等教育出版社，2006.

[22] 范钦珊. 材料力学[M]. 北京：高等教育出版社，2005.

[23] 单辉祖. 材料力学(I)[M]. 2版. 北京：高等教育出版社，2004.

[24] 孙建东，李春书. 机械设计基础[M]. 北京：清华大学出版社，2007.

[25] 黄平，朱文坚. 机械设计基础[M]. 北京：科学出版社，2009.

[26] 胥宏，同长虹. 机械设计基础[M]. 北京：机械工业出版社，2008.

[27] 周亚焱，程有斌. 机械设计基础[M]. 北京：化学工业出版社，2008.

[28] 赵程，杨建民. 机械工程材料[M]. 北京：机械工业出版社，2003.

[29] 李新德. 金属工艺学[M]. 北京：中国商业出版社，2006.

[30] 刘宗昌，任慧平，郝少祥. 金属材料工程概论[M]. 北京：冶金工业出版社，2007.

[31] 朱征. 机械工程材料[M]. 北京：国防工业出版社，2006.

[32] 戈晓岚. 机械工程材料[M]. 北京：北京大学出版社，2007.

[33] 刁玉玮. 化工设备机械基础[M]. 大连：大连理工大学出版社，2006.

[34] 陈匡民. 过程装备腐蚀与防护[M]. 北京：化学工业出版社，2000.

[35] 中国国家标准化管理委员会. GB/T 4238—2007 耐热钢钢板和钢带[S]. 北京：中国标准出版社，2007.

[36] 中国国家标准化管理委员会. GB/T 13304.1—2008 钢分类 第1部分：按化学成分分类[S]. 北京：中国标准出版社，2008.

[37] 中国国家标准化管理委员会. GB/T 13304.2—2008 钢分类 第 2 部分：按主要质量等级和主要性能或使用特性的分类[S]. 北京：中国标准出版社，2008.

[38] 中国国家标准化管理委员会. GB/T 221—2008 钢铁产品牌号表示方法[S]. 北京：中国标准出版社，2008.

[39] 中国国家标准化管理委员会. GB/T 20878—2007 不锈钢和耐热钢牌号及化学成分[S]. 北京：中国标准出版社，2007.

[40] 国家质量技术监督局. GB/T 699—1999 优质碳素结构钢[S]. 北京：中国标准出版社，1999.

[41] 中国国家标准化管理委员会. GB/T 1591—2008 低合金高强度结构钢[S]. 北京：中国标准出版社，2008.

[42] 中国国家标准化管理委员会. GB/T 1298—2008 碳素工具钢[S]. 北京：中国标准出版社，2008.

[43] 中国国家标准化管理委员会. GB 713—2008 锅炉与压力容器用钢板[S]. 北京：中国标准出版社，2008.

[44] 国家能源局. NB/T 47009—2010 低温承压设备用低合金钢锻件[S]. 北京：中国标准出版社，2010.

[45] 国家能源局. NB/T 47008—2010 碳素钢和合金钢锻件[S]. 北京：中国标准出版社，2010.

[46] 中国国家标准化管理委员会. GB/T 3531—2008 低温压力容器用低合金钢钢板[S]. 北京：中国标准出版社，2008.

[47] 中国国家标准化管理委员会. GB/T 700—2006 碳素结构钢[S]. 北京：中国标准出版社，2006.

[48] 郑津洋，董其伍，桑芝富. 过程设备设计[M]. 北京：化学工业出版社，2011.

[49] 潘红良. 过程装备机械基础[M]. 上海：华东理工大学出版社，2006.

[50] 贺匡国. 化工容器及设备简明设计手册[M]. 北京：化学工业出版社，2002.

[51] 化工设备设计全书编辑委员会. 化工设备设计全书——压力容器[M]. 北京：化学工业出版社，2003.

[52] 中国国家标准化管理委员会. GB 150—2011 压力容器[S]. 北京：中国标准出版社，2012.

[53] 国家质量监督检验检疫总局. 固定式压力容器安全技术监察规程[M]. 北京：新华出版社，2009.

[54] 王志文. 化工容器设计[M]. 北京：化学工业出版社，1998.

[55] 汤善普，等. 化工设备机械基础[M]. 上海：华东理工大学出版社，2006.

[56] 王绍良. 化工设备基础[M]. 北京：化学工业出版社，2002.

[57] 化工设备设计全书编辑委员会. 化工设备设计全书——换热器[M]. 北京：化学工业出版社，2003.

[58] 国家技术监督局. GB 151—1999 管壳式换热器[S]. 北京：中国标准出版社，1999.

[59] 崔海亭，等. 强化传热新技术及其应用[M]. 北京：化学工业出版社，2005.

[60] 化工设备设计全书编委会. 搅拌设备[M]. 北京：化学工业出版社，2003.

[61] 机械工程手册电机工程手册编写委员会. 机械工程手册[M]. 北京：机械工业出版社，1997.

[62] 陈志平，章序文，林兴华. 搅拌与混合设备设计选用手册[M]. 北京：化学工业出版社，2004.

[63] 陈志平，曹志锡，潘浓芳. 过程设备设计与选型基础[M]. 杭州：浙江大学出版社，2005.

[64] 王凯，冯连芳. 混合设备设计[M]. 北京：机械工业出版社，2000.

[65] 蔡仁良，顾伯勤，宋鹏云. 过程装备密封技术[M]. 2 版. 北京：化学工业出版社，2006.

北京大学出版社教材书目

❖ 欢迎访问教学服务网站 www.pup6.com，免费查阅已出版教材的电子书(PDF 版)、电子课件和相关教学资源。

❖ 欢迎征订投稿。联系方式：010-62750667，童编辑，13426433315@163.com，pup_6@163.com，欢迎联系。

序号	书 名	标准书号	主 编	定价	出版日期
1	机械设计	978-7-5038-4448-5	郑 江，许 瑛	33	2007.8
2	机械设计	978-7-301-15699-5	吕 宏	32	2009.9
3	机械设计	978-7-301-17599-6	门艳忠	40	2010.8
4	机械设计	978-7-301-21139-7	王贤民，霍仕武	49	2012.8
5	机械设计	978-7-301-21742-9	师素娟，张秀花	48	2012.12
6	机械原理	978-7-301-11488-9	常治斌，张京辉	29	2008.6
7	机械原理	978-7-301-15425-0	王跃进	26	2010.7
8	机械原理	978-7-301-19088-3	郭宏亮，孙志宏	36	2011.6
9	机械原理	978-7-301-19429-4	杨松华	34	2011.8
10	机械设计基础	978-7-5038-4444-2	曲玉峰，关晓平	27	2008.1
11	机械设计基础	978-7-301-22011-5	苗淑杰，刘喜平	49	2012.12
12	机械设计课程设计	978-7-301-12357-7	许 瑛	35	2012.7
13	机械设计课程设计	978-7-301-18894-1	王 慧，吕 宏	30	2011.5
14	机电一体化课程设计指导书	978-7-301-19736-3	王金娥 罗生梅	35	2013.5
15	机械工程专业毕业设计指导书	978-7-301-18805-7	张黎骅，吕小荣	22	2012.5
16	机械创新设计	978-7-301-12403-1	丛晓霞	32	2010.7
17	机械系统设计	978-7-301-20847-2	孙月华	32	2012.7
18	机械设计基础实验及机构创新设计	978-7-301-20653-9	邹 旻	28	2012.6
19	TRIZ 理论机械创新设计工程训练教程	978-7-301-18945-0	蒯苏苏，马履中	45	2011.6
20	TRIZ 理论及应用	978-7-301-19390-7	刘训涛，曹 贺 等	35	2011.8
21	创新的方法——TRIZ 理论概述	978-7-301-19453-9	沈萌红	28	2011.9
22	机械工程基础	978-7-301-21853-2	潘玉良，周建军	34	2013.2
23	机械 CAD 基础	978-7-301-20023-0	徐云杰	34	2012.2
24	AutoCAD 工程制图	978-7-5038-4446-9	杨巧绒，张克义	20	2011.4
25	AutoCAD 工程制图	978-7-301-21419-0	刘善淑，胡爱萍	38	2013.4
26	工程制图	978-7-5038-4442-6	戴立玲，杨世平	27	2012.2
27	工程制图	978-7-301-19428-7	孙晓娟，徐丽娟	30	2012.5
28	工程制图习题集	978-7-5038-4443-4	杨世平，戴立玲	20	2008.1
29	机械制图(机类)	978-7-301-12171-9	张绍群，孙晓娟	32	2009.1
30	机械制图习题集(机类)	978-7-301-12172-6	张绍群，王慧敏	29	2007.8
31	机械制图(第 2 版)	978-7-301-19332-7	孙晓娟，王慧敏	38	2011.8
32	机械制图	978-7-301-21480-0	李凤云，张 凯等	36	2013.1
33	机械制图习题集(第 2 版)	978-7-301-19370-7	孙晓娟，王慧敏	22	2011.8
34	机械制图	978-7-301-21138-0	张 艳，杨晨升	37	2012.8
35	机械制图习题集	978-7-301-21339-1	张 艳，杨晨升	24	2012.10
36	机械制图与 AutoCAD 基础教程	978-7-301-13122-0	张爱梅	35	2011.7
37	机械制图与 AutoCAD 基础教程习题集	978-7-301-13120-6	鲁 杰，张爱梅	22	2010.9
38	AutoCAD 2008 工程绘图	978-7-301-14478-7	赵润平，宗荣珍	35	2009.1
39	AutoCAD 实例绘图教程	978-7-301-20764-2	李庆华，刘晓杰	32	2012.6
40	工程制图案例教程	978-7-301-15369-7	宗荣珍	28	2009.6
41	工程制图案例教程习题集	978-7-301-15285-0	宗荣珍	24	2009.6
42	理论力学	978-7-301-12170-2	盛冬发，闫小青	29	2012.5
43	材料力学	978-7-301-14462-6	陈忠安，王 静	30	2011.1
44	工程力学(上册)	978-7-301-11487-2	毕勤胜，李纪刚	29	2008.6
45	工程力学(下册)	978-7-301-11565-7	毕勤胜，李纪刚	28	2008.6
46	液压传动	978-7-5038-4441-8	王守城，容一鸣	27	2009.4

47	液压与气压传动	978-7-301-13179-4	王守城，容一鸣	32	2012.10
48	液压与液力传动	978-7-301-17579-8	周长城等	34	2010.8
49	液压传动与控制实用技术	978-7-301-15647-6	刘 忠	36	2009.8
50	金工实习指导教程	978-7-301-21885-3	周哲波	30	2013.1
51	金工实习(第2版)	978-7-301-16558-4	郭永环，姜银方	30	2013.2
52	机械制造基础实习教程	978-7-301-15848-7	邱 兵，杨明金	34	2010.2
53	公差与测量技术	978-7-301-15455-7	孔晓玲	25	2011.8
54	互换性与测量技术基础(第2版)	978-7-301-17567-5	王长春	28	2010.8
55	互换性与技术测量	978-7-301-20848-9	周哲波	35	2012.6
56	机械制造技术基础	978-7-301-14474-9	张 鹏，孙有亮	28	2011.6
57	机械制造技术基础	978-7-301-16284-2	侯书林 张建国	32	2012.8
58	机械制造技术基础	978-7-301-22010-8	李菊丽，何绍华	42	2013.1
59	先进制造技术基础	978-7-301-15499-1	冯宪章	30	2011.11
60	先进制造技术	978-7-301-22283-6	朱 林，杨春杰	30	2013.4
61	先进制造技术	978-7-301-20914-1	刘 璇，冯 凭	28	2012.8
62	先进制造与工程仿真技术	978-7-301-22541-7	李 彬	35	2013.5
63	机械精度设计与测量技术	978-7-301-13580-8	于 峰	25	2008.8
64	机械制造工艺学	978-7-301-13758-1	郭艳玲，李彦蓉	30	2008.8
65	机械制造工艺学	978-7-301-17403-6	陈红霞	38	2010.7
66	机械制造工艺学	978-7-301-19903-9	周哲波，姜志明	49	2012.1
67	机械制造基础(上)——工程材料及热加工工艺基础(第2版)	978-7-301-18474-5	侯书林，朱 海	40	2013.2
68	机械制造基础(下)——机械加工工艺基础(第2版)	978-7-301-18638-1	侯书林，朱 海	32	2012.5
69	金属材料及工艺	978-7-301-19522-2	于文强	44	2013.2
70	金属工艺学	978-7-301-21082-6	侯书林，于文强	32	2012.8
71	工程材料及其成形技术基础（第2版）	978-7-301-22367-3	申荣华	58	2013.5
72	工程材料及其成形技术基础学习指导与习题详解	978-7-301-14972-0	申荣华	20	2009.3
73	机械工程材料及成形基础	978-7-301-15433-5	侯俊英，王兴源	30	2012.5
74	机械工程材料（第2版）	978-7-301-22552-3	戈晓岚，招玉春	36	2013.6
75	机械工程材料	978-7-301-18522-3	张铁军	36	2012.5
76	工程材料与机械制造基础	978-7-301-15899-9	苏子林	32	2009.9
77	控制工程基础	978-7-301-12169-6	杨振中，韩致信	29	2007.8
78	机械工程控制基础	978-7-301-12354-6	韩致信	25	2008.1
79	机电工程专业英语(第2版)	978-7-301-16518-8	朱 林	24	2012.10
80	机械制造专业英语	978-7-301-21319-3	王中任	28	2012.10
81	机床电气控制技术	978-7-5038-4433-7	张万奎	26	2007.9
82	机床数控技术(第2版)	978-7-301-16519-5	杜国臣，王士军	35	2011.6
83	自动化制造系统	978-7-301-21026-0	辛宗生，魏国丰	37	2012.8
84	数控机床与编程	978-7-301-15900-2	张洪江，侯书林	25	2012.10
85	数控铣床编程与操作	978-7-301-21347-6	王志斌	35	2012.10
86	数控技术	978-7-301-21144-1	吴瑞明	28	2012.9
87	数控技术	978-7-301-22073-3	唐友亮 余 勃	45	2013.2
88	数控加工技术	978-7-5038-4450-7	王 彪，张 兰	29	2011.7
89	数控加工与编程技术	978-7-301-18475-2	李体仁	34	2012.5
90	数控编程与加工实习教程	978-7-301-17387-9	张春雨，于 雷	37	2011.9
91	数控加工技术及实训	978-7-301-19508-6	姜永成，夏广岚	33	2011.9
92	数控编程与操作	978-7-301-20903-5	李英平	26	2012.8
93	现代数控机床调试及维护	978-7-301-18033-4	邓三鹏等	32	2010.11
94	金属切削原理与刀具	978-7-5038-4447-7	陈锡渠，彭晓南	29	2012.5
95	金属切削机床	978-7-301-13180-0	夏广岚，冯 凭	28	2012.7
96	典型零件工艺设计	978-7-301-21013-0	白海清	34	2012.8
97	工程机械检测与维修	978-7-301-21185-4	卢彦群	45	2012.9
98	特种加工	978-7-301-21447-3	刘志东	50	2013.1

99	精密与特种加工技术	978-7-301-12167-2	袁根福，祝锡晶	29	2011.12
100	逆向建模技术与产品创新设计	978-7-301-15670-4	张学昌	28	2009.9
101	CAD/CAM 技术基础	978-7-301-17742-6	刘 军	28	2012.5
102	CAD/CAM 技术案例教程	978-7-301-17732-7	汤修映	42	2010.9
103	Pro/ENGINEER Wildfire 2.0 实用教程	978-7-5038-4437-X	黄卫东，任国栋	32	2007.7
104	Pro/ENGINEER Wildfire 3.0 实例教程	978-7-301-12359-1	张选民	45	2008.2
105	Pro/ENGINEER Wildfire 3.0 曲面设计实例教程	978-7-301-13182-4	张选民	45	2008.2
106	Pro/ENGINEER Wildfire 5.0 实用教程	978-7-301-16841-7	黄卫东，郝用兴	43	2011.10
107	Pro/ENGINEER Wildfire 5.0 实例教程	978-7-301-20133-6	张选民，徐超辉	52	2012.2
108	SolidWorks 三维建模及实例教程	978-7-301-15149-5	上官林建	30	2009.5
109	UG NX6.0 计算机辅助设计与制造实用教程	978-7-301-14449-7	张黎骅，吕小荣	26	2011.11
110	Cimatron E9.0 产品设计与数控自动编程技术	978-7-301-17802-7	孙树峰	36	2010.9
111	Mastercam 数控加工案例教程	978-7-301-19315-0	刘 文，姜永梅	45	2011.8
112	应用创造学	978-7-301-17533-0	王成军，沈豫浙	26	2012.5
113	机电产品学	978-7-301-15579-0	张亮峰等	24	2009.8
114	品质工程学基础	978-7-301-16745-8	丁 燕	30	2011.5
115	设计心理学	978-7-301-11567-1	张成忠	48	2011.6
116	计算机辅助设计与制造	978-7-5038-4439-6	仲梁维，张国全	29	2007.9
117	产品造型计算机辅助设计	978-7-5038-4474-4	张慧姝，刘永翔	27	2006.8
118	产品设计原理	978-7-301-12355-3	刘美华	30	2008.2
119	产品设计表现技法	978-7-301-15434-2	张慧姝	42	2012.5
120	CorelDRAW X5 经典案例教程解析	978-7-301-21950-8	杜秋磊	40	2013.1
121	产品创意设计	978-7-301-17977-2	虞世鸣	38	2012.5
122	工业产品造型设计	978-7-301-18313-7	袁涛	39	2011.1
123	化工工艺学	978-7-301-15283-6	邓建强	42	2009.6
124	构成设计	978-7-301-21466-4	袁涛	58	2013.1
125	过程装备机械基础（第 2 版）	978-301-22627-8	于新奇	38	2013.7
126	过程装备测试技术	978-7-301-17290-2	王毅	45	2010.6
127	过程控制装置及系统设计	978-7-301-17635-1	张早校	30	2010.8
128	质量管理与工程	978-7-301-15643-8	陈宝江	34	2009.8
129	质量管理统计技术	978-7-301-16465-5	周友苏，杨 飒	30	2010.1
130	人因工程	978-7-301-19291-7	马如宏	39	2011.8
131	工程系统概论——系统论在工程技术中的应用	978-7-301-17142-4	黄志坚	32	2010.6
132	测试技术基础(第 2 版)	978-7-301-16530-0	江征风	30	2010.1
133	测试技术实验教程	978-7-301-13489-4	封士彩	22	2008.8
134	测试技术学习指导与习题详解	978-7-301-14457-2	封士彩	34	2009.3
135	可编程控制器原理与应用(第 2 版)	978-7-301-16922-3	赵 燕，周新建	33	2010.3
136	工程光学	978-7-301-15629-2	王红敏	28	2012.5
137	精密机械设计	978-7-301-16947-6	田 明，冯进良等	38	2011.9
138	传感器原理及应用	978-7-301-16503-4	赵 燕	35	2010.2
139	测控技术与仪器专业导论	978-7-301-17200-1	陈毅静	29	2012.5
140	现代测试技术	978-7-301-19316-7	陈科山，王燕	43	2011.8
141	风力发电原理	978-7-301-19631-1	吴双群，赵丹平	33	2011.10
142	风力机空气动力学	978-7-301-19555-0	吴双群	32	2011.10
143	风力机设计理论及方法	978-7-301-20006-3	赵丹平	32	2012.1

相关教学资源如电子课件、电子教材、习题答案等可以登录 www.pup6.com 下载或在线阅读。

扑六知识网(www.pup6.com)有海量的相关教学资源和电子教材供阅读及下载(包括北京大学出版社第六事业部的相关资源)，同时欢迎您将教学课件、视频、教案、素材、习题、试卷、辅导材料、课改成果、设计作品、论文等教学资源上传到 pup6.com，与全国高校师生分享您的教学成就与经验，并可自由设定价格，知识也能创造财富。具体情况请登录网站查询。

如您需要免费纸质样书用于教学，欢迎登陆第六事业部门户网(www.pup6.com)填表申请，并欢迎在线登记选题以到北京大学出版社来出版您的大作，也可下载相关表格填写后发到我们的邮箱，我们将及时与您取得联系并做好全方位的服务。

扑六知识网将打造成全国最大的教育资源共享平台，欢迎您的加入——让知识有价值，让教学无界限，让学习更轻松。